稻田种养生态农业模式与技术

曹凑贵　蔡明历　编著

本书受国家"万人计划"领军人才项目；国家自然科学基金（31670447、31471454、31671637）；湖北省自然科学基金创新群体（2016CFA017），主要粮食作物产业化湖北省协同创新中心；国家重点研发计划项目（2017YFD0301400）等资助出版

科学出版社

北　京

内 容 简 介

稻田生态种养高效模式被农业部誉为"现代农业发展的成功典范，现代农业的一次革命"，实现了"一水两用、一田双收、稳粮增收、一举多赢"，有效提高了农田利用率和产出效益，拓展了发展空间，促进了传统农业的改造升级。本书在介绍我国稻田种养发展概况、阐明稻田种养生态学原理的基础上，介绍了十几种稻田种养模式及水稻绿色生产技术；重点讲解了稻田养鱼、稻虾共作、稻蟹共生、稻鳖共生、稻鳅共生、稻鳝共生、稻螺共生、稻蛙共生、稻鸭共作、稻田复合种养等模式应用及技术要点。

本书可作为稻田种养农业技术推广的培训教程，也可供学生、从业者、农技人员及农业科研人员阅读。

图书在版编目 (CIP) 数据

稻田种养生态农业模式与技术/曹凑贵，蔡明历编著. —北京：科学出版社，2017.12

ISBN 978-7-03-055537-3

Ⅰ.①稻… Ⅱ.①曹… ②蔡… Ⅲ.①稻田–生态农业–农业模式–研究 Ⅳ.①S511

中国版本图书馆 CIP 数据核字(2017)第 286757 号

责任编辑：李秀伟 / 责任校对：郑金红
责任印制：张 伟 / 封面设计：北京铭轩堂广告设计有限公司

科 学 出 版 社 出版
北京东黄城根北街 16 号
邮政编码：100717
http://www.sciencep.com

北京虎彩文化传播有限公司 印刷
科学出版社发行 各地新华书店经销

*

2017 年 12 月第 一 版 开本：B5 (720×1000)
2019 年 1 月第二次印刷 印张：13 3/4
字数：277 000
定价：**98.00 元**
(如有印装质量问题，我社负责调换)

序

　　随着我国温饱问题的解决和人民生活水平的提高，食品安全、食品质量、农业的生态环境效应与资源制约受到了越来越广泛的关注。产出高效、产品安全、资源节约、环境友好成为我国现代农业发展的目标。我国农业发展已经进入了生态转型阶段。作为促进农业生态转型的主要手段，生态农业是积极采用生态友好方法，全面发挥农业生态系统服务功能，促进农业可持续发展的农业方式。近年，联合国粮食及农业组织也高度重视生态农业，连续召开全球、区域和国别生态农业会议，积极推动生态农业在各国的发展。

　　稻田生物多样性利用是生态农业的重要模式。稻田种养结合模式是通过水稻和动物各种相互关系的巧妙协调，高效利用稻田生态系统的光、温、水、热、养分、生物资源，实现一加一大于二的系统组合效应。近年，一方面由于我国水体资源有限，另一方面由于市场对有关动物产品需求旺盛增长，促进了一批以稻田综合种养生态农业模式为核心的经营主体，实现了生产模式的产业化、规模化和标准化，并逐步累积了"以渔促稻、稳粮增效、质量安全、生态环保"的丰富经验。农业部把稻田养鱼（包括其他稻田种养结合模式）作为全国推广的重要生态农业模式，2017 年 5 月农业部还发布了《关于组织开展国家级稻渔综合种养示范区创建工作的通知》。需求增长、政府支持与经验累积正在促进新一轮稻田种养模式在全国范围的发展热潮。

　　要成功实现稻田种养结合，涉及田间基本格局的重构、种养品种的选择、种植与养殖密度的控制、日常动植物管理的协调等。模式与技术运用得好会相得益彰，运用不当会顾此失彼。以曹凑贵教授为首的华中农业大学农业生态及可持续耕作制度研究团队长期致力于稻田生态系统研究，倡导实施稻田生态工程，还提出了低碳稻作概念。他们开展稻田种养结合的研究与推广工作达十多年，累积了丰富的经验与成果。曹凑贵教授也成为湖北省稻田综合种养产业体系首席专家。他们的努力有力推动了湖北省稻田种养结合的大发展，其中稻鸭共作模式达 100 多万亩，稻虾共作模式达 300 多万亩。

　　利用理论与实践密切结合的优势，该书作者在撰写该著作的时候，既阐述了稻田种养模式的理论原理，介绍了丰富的研究成果，也总结了成功的经验，详尽陈述了种养模式的关键技术，最后还提升到稻田种养绿色生产的高度进行论述，展现了"发展概况—基本原理—共性关键技术—模式及技术要点—绿色生产技术"

的写作思路。该书介绍了众多重要的稻田种养模式，不仅包括稻田养鸭、养鱼、养虾、养蟹、养鳖、养泥鳅、养黄鳝、养田螺、养青蛙，还包括了稻-萍-鱼，稻-虾-蟹，稻菌和鱼塘种稻等复合模式，深入浅出，图文并茂，既可以供农业企业与农业技术人员的培训与操作参考，也可以供有关专业师生和科研人员的教学与研究参考。

在农业生态转型的大趋势中，在稻田种养结合模式受到民间、企业与政府重视的今天，该书的出版非常及时，相信会对稻田种养结合的健康发展起到举足轻重的作用。

骆世明

2017 年 11 月 1 日

前　言

深入推进农业供给侧结构性改革并实现农业发展转型升级是当前的紧迫任务。稻田生态种养是以水田稻作为基础，在水田中放养鱼、虾、蟹、鸭等水产动物，充分利用稻田光、热、水及生物资源，通过水稻与水产动物互惠互利而形成的复合循环种养生态模式。稻田生态种养高效模式被农业部誉为"现代农业发展的成功典范，现代农业的一次革命"。该模式的综合效益主要体现在农业增效上，实现了"一水两用、一田双收、稳粮增收、一举多赢"，有效提高了农田利用率和产出效益，拓展了发展空间，促进了传统农业的改造升级。

稻田种养结合是我国一种传统的生态农业模式。在秦汉时期就开始了稻田养殖，有学者认为稻田养鱼最早出现于汉朝，现已有 2000 余年历史。20 世纪 80 年代以前由于经济落后，信息不通，交通不便，稻田种养模式相对比较原始，养殖效益低下；80 年代以后，随着农村改革的发展，农业科学技术的不断进步，农民商品经济意识日益增强，稻田种养有了较大的发展，全国各地推出了许多新的种养模式，主要表现在田间结构、养殖品种、养殖方式的改革；进入 21 世纪以来，生态环境问题、"三农"问题、食品安全问题日益突出，国家加大了农业投入，用现代农业的理念引导农业发展，促使稻田养殖向生态化、规模化、标准化、专业化、产业化发展。2010 年我国稻田生态种养面积达 132.6 万 hm^2，年生产水产品达 124.27 万 t，占淡水养殖总产量的 5.30%；我国稻田面积 3161.4 万 hm^2，适合稻田种养的面积约 1000 万 hm^2，2016 年稻田种养面积不到 200 万 hm^2，其进一步发展潜力巨大。

稻田生态种养模式充分利用稻田水面、土壤和生物资源，实行种养结合，是一种利渔利稻的先进生产方法，实现了一田多用，提升了稻田价值。稻田养殖后不再需要耘田、拔草，少施化肥、农药，可节省成本，不仅不影响水稻生长，还能促进水稻增产，增加水产品产出，使稻田生产的总收入和净收入都得到提高。但实际生产中，由于涉及水稻种植和动物养殖两大产业，常有矛盾的地方，如重养轻稻、争地争水，不合理的养殖也造成水资源浪费、生物多样性破坏、水环境恶化、土壤退化等问题。笔者研究"稻鸭共作"和"稻虾共作"模式十余年，充分证明了其生态合理性，也认识到其生态负效应，特别是不合理的技术应用会造成不良影响；大面积发展稻田种养关系到耕作制度改革，影响到土壤、水体、稻田生物多样性等环境要素。因此，正确协调两者关系，按生态农业模式规范其技术体系，对于稳粮增效、农业转型升级具有重要意义。

本书的目的就是考虑稻田种养的"双刃性"，避免单纯介绍稻田养殖技术，强调稻田种养的生态循环特性，规范稻田种养生态农业模式及技术。全书在介绍我国稻田种养发展概况、阐明稻田种养生态学原理的基础上，重点介绍十几种稻田种养模式及水稻绿色生产技术，以促进稻田种养规模化、标准化、专业化、产业化发展。

在编写过程中，笔者参考了大量其他学者的研究成果、模式及技术要点、规程及技术标准，文中尽量标明出处，但部分来自网络，无法查出来源，恳请谅解。在此，对相关成果提供者一并表示敬意和感谢。

我们本着理论与实践相结合的原则，在注重科普性与实用性的同时，尽可能深入浅出地阐述相关科学道理，写明技术要点，写作语言力求简明扼要，通俗易懂。但由于稻田种养模式多样、地区跨度大、行业差异大、生产环节多、技术性强，编著者学术水平和生产经验有限，疏漏之处在所难免，恳请读者批评指正。

曹凌贵

2017 年 7 月

目　　录

第一章 稻田种养的发展概况

第一节 稻田种养的发展历史

稻田种养是以水田稻作为基础，在水田中放养鱼、虾、蟹、鸭等水产动物，充分利用稻田光、热、水及生物资源，通过水稻与水产动物互惠互利而形成的复合种养生态农业模式。世界上各国都有稻田养殖产业，尤其在东南亚地区十分盛行，又以中国历史最为悠久。稻田种养复合系统与当地的文化、经济和生态环境相结合，在保护当地生物多样性和维持农业可持续发展方面起着重要作用。

一、稻田种养生产历史

我国在秦汉时期就开始了稻田养殖，也有学者认为稻田养殖最早出现于汉朝，已有 2000 余年历史。从有稻田养殖文献记载的三国时期算起，至今也有 1700 多年。公元 220～265 年，史书《魏武四时食制》记载"郫县子鱼，黄鳞赤尾，出稻田，可以为酱"，魏武即曹操，郫县即现今四川成都西北的郫县，黄鳞赤尾即鲤。公元 890～904 年，唐朝的刘恂所著《岭表录异》载："新、泷等州，山田拣荒，平处以锄锹，开为，伺春雨，丘中聚水，即先买鲩鱼子散于田内，一、二年后，鱼儿长大，食草根并尽，既可熟田，又收渔利，乃种稻，且无稗草，乃齐民之术也"。新、泷等州即现今西江下游的新兴县和罗定市一带，鲩鱼即草鱼，这种养鱼开荒种稻的方法，不但养鱼治田一举两得，同时也是我国利用生物防治杂草的创举。

明、清时期一些报道反映了中国稻田养鱼在各地已有较深入的发展，明洪武二十四年（公元 1392 年）《青田县志》记载："田鱼有红、黑、驳数色，于稻田及圩池养鱼。"说明至少 600 年前，浙江青田已经开始稻田养殖。在明万历年间（公元 1573 年）的《顺德县志》记载有："堑员廊之四为圃，各田基……圃中凿池养鱼，春则涸之插秧，大则数十亩。"这说明 400 年以前，在中国广东省顺德一带已展开大面积稻鱼轮作。清光绪（公元 1875 年）《青田县志》中亦有，"田鱼，有红、黑、驳数色，土人在稻田及圩池中养之"的记载。

根据民国 23 年（公元 1935 年）报道，江苏省稻作试验场曾在松江繁殖区进行稻田养鱼试验，鱼种为青鱼、草鱼、鲇、鲫、鲤等。同年 8 月投放，至 10 月鲇体重增长 5 倍，鲤增长 20 倍，最大的个体达半斤[①]以上。1937 年该试验场孵育出

---

① 1 斤=500g，下同。

2 万尾鱼苗,提供给农民在稻田中饲养。说明这一阶段已出现生产指导性机构及总结出科学经验,无疑是稻田养鱼技术发展的证明。进入 20 世纪 50 年代,中华人民共和国成立后中国传统的稻田养鱼区迅速恢复和发展。

早期中国的稻田种养主要是稻田养鱼,浙江省青田县的传统稻鱼共作系统延续至今,已经有 1200 多年的历史(游修龄,2006)。由于其良好的生态经济效益,在 2005 年被列入全球重要农业文化遗产。20 世纪 70 年代以来,中国稻田养殖迅速发展,开始从传统粗放养殖向现代规模化养殖转变,出现了新型的甲壳类(对虾、河蟹)、两栖类(美国蛙)、软体类(可食蜗牛)等生物的养殖以及多种水产生物混养复合系统,在此基础上发展起来了稻蟹、稻虾、稻蛙、稻鳅、稻鳝、稻鳖等共作、轮作或连作模式,养殖面积也达到 2010 年的 1 326 100hm^2(中国农业部渔业局,2011)。

二、稻田种养发展历程

稻田种养结合是我国传统生态农业模式的典范,纵观近 2000 年我国稻田种养的生产历史,从整体发展过程、技术发展水平及演化可将其分为传统农耕阶段、稻田养殖阶段、种养结合阶段、生态种养阶段等四个阶段。

(一)传统农耕阶段

最早的稻田养殖始于农民将剩余的鱼苗放在稻田暂养,东汉汉中、巴蜀等地流行稻田养殖,当地农民利用两季田的特性,把握季节时令,在夏季蓄水种稻期间放养鱼类,或利用冬水田养鱼。古越人(长江中下游及其以南地区的古代部落)以种植水稻及渔猎为生,"稻田养殖"是其对"饭稻羹鱼"的应变和创新。在山区种植水稻,可以利用山间的流水和自然降水获得保证,但食鱼只限于山溪水涧里的少量鱼类,无法满足需要,因而人们想到将它们放养到稻田里繁殖。这种传统的种养模式在中国历史上受到了极大的重视,尤其是在丘陵和低洼地区发展盛行,为山丘地区的粮食安全保障和贫困的减轻作出巨大贡献(胡亮亮等,2015)。

这一阶段主要处于自然经济状态,少数地区的农户在水源充足的条件下放养一些常规食用鱼类,供自家食用。由于受社会经济条件和生产力发展水平的制约,稻田水层浅薄,无合理的沟坑结构。另外又因是单季稻田养殖,养鱼时间短,饵料不足,且养殖品种单一,一般只养小规格的鲤,亩产仅几公斤,没有形成规模效应。

(二)稻田养殖阶段

中华人民共和国成立以来,我国十分重视稻田养殖的发展。1954 年第四届全国水产工作会议正式提出"发展全国稻田养鱼"的号召。中华人民共和国成立初期，稻田养鱼技术仍沿袭古老的、传统的粗放粗养模式，单产和效益均较低（丁伟华，2014）；20 世纪 50～60 年代，农业生产合作社采取"水稻集体种，田鱼分户养"的办法，也阻碍了稻田养殖业的发展；但中华人民共和国成立后，国家积极推动水产业的发展，中国传统的稻田养鱼区迅速恢复和发展，1959 年全国稻田养鱼面积超过 1000 万亩[①]。

这一阶段，水产的发展促进了稻田养鱼的技术进步，养鱼的稻田已出现鱼沟和鱼溜；养殖品种扩大为草鱼、鲤、鲢、鳙、青鱼、罗非鱼等几大鱼类；南方增加了鲇，广西、湖南增加了泥鳅，广东增加了乌鳢；养殖模式实行了混养，由于水层加深，鱼苗的规格较大，放养量增多，亩产也提高到 10kg 以上。

（三）种养结合阶段

20 世纪 60 年代初到 70 年代中期，耕作制度改革，重种轻养、种养分离，一方面是受保证水稻生产、增加稻田复种指数的影响；另一方面，有毒农药的大量应用及其他人为的因素，使稻田养鱼受到了很大的影响，并进入停滞和下滑阶段，养殖规模严重萎缩，面积不足百万亩。改革开放后，百废待兴，顺应水稻种植方式的改进和经济的发展，稻田养殖注重种养结合。早期水稻由单季改为双季，加上适合稻田养鱼的耐淹、抗倒伏水稻品种的育成与推广，出现了"两季连养法"、"稻田夏养法（早稻收割后养至晚季插秧前）"、"稻田冬养法（冬季养鱼）"等多种养殖方法。当时的主要特征是"四改"，即改田间设施、改放养技术、改粗养为半精养、改单一作业为稻鱼多种作业，其目的仍是解决山区"吃鱼难"的问题，往往在贫困地区实施，属小生产农耕社会性质。落实家庭联产承包责任制后，稻田养殖面积和产鱼量逐年上升，一些稻田养殖基础较好的地方逐渐开始向商品化、规模化的稻田养殖新模式过渡，永嘉等地养殖经验丰富的农民开始尝试改善养殖结构、垒高田埂、挖深鱼坑，沟坑式养殖模式初现端倪。随着农村经济结构调整，稻田种养从半精养到精养，搞"百斤鱼、千斤稻"，到 1994 年，全国发展稻田养鱼面积达 1275 万亩。全国单产水平达到水稻 500kg/亩、成鱼 16.2kg/亩。到 2000 年，我国稻田养鱼发展到 2000 多万亩，成为世界上稻田养殖面积最大的国家。

这一阶段是在单一发展稻田养殖受阻后，人们注重科技与实际生产相结合，稻田种植和养殖相结合，使稻田种养朝着更加科学、合理、有序的方向发展，并且逐渐被各级政府重视，无论在面积还是产量上都得到了较快的增长。期间，中国生态农业迅速发展，大力推行农林牧渔复合生态工程、桑基鱼塘生态工程、稻田养殖生态工程，全国各地涌现了许多新的技术和模式，主要表现在田间结构、

---

① 1 亩≈666.67m²，下同。

养殖品种、养殖方式的改革。例如，侯光炯和谢德体（1987）提出垄畦水稻种植方式，垄沟相间，垄上种稻，沟中养鱼，水体面积占60%。这种方式不但可提高水稻产量，又可将稻田水体积提高20%~45%，因此立即被引入稻田养鱼体系，形成"垄稻沟鱼"的种养方式。

（四）生态种养阶段

进入21世纪以来，由于经济的快速发展以及人民生活水平的提高，传统的稻田养殖难以适应新时期的农业发展要求。特别是生态环境问题、"三农"问题、食品安全问题日益突出，深入推进农业供给侧结构性改革并实现农业发展转型升级是当前的紧迫任务，促使稻田养殖向生态化、规模化、标准化、专业化、产业化发展。尤其是2007年，党的十七大召开后，农村土地流转政策不断明确，农业产业化步伐加快，国家加大了对农业的科技和资金投入，用现代农业的理念引导农业发展，涌现出一大批以特种经济品种为主导，以标准化生产、规模化开发、产业化经营为特征的千亩甚至万亩连片的稻田综合种养典型（丁伟华，2014）。2010年我国稻田养殖面积达1989.17万亩，年生产水产品达124.27万t，占淡水养殖总产量5.30%，稻田所生产的水产品产量已接近全国湖泊养殖的总产量（王武等，2011）。

这一阶段，重视资源利用、食品安全、产品供给及农业转型。模式应用中，一方面实施生态循环，使稻田内水资源、杂草资源、水生动物资源、昆虫以及其他物质能源被养殖水生生物充分利用，形成田面种稻、水体养鱼、鱼粪肥田共生互利的人工生态平衡；另一方面又通过产业化、标准化、规模化保证稳粮增效（表1-1）。

表1-1 传统稻田养殖与稻田生态种养比较

比较内容	传统稻田养殖	稻田生态种养
稻田田间工程	设鱼溜，鱼沟占稻田10%~20%	无鱼溜，设宽沟，养殖沟占稻田<10%
水稻栽插技术	常规，1.1万~1.2万穴	大垄双行，1.3万~1.5万穴，一穴不少，一行不缺
养殖对象	鱼类（鲤、草鱼）	特种水产（小龙虾、河蟹、黄鳝、泥鳅等）
化肥、农药	使用化肥和农药	以有机肥料作基肥，以虾、蟹、鱼粪便作追肥，少用农药、重视无公害生产
稻谷产量	稻谷有所减产	稻谷不减产
产品	常规	无公害绿色食品或有机食品
效益	低	水稻+水产，"1+1=5"
规模	小	连片、规模生产，合作经营
体制	小生产，单一结构	种养结合，复合结构，"种养加销"一体化、产业化、龙头企业参与
范畴	农耕社会	现代农业

注："1+1=5"是指"水稻+水产=粮食安全+食品安全+生态安全+农业增效+农民增收"

在新技术的发展下，稻田养殖品种得到改良和更新。新品种使得稻田养殖业取得高产高效，这些品种包括胡子鲇、罗氏沼虾、淡水青虾、河蟹、牛蛙、鳖、泥鳅，甚至包括鸭子和食用菌等，使稻田生态种养异常活跃。

在新观念的影响下，生态养殖、循环利用得到重视。为提高产量和商品率，以天然饵料供应的方式已不适应要求，由于以草食和杂食为主的养殖品种被更有经济价值的品种替代，不但出现人工投饵，而且配合饲料投入和精养技术不断涌现。出现了以猪、牛粪培肥水质，田埂种草养鱼，人工配合饲料等方式，如"稻萍鱼体系"，稻田养殖的模式多样化，产生各式稻田人工生物圈模式，稻-鱼（虾）-蟹模式、稻-鱼-菌模式、稻-鱼-鸭模式、稻-蛙模式。

在新形式的要求下，产业化、标准化得到实施。2002 年四川省积极推广稻渔工程规范化技术和规范化稻田养殖技术，并颁布实施了我国第一部省级稻田养殖的地方标准《稻田养鱼技术规范》，统一了工程建设、鱼种投放、饲料主要营养指标、鱼病综合防治、农药及化肥施用等技术规范。为了保证环境质量、食品安全，按照产业化发展的要求，各地陆续颁布实施了系列相关技术规程和质量标准。

近年来，生态种养高效模式被农业部誉为"现代农业发展的成功典范，现代农业的一次革命"，模式的综合效益主要体现在农业增效上，实现了"一水两用、一田双收、稳粮增收、一举多赢"，有效提高了农田利用率和产出效益，拓展了发展空间，促进了传统农业的改造升级。

第二节　稻田种养的发展现状

一、稻田种养发展概况

改革开放以来，我国稻田种养，特别是稻田养鱼迅速恢复并获得长足的发展。1983 年在四川省成都市召开了全国第一次稻田养鱼经验交流会，全国稻田养殖面积为 44.067 万 hm^2，产鱼 3.63 万 t，亩产 5.5kg，到 1989 年稻田养殖面积发展到 88.67 万 hm^2，增加一倍多，其中养成鱼面积 70.8 万 hm^2，产鱼 12.49 万 t，增长约 2.4 倍，平均亩产 12kg，提高了近 1.2 倍。在生产区域和养殖技术方面都发生了巨大变化，为了总结经验，推动稻田养鱼持续发展，1990 年农业部又在重庆市召开了第二次全国稻田养鱼经验交流会，把我国稻田养鱼生产推向了一个新的水平。至 1993 年，全国稻田养殖面积发展到 98.33 万 hm^2，其中养成鱼面积 79.87 万 hm^2，生产成鱼 18.5 万 t，平均亩产 15.5kg，生产鱼种 2.7 万 t，增产稻谷 45 万 t，共增加收入 18 亿元。根据《中国渔业统计年鉴》资料的分析，2000 年全国稻田养成鱼面积为 1 532 381hm^2，比 1985 年的 648 660hm^2 增加 136.24%（图 1-1）。

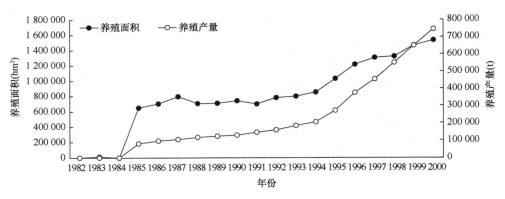

图 1-1　我国稻田种养面积及其水产品产量增长情况

注：数据来源于《中国渔业统计年鉴》

21世纪以来，我国稻田养殖产量占淡水养殖总产量的比例一直保持在5%左右，但养殖面积、产量和单产水平增加明显。2015年，全国稻田养鱼面积达到150.16万 hm^2，产量为155.82万 t，亩产迈过69kg 的新台阶，与2010年相比，分别增加13.24%、25.38%和10.73%。

在国家政策引导下，农业部门主导推进稻田综合种养技术，通过复合式种养、资源重组和综合利用促进了单位面积上稻田综合经济效益的提高，受到新型经营主体的欢迎。自2005年开始，农业部先后在13个省（区）建立了19个稻田综合种养示范点，示范面积100多万亩，辐射带动近1000万亩。从示范效果看，水稻亩产稳定在500kg 以上，稻田增效接近100%。2012年，农业部在全国范围开展了新一轮稻田综合种养技术示范，各地根据自身的自然条件，结合劳动力、资金和技术储备等生产要素，探索出具有地方特色的稻田养殖模式，开创出"稻蟹共生"、"稻鳖共生"、"稻鱼鸭共生"、"稻鳅共生"等新模式。通过技术集成，改进了水稻栽培、水肥管理、病虫害综合防治与水产养殖技术，发展了新型经营主体，并创建了稻米品牌和水产品牌，实现了粮食增产、水产增收，开创了经济、社会、生态效益并举的大好局面。目前，稻田综合种养正逐步成为具有"稳粮、促渔、增效、提质、生态"等多方面功能的现代农业发展新模式，掀起了新一轮发展的热潮。

二、稻田种养发展趋势

稻田种养对农业结构的战略性调整具有重大意义，引起了各级党和政府的高度重视，全国许多地方把发展稻田养殖作为农村经济发展新的增长点来抓。全国不少地方开发稻田养殖热情之高、行动之快、范围之广、规模之大、标准之高都是空前的，目前稻田综合种养正引领现代农业的发展。

（一）模式升级

随着农村经济的发展和科技的进步，稻田种养模式不断完善和升级。一方面是满足生态循环的需要，保证生物多样性，使稻田种养的物种越来越丰富，不仅养殖动物还有特种植物、菌类，如湖北潜江的"四水农业"，即"田里种水稻、田埂栽水果、田沟养水产、种水生蔬菜"；另一方面是满足市场的需要，在稻田引入高档经济鱼类、特种水产动物和菌类，如泥鳅、鳝、龟、鳖、羊肚菌等。这使种植模式越来越丰富，稻田种养由最传统的稻鱼发展为稻鳖、稻鳅、稻鳝、稻虾、稻蟹、稻龟、稻蛙、稻鸭、稻虾蟹混养、稻田鱼蚌混养、稻鸭鱼混养等等。在发展稻田养殖多种水生动物的同时，不少地区还开展了稻田种植莲藕、茭白、慈姑、水芹等与水产养殖结合，由单品种种养向多品种混种混养发展，由种养常规品种向种养名特优新品种发展，从而提高了产品的市场适应能力，而且提出了水田半旱式耕作技术和自然免耕理论，使稻田养殖向立体农业、生态农业和综合农业的方向发展。

（二）技术更新

传统的稻田养殖为平板式养殖，人放天养，自产自销。近年来，稻田养殖的技术含量得到不断提高，根据种稻和养殖的要求，人们在稻田中开挖鱼沟，将挖出的田泥堆在沟的两侧形成垄，在垄上种稻，沟内养鱼。具体表现在：①种养品种的生物技术改造；②种养条件的规模化、标准化改造；③田间设施的专业化、标准化建设；④生产技术规程的工艺及产品标准化。四川推广规范化稻田养殖，要求鱼凼面积占水稻田面积的 8%～10%，水深 1.5m 以上，用条石、火砖等硬质材料嵌护；田埂加高加固到高 80cm、宽 100cm；结合农田水利建设，做到田、林、路综合治理，水渠排灌设施配套，实现了立体开发、综合利用稻田生态系统，最大限度地提升了稻田的地力和载养力。湖南重点推广田凼沟相结合模式，要求鱼凼水深 1m 以上；沟凼面积占稻田面积的 5%～8%；靠近水源，排灌方便；沟凼相通，沟沟相连；坑凼结构坚固耐用；同时要求优化放养品种结构。江苏大力推行宽沟式稻渔工程，要求鱼、蟹沟养殖面积占稻田面积的 20% 以上，实行渠、田、林、路综合治理，桥、涵、闸、房统一配套。陕西将稻鱼轮作延伸到鱼草轮作，每年 9～10 月份待鱼并塘后，抽干池水，种草，至翌年 5 月收割完最后一茬草后便注水养殖鱼种，一般亩产草 7500～10 000kg，可转化为经济动物产量 200～300kg。

（三）产业化发展

随着我国农村土地流转政策不断明确，农业产业化步伐加快，稻田规模经营成为可能，稻田综合种养的稳粮增效功能再次得到了各地重视。各地纷纷结合实际，探索新模式和新技术，并涌现出一大批以特种经济品种为主导，以标准化生产、规模化开发、产业化经营为特征的千亩、万亩连片的稻田综合种养典型，其主要特征是产业化发展。

1. 政府搭建平台，政策驱动

稻田种养涉及多部门，必须得到政府多部门、产业多方面、技术上多学科的多元协调和合作。一方面是政策支持，如主管部门的高度重视，纳入政府的议事日程，有分工领导亲自抓，渔、牧、农各业，国土资源、财政、金融、公安、税务、商贸、环保等部门积极参与，使这样一个事关国土资源整治、拓展生存空间、增加农民收入的重大问题得到了大家的共识和齐抓共管。另一方面是资金支持，如招商引资、基地建设、平台建设。湖北潜江市围绕"培育大产业、建设大基地、争创大品牌、做好大服务、促进大发展"的发展目标，先后出台了《关于大力发展虾稻共作模式，进一步推动小龙虾产业发展的实施意见》和《关于印发虾乡稻绿色食品原料标准化生产基地建设实施方案的通知》等文件，拿出 400 多万元对发展虾稻共作给予资金扶持，鼓励农民自发建基地、合作组织建基地、龙头企业建基地，不断壮大基地规模。

2. 龙头企业引领，延长产业链

随着体制的改革和创新，稻田养殖的产前、产中、产后的一系列服务都得到了全面发展，出现了以"龙头企业+农户"的模式，形成了从生产到流通、再到市场的产业化经营体系。主要体现在：一是产区相关产业建设步伐加快；二是水产运销队伍不断壮大；三是稻田生态养殖促进了水产专业协会、合作社的形成和发展。湖北潜江虾稻产业的发展得益于 13 家龙虾加工企业（如湖北省潜江市华山水产食品有限公司）、2 家龙虾种苗（如莱克集团）、5 家"虾乡稻"大米加工企业（如湖北虾乡食品有限公司）。

3. 经营主体专业化生产

随着生产经营机制的创新，稻田养鱼生产的产前、产中、产后服务将得到加强。各种形式的经济实体，包括从事稻田养殖的渔业公司、协会、推广机构牵头，在苗种生产、渔需物资供应、技术指导、病害防治、产品运销等方面，逐渐形成龙头，出现了"龙头企业+农户"，从生产到服务，到流通，到市场的稻田养殖产业化生产经营体系。经营主体积极创新才能保证稻田养殖专业化、集约化、规模化。

集约化。向设施渔业方向发展，建设高标准的稻田养殖工程设施，全面提高稻田养殖的综合效益。不仅要保证水田中种植业的生长环境，而且要保证水田养殖业的安全生产，要求水源充足、水质良好、排灌方便、不怕旱涝。在工程设施方面，要特别强调：一是加高加固田埂，防止坍塌。二是在田中开挖沟凼，分别为种植和养殖提供相应的生长环境。三是修建防逃设施，防止养殖动物逃逸。集约化的稻田养殖，是我国精工细作农业和现代化设施农业相结合的具体应用。

规模化。一是总体规模在扩大，二是单体规模在扩大。不仅养殖面积扩大了，而且产业化层次提高了，技术含量增加了，产量和产值也得到了同步增长。2014年湖北省有900余家稻田综合种养专业合作社和100多个千亩标准化连片示范基地。

专业化。一是把种苗培育从稻田养殖生产中分化出来，由种苗基地进行培育和供应，保障稻田养殖放足苗，放好苗。二是把流通从生产中剥离出来，稻田养殖生产中运销由经纪人承担，一批销售经纪人队伍正在形成，如江苏省兴化市，有8个乡镇成立了水产经纪人协会，会员达1200多人，使分散的稻田养殖产品能够进入社会化的大市场。三是强调了稻田养殖的科学研究和技术推广。由政府引导，推动科技人员进行技术承包、咨询、培训和服务，不断提高种养结合的科技含量。

4. 标准、品牌规范发展

近年来，随着人们对绿色、有机、无公害食品需求的不断增长，以及稻田养殖技术的日益完善，各地出现了一批稻田养殖大户，养殖规模从几百亩到几千亩不等。这些养殖大户注册自己的品牌，以绿色、有机、无公害的优质农产品取信于消费者，培养自己忠实的客户，取得了令人瞩目的经济效益、生态效益和社会效益。

（四）区域化发展

稻田种养综合效益良好，广受关注，因此不断向全国范围扩展。目前全国的稻田种养有四个方面的拓展。一是从热量丰富的中低纬度向高纬度拓展，以往稻田种养主要局限在西南、中南和华东等地，现在扩展到东北、华北、西北多个地区；二是从地形地貌上的转移，以往主要在丘陵山区，现在已转向平原、城郊；三是养殖规模上的扩大，以往主要解决农民自食为主，养殖分散，粗放经营，现在由自然经济向商品经济发展，生产相对集中，经过多年的发展，稻田养殖在全国初步形成了区域化布局、专业化生产、规模化开发、产业化经营；四是地区上的转移，不仅在贫困地区发展稻田养殖，进行脱贫致富，而且在发达地区也开展稻田养殖。从总体情况来看，应该是全域推荐、区域化发展。

当前，我国稻田面积3161.4万 hm^2，适合开展稻田种养面积约1000万 hm^2，而 2016 年我国稻田种养面积不足 200 万 hm^2，其进一步发展的潜力还很大。不同区域规模和潜力以及种养模式的选择有较大差异。据统计，我国稻田主要种养模式面积较大的有稻鱼模式、稻鳖模式、稻虾模式和稻蟹模式 4 种，其中，稻鱼模式主要分布在水资源丰富的华南双季稻稻作区和华中单双季稻稻作区，包括四川、湖南、江西、福建、广东、广西等省（自治区）；稻鳖模式主要分布在浙江省和福建省；稻虾模式主要分布在湖北、江西和安徽三省；稻蟹模式主要分布在吉林、辽宁和宁夏三省（自治区），此外，稻鳅模式在长江中下游地区亦有较大规模的发展。近年来湖北以潜江为代表的稻虾共作稻田小龙虾养殖模式和辽宁以盘山为代表的稻蟹共生稻田河蟹养殖模式发展迅速，形成了"南鄂北辽"、"南潜北盘"的稻田种养新局面，极大地提升了稻田种养模式的社会、经济和生态效益。

三、稻田种养发展前景

2016 年农业部在湖北省潜江市召开全国稻田综合种养现场会，农业部副部长于康震指出，稻田综合种养实现了"稳粮增收，渔稻互促，绿色生态"，做到了"一水两用，一田双收"，是落实习近平总书记关于"不让种粮农民在经济上吃亏"要求的有效途径，扶持稻田综合种养经济上划算，生态上对路，政治上得民心，值得下大气力加以推进。实际上可以看出其潜力体现在三个方面，一是符合国家政策；二是农业的可持续；三是农民增收。从改善稻田生产条件考虑，稻田养殖能有效提高稻田的综合生产能力；从增加农民收入角度出发，稻田养殖能有效促进农业生产结构的调整，实现增产增收；从我国人多地少的实际情况出发，稻田养殖能带动综合经营，有效提高单位面积产量。调查表明，养殖效益是种粮效益的 5.27 倍，特别是稻田养殖，由于是在同一生态环境条件下进行的生产，不需要增加更多的投入就可获得多样化的、单位成本更加经济的产出。

随着市场经济的进一步完善，在保障粮食安全的前提下，稻田养殖将更加受到社会的重视。湖南把 200 万亩模式化稻田养殖纳入全省 12 大农业工程项目之一，省、市、县各级都成立了稻田养殖领导小组，省委、省政府下文要求全省组织好稻田养殖扶贫增收工程，将稻田养殖作为"生态农业"、"持续农业"、"农业结构调整"等各项工作的主要内容。湖北省潜江市是风靡长江中下游稻区的虾稻综合种养模式的发源地，2010 年前不过万亩，2013 年全市虾稻共作面积发展到 10 万亩以上，到 2016 年底，这一数字激增到 31.6 万亩；湖北省监利县，2016 年一年就发展 30 多万亩，2017 年，全县虾稻综合种养面积达 50 万亩（图 1-2），后续计划开发小龙虾养殖的稻田 100 万亩以上，打造全国稻虾第一县。

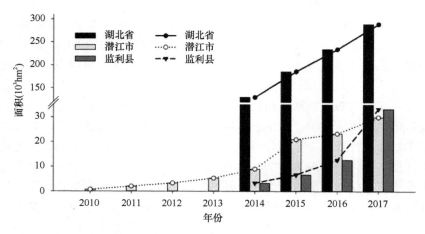

图1-2 湖北省及重点县市稻虾共作面积变化

第三节 稻田种养的综合效益

稻田种养是在传统稻田养鱼基础上发展起来的一种新型生态种养技术，该技术模式充分利用生物共生原理，种植和养殖相互促进，具有"不与人争粮，不与粮争地"、"一水两用、一田双收"的优势，在保证水稻不减产的前提下，能显著增加稻田综合效益。它顺应了时代要求，既为农业发展、农民增收、三产融合、供给侧结构性改革打开了新的空间，也为解决当前"三农"突出问题找到了一条有效的途径，具有明显的生态、经济和社会效益。

一、生态效益

稻田养殖是一种集传统和现代化于一身的农业生态系统，传统表现在种稻和养鱼这种作业方式上，现代化体现在稻田养殖的生态效益上。稻田生态系统除有水稻、水生动物外，还有杂草、水稻害虫、微生物病菌等生物，鱼类以杂草、昆虫、浮游生物为食，少部分消化吸收构成肌体，其余形成粪便排出，增肥水体。相关研究证明稻田养殖具有控草、控虫、控病效应，能改善土壤肥力，促进水稻植株生长，改善稻田水体环境的效用。稻田养鱼除草效果明显，与水稻单种相比，稻鱼共生田里杂草密度和生物量分别减少了 82.14% 和 88.91%，比农药除草效果还好；稻田养鱼防虫害效果显著，能有效控制稻飞虱和泥包虫等常见害虫；鱼类会争食带有纹枯病菌核、菌丝的易腐烂叶鞘，从而达到及时清除病原、延缓水稻病情扩展的目的。

稻鱼共生系统中，鱼类吃进的杂草中 30%～40% 转化成自身能量，还有 60%～70%以粪便形式排泄回田中，起到积肥、增肥作用，有试验结果显示，养鱼田比非养鱼田有机质增加 0.4 倍，全氮增加 0.5 倍，速效钾增加 0.6 倍，速效磷增加 1.3 倍（余国良，2006）。研究证实由于稻田中鱼类的活动能起到松土、增温、增氧，使土壤通气性增强以及根系活力增强等作用，使得稻穗长、颗粒多、籽粒饱满、水稻增产。

稻虾共作模式对生态修复起到了明显作用。一是虾沟水渠改造、植被栽植修复以及农药化肥用量减少，对生态环境起到保护作用。二是普遍采用太阳能生物诱虫技术，为小龙虾提供了部分饵料来源的同时，也有效防治了稻飞虱等病虫害的发生，使水稻亩产提高 50～75kg。三是通过完善稻田工程，便于晒田和蓄水，使抗旱排涝有了保障，晒田又为小龙虾的生长繁殖提供了有利条件。四是稻草还田，使大量有机质转换为小龙虾饵料，增加了小龙虾产量，也改变了焚烧秸秆的现象，保护了环境。生产中可充分利用稻田综合种养生态安全的功能优势，减少化肥和农药使用量、减少面源污染、改善生态环境，生产出更多质量安全的水稻和水产品。

二、经济效益

稻田养殖充分利用了稻田水面、土壤和生物资源开展种稻、养鱼，是一种利鱼利稻的先进生产方法，稻鱼共生，耕养结合，实现了一田多用，提升了稻田价值。稻田养殖后不再需要耘田、拔草，减施化肥、农药，可节省成本，不仅不影响水稻的生长，还能促进水稻增产，增加水产品产出，使稻田养殖的总收入和净收入都得到提高。

稻鱼共生互促，可以减少化肥农药使用，每亩可节约成本 30～50 元。稻鱼模式下的稻米和水产品品质优良，较普通稻米和水产品价格高，稻米普遍比普通稻米每公斤多卖约 0.4 元，有的鳖田米、蟹田米可卖到每公斤 40 多元，如浙江省德清县的鳖田米每公斤 98 元，广东省连南瑶族自治县稻田养殖的禾花鱼价格是同类鱼价格的 5～6 倍。调查表明，稻综合种养比单种水稻亩均效益增加 90% 以上，平均增加产值 524.76 元，采用新模式的增加产值都在 1000 元以上。如"稻虾共作"模式亩均产值增加 1456.28 元，效益增加 258%；稻鳅模式亩均产值增加 1762.89 元，效益增加 901%；稻鳖模式亩均产值增加 13744.94 元，效益增加 5549%；稻蟹模式亩均产值增加 2484.33 元，效益增加 351%。

农业产业化是以市场为导向、以资源为依托、以科技为保障、以效益为中心进行规模经营的现代生产经营方式。一些地方有组织地开展稻田种养，以产业化的方式发展稻田种养，政府引导、企业带动、经营主体参与，延长产业链，创立品牌产品，增加产品的附加值，有效带动地方经济的发展。如温州市永嘉县是稻田养殖推广比较成功的典型，稻田养殖已成为永嘉六大农业支柱产业之一，田鱼成为六个农业主导品种之一。当地稻田养殖发展内容丰富，如稻鳅、稻蟹、稻虾等，开发了除传统的田鱼干外的即食田鱼干、酒糟田鱼、脱脂田鱼等新产品，丰富了田鱼加工品格，提高了市场竞争力。

三、社会效益

稻田种养具有"两型"（资源节约型、环境友好型）、"两高"（高产、高效）、"两优"（优秀文化、优质产品）等特色；既保障了"米袋子"又丰富了"菜篮子"，既解决了"谁来种地"又解决了"如何种好地"的问题，既鼓起了老百姓的"钱袋子"又确保了消费者"舌尖上的安全"，既拓展了种养业发展空间又传承了历史文化。

农民增收，农业增效。湖北省国营白鹭湖农场关山分场集中了万亩土地开展"虾稻共作"，农户每年每亩可多获得 3000～4000 元的水产净收入。据估算，我国适合稻田综合种养面积占现有稻田面积的 15%左右，约 6750 万亩。开展稻田综合种养除每年可稳定提供 3375 万 t 水稻外，若按每亩增加 1000 元收益计算，每年就可为农渔民增收 675 亿元。

粮食安全，食品安全。种养效益的增加，大大提高了农民种植水稻的积极性，湖北省潜江市稻田总面积年年创新高，2011 年 45.83 万亩，2012 年 52.45 万亩，2013 年 55.77 万亩，2014 年 58.41 万亩。湖北省有 206 万亩低湖冷浸田被开发成稻田养小龙虾基地，相当于增加了 206 万亩稻田；浙江省德清县一企业将 3000 多亩池塘全部改为稻田综合种养模式，相当于增加了 3000 亩稻田。在养殖过程中，化肥、农药的施用量和使用次数都大大减少，提高了稻米和水产品的品质，为市场提供了安全可靠的无公害食品。

生态安全，社会稳定。稻田养殖是一种高效生态的养殖模式，山区青山绿水，自然环境条件优越，规范化稻田养殖除了作为第一产业开发外，还可以依托优美的大自然环境与旅游结合，开发第二产业、第三产业，如农业休闲生态园等。发展稻田养殖，是农村经济增长的亮点，增加了农村就业机会，留住了农村劳动力，缓解了冬闲田的抛荒现象。江苏省南通市通州区水产技术推广站的统计资料表明，稻田养殖已成为地方经济增长的新亮点，每亩稻田养殖，不但可产优质稻谷 500kg 左右，而且可产虾、蟹等特种水产品 60kg 左右，平均利润可达 1000 元以上，高的可达 3000～5000 元。同时，也为 2000 多位无业人员提供了就业机会。

发展稻田养殖有益于改善农村的环境卫生，保障人民的身体健康。水稻田危害人畜的蚊幼虫密度很大，如库蚊和按蚊等，是传播疟疾、乙型脑炎、丝虫病的主要媒介。稻田养殖动物后，基本上消除了蚊幼，减少蚊虫危害。

第二章 稻田种养的生态学原理

稻田是一个典型的人工湿地生态系统，与天然生态系统不同，它总处于人们有意识的协调和控制之下。长期以来，人们只利用了其中的水稻作物，忽略了这一系统中众多其他生物的功能及关系，这些生物有的自生自灭，有的白白流失，有的被人为排除。引进稻田养殖后，形成种养结合共生系统，生态学上称稻田复合生态系统，其组成、结构、功能及生态关系发生很大改变，我们的任务，就是要尽可能全面而有效地控制和调节它，使稻田复合生态系统从结构和功能上都得到合理的改造，发挥其生态系统最大的"负载力"，提高系统的生态经济效益。

第一节 稻田种养系统的组成及结构

生态系统的结构主要指构成生态系统组分的要素及其量比关系，各组分在时间、空间上的分布，以及各组分间能量、物质、信息流的途径与传递关系。稻田引入养殖动物后，系统组成发生变化、结构得以优化、环境得以改善。

一、稻田种养系统的组成充实

稻田复合生态系统同样是由生物群落和非生物环境两部分组成的，也包括生产者、消费者、分解者、无机环境四个基本组成成分（表2-1）。

表2-1 稻田复合生态系统的基本组成成分

组成部分	成分	功能及作用	说明
生产者	绿色植物	有机物合成 能量来源	作物：稻、麦、油菜、瓜、豆、菜 杂草类：①挺水植物（稗草、水芹）；②浮叶植物（眼子菜）；③漂浮植物（槐叶萍）；④沉水植物（金鱼藻、苦草、菹草） 浮游植物：蓝藻、硅藻、绿藻、褐藻
消费者	动物	有机物转化 生机维持	养殖动物：鱼类、龟鳖虾蟹、鸭、蛙、螺 浮游动物：原生动物、轮虫、桡足类、枝角类 底栖动物：水蚯蚓、软体动物（螺、蚌等） 昆虫：①植食性昆虫（稻飞虱、螟虫等）；②捕食性昆虫（蜘蛛类、蜻蜓类等）；③中性昆虫（稻蚊、摇蚊）；④寄生性昆虫（寄生蜂）
分解者	微生物	有机物分解 物质还原	细菌、真菌、腐生动物、病原菌、食用菌
无机环境	光、温、水、土、气 营养、能量		原料、媒介、基层

（一）生产者

稻田生态系统中生产者种类繁多，既有水生，也有旱生，主要是农作物、杂草及浮游植物。

1. 农作物类

稻田中的主要农作物是水稻。灌水阶段除了水稻以外还可以种植其他水生植物，旱作阶段可以种植其他农作物，如麦类、油菜、蔬菜、饲料、绿肥等。有的还在田埂及田边地上植豆、菜、果树、桑树等。

2. 杂草类

稻田杂草种类很多，按照它们与水依存关系分为：①挺水植物类，即杂草长于稻田，穿过水层，露出水面一定高度的，如三棱草、稗草、雨久花、矮慈姑等；②浮叶植物类，即杂草长于稻田，穿过水层，叶子浮于水面的，如四叶萍、眼子菜等；③漂浮植物类，根不着泥（探水），漂浮于水面的，如槐叶萍、小青萍等；④沉水植物类，长期生长于水层下面的各种水藻类，如金鱼藻、角刺藻、轮藻等。以上杂草均不属于人们所求，它与农作物争光、争水、争肥，使农作物的产量和品质受到很大影响。在生产实践中，人们往往花很大代价予以防除之。但是，若田中养鱼，特别是草鱼，这些杂草既充当了鱼的饵料，又减少了对农作物产生危害。

3. 浮游植物

如蓝藻、硅藻、绿藻、褐藻等，它们也能通过自身的叶绿素，在有光照的条件下吸收环境中的水、CO_2 和各种养分进行光合作用。各种藻类颜色差异较大，因其组成和数量不同，往往使水的颜色和浊度发生很大变化。它们既是鲢、鳙等滤食性鱼类的主要食料，又是杂食性鱼类的部分食料。另外，浮游植物还是浮游动物和底栖动物的食料。

（二）消费者

稻田生态系统中消费者是种类繁多的动物，主要有鱼类、禽类、甲壳类、爬行类、两栖类、浮游动物、底栖动物、蚊子幼虫、水稻害虫及其天敌，还有鱼苗的敌害生物等。既有人为养殖类鱼虾禽等，又有浮游动物、底栖动物，还有各类昆虫等。

1. 养殖动物

根据生产目标和模式不同有鱼类、虾、蟹、鳖、龟、螺、蚌、鸭、蛙等。常见稻田养殖的鱼类依食性不同分为三大类：①草食性鱼类，如草鱼、鲂等，它们以杂草、蔬菜和农作物嫩绿部分为食；②滤食性鱼类，如鲢、鳙等。它们的摄食方法主要是靠鳃耙过滤水中的浮游生物，其中绝大部分是浮游植物；③杂食性鱼类，如鲤、鲫、罗非鱼等，稻田推广的鲤品种各地有所不同，如四川常见鱼种主要有白夹鲤、镜鲤、荷元鲤等，东北主要有鲫、银鲫、异育银鲫、日本白鲫等。

2. 浮游动物

浮游动物主要为原生动物、轮虫、桡足类、枝角类所组成，不易为肉眼所见。它们多数为杂食性鱼类的主要食料，少数为滤食性鱼类的食料，一部分为底栖动物的食料。

3. 底栖动物

如摇蚊幼虫、水蚯蚓、软体动物（螺、蚌等），它们以浮游动物为主食，这些动物是杂食性鱼类的良好饵料。无论浮游动物还是底栖动物均属动物性饵料，其主要特点为蛋白质含量高、营养丰富、饲料报酬高。

4. 昆虫

稻田昆虫有：①植食性昆虫，主要是作物害虫，如稻飞虱、螟虫等；②捕食性昆虫，主要是害虫天敌，如蜘蛛类、蜻蜓类等，是益虫；③中性昆虫，如稻蚊、摇蚊；④寄生性昆虫，如寄生蜂类，是益虫。

（三）分解者

稻田生态系统中分解者主要细菌、真菌等微生物，也包括某些营腐生生活的动物。它们以动、植物的残体和排泄物中的有机物质作为维持生命活动的食物源，并把复杂的有机物分解为简单的无机物归还环境。但还有一些病原微生物会使水稻、鱼类等动物致病，对系统有害。

此外，还有一些稻田种养系统中包含食用菌，如稻田种牛肚菌、黑木耳等。

（四）无机环境

非生物环境是生态系统中生物赖以生存的物质和能量的源泉及活动的场所。

（1）原料部分。主要为通过大气层及到达地表的光、氧、二氧化碳、水、无机盐类以及非生命的有机物质等。

（2）代谢过程的媒介部分。水、土壤、温度、风等。

（3）基层部分。岩石和土壤等。

二、稻田种养系统的环境改善

稻田生态系统，引入养殖动物后，水稻与之互惠互利，一方面，水稻和稻田植物为养殖动物提供了庇护和食物；另一方面，养殖动物的活动改造了环境，使环境因素有利于水稻生长，这就是"稻田养鱼，鱼养稻，稻鱼共生理论"的直观解释。

（一）水位和水温

稻田水位较浅，一般水深 3～7cm，深者也不过 15cm 左右，因而水温变化一般要比池塘大。水温受气温、光照和风的影响较大，稻田水浅时，其日温差也大。在夏季，白天有时水温可高达 41℃，以下午 3 时为最高，凌晨 3～6 时为最低。昼夜温差可达 4.5～14.6℃，其中 8 月份的昼夜温度变化尤为显著。在水稻生长茂密的稻田中，适当保持深水层，保证水温受气温的影响不大。稻田养殖水位的升降变化是根据水稻不同发育阶段的需要而人为调控的，一方面可以根据需要调控水位；另一方面，稻田养殖常配套相应的田间工程，如沟坑、水凼、养殖沟等，可保证高温季节浅水不影响养殖动物的活动。

我国种稻时节一般是 5～11 月份，此时是全年中气候比较温和的时期（除个别地区外），平均温度为 15℃左右，是农业生产的黄金季节。稻田水温由于水稻的遮阳作用，要显著地低于气温，即使在夏季炎热的季节，稻田气温高达 35℃以上时，稻田的水温仍低于 35℃，因此为稻田养殖创造了适合的水温。

（二）水质和溶解氧

充足的溶氧量。水稻是天然的生产者，利用光能制造氧气，稻田还有大量植物及藻类进行光合作用，释放大量的氧气；同时稻田水浅，水面上氧气充足，一经风吹稻动，氧气就溶入水中，从而提升了稻田水中的溶氧量，据检测稻田中水里的溶氧量为 2.25～10mg/L。稻田还经常进行换水，水体交换大，也保证了水中，特别是夜间水中的溶氧量。稻田植物生长利用田面水体氮、磷效率高，只要保持正常放养量和合理施肥、投饵，就不会出现富营养缺氧现象。

合适的 pH。当水中的 pH 达到 4～6 时鱼类就生长不好，pH 为 4～5.5 时水质过酸，鱼类不仅长不好且易患病，发生死亡。同样当水中 pH 为 9～10.5 时则为过碱，鱼类也生长发育不良，甚至死亡。水稻对稻田水的 pH 要求是微碱性（pH 7～8.5），这与鱼类生长的最适 pH 一致。

有益的微环境。稻田水中含有大量的光合细菌，以光作为能源，能在厌氧光照或好氧黑暗条件下利用自然界中的有机物、硫化物、氨等作为供氢体兼碳源进行光合作用，能够降解水体中的亚硝酸盐、硫化物等有毒物质、净化水质、预防疾病，有效地改善了生态环境。稻田比较容易利用生物多样性，建立健康水体，控制鱼类疾病传播。

（三）饵料和食物

虽然稻田中浮游生物在种类和数量上都较养殖池塘少，但稻田浮游生物生长快、周期短，在秧苗刚插好的一段时间内，浮游动物繁殖有一个高峰期，很快可以提供丰富的饵料。与池塘不同的是，稻田中底栖动物较多，丝状藻类和各种杂草大量繁殖，稻田水浅温高，光照充足，正是许多水生维管束植物良好的生活环境。

同时，稻田施肥，培育了丰富的饵料生物，含有大量的浮游植物、动物和微生物，这些微生物营养丰富，蛋白质含量可达 64.15%～66.0%，而且氨基酸组成齐全，含有机体所需的 8 种必需氨基酸，各种氨基酸的比例也比较合理，可作为水产养殖中的培水饵料及作为饲料添加成分的物质基础。

（四）土壤和基质

稻田的土壤由于种稻需要，要经过翻耕、暴晒、轮作，这些工作消灭了土壤中的大部分细菌、病毒及寄生虫，为消灭鱼病创造了有利条件。一般稻田土质松软，溶氧充足，水温适宜，营养盐类充足，松软的土质给鱼类的活动提供了方便。充足的溶氧来源于大气、灌溉水以及在水中进行光合作用的多种水生植物释放和水稻根系的泌氧。稻田中的磷、钙、钾等营养盐比池塘和湖泊丰富得多，丰富的营养盐类是养殖鱼类生长、蜕壳必不可少的物质。

鱼类在觅食的过程，可以捕食水稻害虫，吃掉水稻无效分蘖，搅动田水和土壤，起到增温、增氧、增强土壤通气性和根系活力等作用，为水稻生长创造了良好的环境条件。

三、稻田种养系统的结构优化

（一）食物网结构优化——填补空白生态位

1. 动物在农田生态系统中的作用

从理论上讲，仅有生产者和分解者，而无消费者的生态系统是可能存在的，但对于大多数生态系统来说，消费者是极其重要的组分。没有消费者的生态系统，一方面，分解者的分解任务重，压力大；另一方面，没有经过消费者转化的有机物，利用率不高，分解者还原比较慢，这必然影响生态系统内的物质循环和能量流动，降低生态系统机能。消费者不仅对初级生产物起着转化、加工、再生产的作用，而且许多消费者对其他生物种群数量起着调控的作用。实际上，地球上物种最多、最丰富的还是动物，它们维持了生物圈最大的生物多样性，在过去的 200 多年中，生物学家已经发现、命名和记录了 150 多万种生物，其中 70% 以上是动物。

不仅在自然生态系统，在人工调节控制的农业生态系统中，动物生产更是极其重要的生产，因为人们不仅需要粮食，还需要动物蛋白。一方面，农业生态系统的重要目标是为人类提供充足的粮食和丰富的食品；另一方面，缺少动物生产导致农业生态系统能量、物质的巨大浪费；再者，单一的植物生产缺乏动物生产的调节，系统的稳定性、抗风险性下降。植物生产、动物生产、微生物生产相互衔接是"三个车间"学说的核心内容，以至于科学家很早就提出"农牧结合"、"猪多-粮多-肥多"等良性循环理论。

在稻田生态系统中直接引入动物养殖，一方面，可由养殖动物充分利用稻田内非水稻生产的植物生物量（杂草、浮游植物等）、动物生物量（浮游动物、底栖动物等），即所谓对浪费能量、物质的"截留"作用；另一方面，养殖动物对稻田物质循环具有强大的调控作用，以达到提高生物多样性、强化生态机能、提升生态功能的作用。

2. 生态系统营养结构及食物链设计

生态系统的营养结构是指生态系统中生物与生物之间，生产者、消费者和分解者之间以食物营养为纽带所形成的食物链和食物网，它是构成物质循环和能量转化的主要途径。自然生态系统在长期演化和适应进化过程中，建立了完善的食物链、食物网联系，不同生物类群形成了独特生活习性的明确分工，分级利用自然界所提供的各类物质。一方面，生物的生态位分离，各居其位、各司其职，尽可能减少生态位重叠和竞争；另一方面，充分利用全部、不同来源的环境资源，物尽其用，尽可能减少资源浪费。这样才使有限的空间内能养育众多的生物种类，并保持着相对稳定的状态。

但农业生态系统强烈受人类控制，其主要目的是生产农产品，人们往往通过外加辅助能（化肥、农药、机械等）来维持系统的稳定和运行，致使农业生态系统生物成员简化，少数生物类群生产力提高，其他类群受到取缔，结构单一，系统抗逆性下降。结果不仅造成系统不稳定，对外界辅助能依赖，同时造成能量、物质的巨大浪费。正因为如此，人们往往模仿自然生态系统，研究设计合理的食物链结构，如农作物的秸秆和其加工后的副产品糠糟、饼粕等用来养殖牲畜或栽培食用菌；牲畜的粪便和菌床残屑等可以用来养蚯蚓，生产动物蛋白质饲料；养蚯蚓后的废物包括蚯蚓粪又是农作物的优质肥料。这也是所谓的食物链设计，或食物链加环。

食物链设计的原则，一是避免生态位重叠导致生态竞争；二是尽可能填补空白生态位，避免资源浪费。食物链加环，有生产环、增益环、减耗环和复合环。

（1）生产环，引入生物环节利用某些环节不存在竞争的废弃物资源来生产有价值的产品，如引进草食动物。

（2）增益环，引入生物环节虽不能生产有价值的新产品，却能延伸链条扩大生产环的效益，如利用残渣中的营养成分，形成高蛋白饲料。

（3）减耗环，在食物链中有的环节只是消耗者或破坏者，对生产不利，如害虫，为了抑制其危害，可引入减耗环，如人工饲养赤眼蜂和瓢虫等。

（4）复合环，引入生物环节对系统具有多种效用，如稻田养鱼或养鸭，既可除虫草，又可增肥松土；既可增产稻谷，又可增产鱼或鸭蛋，具有多种效益。

3. 稻田复合生态系统的食物营养结构

从稻田生态系统组成来看，生产者以水稻为优势群体外，还生长着大量杂草、浮游植物，估计在稻田生产的 7 个月内，浮游植物、杂草生物量分别达到 360kg/亩、830kg/亩（曾和期，1979），同时还有近 600kg/亩的水稻秸秆未被利用。稻田近 1800kg/亩的初级产品，除了极少数为浮游动物、底栖动物和水生昆虫利用外，绝大部分不可被利用或没有被利用，一方面是系统缺少相应资源的消费者，草牧食物链缺环（营养环节），不仅缺少草食动物，还缺少肉食动物、杂食动物，造成大量生物量输出；另一方面是系统组成简单，生物缺少竞争，物质产品缺少中间转化，碎屑食物链压力大，造成营养物质直接流失。

稻田生态系统中引入的养殖鱼类是稻田生态系统中的消费者，摄食大量杂草、漂浮植物、浮游植物、光合细菌及浮游动物、底栖动物、有机碎屑等，阻止稻田生物量的输出。同时鱼类排泄物活跃了碎屑食物链，减少营养物质的流失（图 2-1，图 2-2）。

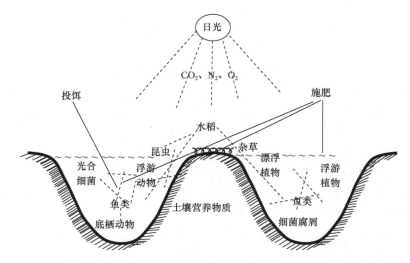

图 2-1　稻田种养生态系统示意图（仿曾和期，1979）

中国科学院水生生物研究所研究表明未养鱼的早稻田中杂草量是养鱼的早稻田的 13～15 倍，养鱼早稻田在收稻时的杂草现存量为 33～435kg/hm²，而未养鱼田尽管经过 3 次中耕除草，割稻时的杂草现存量仍为 450～6517kg/hm²，这得益于稻田草牧食物链的延伸；鱼在取食杂草、漂浮植物、浮游植物、浮游动物及害

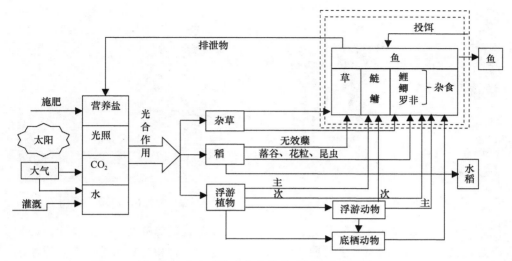

图 2-2　稻田复合生态系统食物营养关系网（朱自均等，1996）

虫后逐渐长大，排粪量也逐日增加，每公顷稻田中放养 6000 尾草鱼，在稻田 110 天的饲养期内，其排粪量为 2640kg。鱼粪中含有丰富的氮、磷和有机质，这得益于碎屑食物链的完善。

（二）水平结构的优化——边缘效应

由于群落交错区生境条件的特殊性、异质性和不稳定性，使得毗邻群落的生物可能聚集在这一生境重叠的交错区域中，不但增大了交错区中物种的多样性和种群密度，而且增大了某些生物种的活动强度和生产力，这一现象称为边缘效应（edge effect），稻田复合生态系统中的边缘效应比较明显。

在稻田复合生态系统中，为了保证养殖动物的正常活动，解决由于田面水浅而带来对鱼类的不良影响，往往要配套田间工程建设，如稻田养鱼的"垄稻沟鱼"系统，沟坑式、水凼式、筑坝式等系统；稻田养虾（蟹、鳖）等的养殖沟、回形沟、十字沟、一字沟等。这些沟、坑、凼，一方面为动物活动提供了通道和生活场所；另一方面为植物提供了通风透光的走廊，因此，无论是对水稻，还是对养殖动物，都提供了边缘效应，形成边行优势（图 2-3，图 2-4）。研究表明，一般养殖沟面积不超过 10%，而水稻增产却常在 10% 以上。

（三）垂直结构的优化——分层利用

稻田复合系统中生物成分复杂，有水稻、杂草等植物，以及动物和微生物，它们习性差异大，分布在不同垂直层面，如上层是水稻，中层是杂草，下层是浮游植物，还有沉水植物；动物分层也较明显，特别是引进养殖动物并改进田间工

图 2-3　稻田养鱼田间示意图　　　　　　图 2-4　稻田养虾田间工程示意图

程后，不同动物依据适合的阳光、温度、食物和含氧量等分布在不同层次。影响浮游动物垂直分布的原因主要取决于阳光、温度、食物和含氧量等。多数浮游动物一般是趋向弱光的，因此，它们白天多分布在较深的水层，而在夜间则上升到表层活动，此外，在不同季节也会因光照条件的不同而引起垂直分布的变化。

　　在稻田养殖系统中，养殖的节肢动物、软体动物、两栖类动物等，可以根据不同时期的需求及水体深浅而分布在不同层次，如稻田灌水调控有时要晒田，当田面水浅或干枯时，动物可回到养殖沟和水凼；当田面水回升时，动物可回到田面及稻丛中觅食。这样无形中拓宽了养殖动物的生态位，提高了资源利用效率。影响动物分层、分区分布的因素很多，一是按食物的丰富程度；二是按光照及昼夜节律；三是按水体深浅、水温及溶解氧；其他还有天敌等因素。

　　有些稻田养殖系统田间工程的沟比较深，如稻田养虾、鳖、鱼等，深度有时可达 2~3m，这些深沟系统，还可混养多种动物。表 2-2 是通过放养生态位不同的鱼类，也能形成层次丰富的垂直结构，有利于充分利用饲料资源，提高系统的生产力。在池塘养鱼中，草食性和杂食性鱼类与一些滤食性鱼类搭配，其排泄物和饵料残余物所培育的浮游生物即够其取食，无需单独投饵料，所以在池塘养鱼

表 2-2　广东省顺德市*淡水鱼主要混养品种的特性（骆世明等，1984）

品种	生活层次	食性	作用
鲢	上层	幼时主食浮游动物，大时主食浮游植物	使水质变清
鳙	中上层	主食浮游动物	使水质变清
草鱼	中层为主	草食	排泄物和吃剩的饵料有利于生物繁殖，从而有利于鲢、鳙生长
团头鲂	中下层	食草与昆虫	提高饵料的利用率
鲮	下层	杂食	耐低氧浓度，利用其他鱼的剩食、饵料和排泄物
鲤	下层	杂食	耐低氧浓度，利用其他鱼的剩食、饵料和排泄物

＊顺德市现已更名为顺德区

中有"一草带三鲢"这样的说法。在稻田中，由于水体较浅，这种效应不太明显，往往要用一定粪肥补充。

（四）时间结构的优化——时间差

稻田种养系统，常根据不同生物对季节条件、温度等的需求不同，利用时间差。特别是在复合系统中，有植物与动物的时间差，如稻虾连作，夏秋主要是水稻生长、冬春主要是虾类生长；有些传统稻田养鱼中，短期稻田养鱼可在稻田插空进行，如秧田养鱼；一些地方把鱼类养殖看作一季作物，与水稻进行间、混、套种，有利于稻田光温资源的利用。有动物与动物的时间差，如虾-蟹、虾-鳖混养等，在稻-虾-鳖混作模式中春、夏水稻与虾共生为主，夏、秋水稻与鳖共生为主。实际应用中，这种时间差多方面可加以应用，一是同类养殖的上市时间差；二是田间植物种植和动物养殖时间差；三是混养中不同养殖动物的时间差；四是田内种植植物的时间差。

四、稻田种养系统的稳定性提高

生态系统的结构体现了生态系统内各要素、各层次的相互联系和作用方式；结构保持了生态系统的稳定性，稳定性程度不同的生态系统其结构也不同。一个具有复杂结构的生态系统其稳定性也较高，复杂的生态系统其生物多样性也较高，而生物多样性是保持生态系统稳定性的重要条件。

（一）提升系统生产力和稳定性

从其生态机能看，生物多样性越高，能流、物流途径的复杂程度越高，在复杂系统中每一物种的相对重要性就越小，生态系统就比较稳定。刘月敏（2006）对在天津市宝坻区不同种养模式的研究表明，由于外界物种的加入，使生态种植模式的可持续性指标均优于单一种稻模式。但系统内组分增多并不代表营养循环良好，具体情况还要看各组分间的异质性关系（表2-3）。

（二）改进稻田生态系统的自然属性

一般认为，生态系统的生物种类越多，各个种群的生态位越分化，以及食物链越复杂，系统的自我调节能力就越强；反之，生物种类越少，食物链越简单，则调节平衡的能力就越弱。汪宏伟和白文贤（2014）研究稻蟹共生系统表明，引进蟹后，蟹很快成为稻田生态系统中的优势消费者，而且随着放蟹数量的增加，各类水生动物的数目、生物量及多样性指数减少，且稻田水生动物种类出现频次的分布符合 C. Raunkiaer 频度定律。稻蟹共生生态系统中的水生动物群落的类群

表 2-3   不同种植模式系统可持续性分析（刘月敏，2006）

种植模式	多样性		循环性	生产力			稳定性
	物种丰富度	生物多样性	Finn's 指数（%）	系统净生产力	生物量/输出量	输出量/输入量	
单一种稻	1	0	−72.7	0.460	0.044	0.738	0.046
稻田养鱼	2	0.297	41.9	0.88	0.060	1.027	0.156
稻田养蟹	2	0.266	36.3	0.662	0.078	0.830	0.153
稻鱼蟹混养	3	0.435	19.9	1.069	0.066	1.220	0.159
稻鱼蟹混养与稻藕轮作相结合	5	0.59	51.0	1.208	0.187	1.498	0.164
备注	Shannon 多样性指数计算	Shannon 多样性指数计算	Ecopath 计算	Ecopath 计算			

关系趋向平衡和稳定，是向良性方向发展的。传统稻田生态系统的自然属性较弱，稻田人工属性较强，低频度种类的数目并不高，随着放蟹数量的增加，低频度种类的数目增加，高频度种类的数目减少，水生动物群落优势种的优势减弱，预示着放蟹后稻田生态系统的自然属性增强。

（三）增强稻田生态系统的抗性

长期依赖大量化肥和农药投入、品种单一化种植的集约化稻田生产，已逐渐暴露出农田环境污染、病虫草害抗性增加和农业生物多样性丧失等问题，利用生物多样性来控制农业有害生物危害已日益受到人们的关注。国内外对通过一定方式在稻田系统中构建遗传多样性、物种多样性来控制农业有害生物均进行了较多研究。如朱有勇等（2014）通过水稻品种遗传多样性有效控制稻瘟病（*Pyricularia grisea*）的发生；朱凤姑等（2004）报道了稻鸭共存对稻飞虱（*Nilaparata lugens*）、叶蝉（*Deltocephalus dorsalis*）、稻纵卷叶螟（*Chaphalocrocis medinalis*）和稻螟蛉（*Jaspidia stygia*）都有较好的控制作用；卢宝荣（2003）指出茭白（*Zizania caduciflora*）和水稻间隔种植，可以打破大面积连续种植单一品种的状况，在一定程度上造成病虫草害流行的空间和遗传上的阻隔，对控制和减缓病虫草害的发生有重要作用。

稻田生态系统多物种共栖是系统稳定平衡的保障，稻田种养系统增加养殖经济动物后进一步增强了其相生相克关系，维护了系统稳定性。如稻田养鱼模式、稻田养鸭模式、稻-萍-鱼或稻-萍-鸭模式等，对水稻纹枯病、稻飞虱、稻纵卷叶螟、杂草有显著的控制作用。肖筱成等（2001）报道，稻田养鱼系统中，鱼类食用水田中的纹枯病菌核和菌丝，从而减少了病菌侵染来源；同时纹枯病多从水稻基部叶鞘开始发病，鱼类争食带有病斑的易腐烂叶鞘，可及时清除病原，延缓病情的扩展；而鱼在田间窜行活动，不但可以改善田间通风透气状况，而且可增加水体的溶解氧，促进稻株的根茎生长，增加抗病能力，养鱼田纹枯病病情指数比未养鱼田平均少 1.87。稻田养鸭系统对纹枯病的发生也具有较好的控制作用。

第二节　稻田种养系统的机能及功能

任何生态系统都是在生物与环境的相互作用下完成能量流动、物质循环和信息传递过程，以维持系统的稳定和繁荣。因此，能量流动、物质循环和信息传递成为生态系统的三大机能（农业生态系统中还有价值流），它是生态系统本身、内部的作用过程及代谢机能（就像人体生理机能一样，如血液流动、消化吸收等）。有了健全的机能，才能更好地对外做功，因此从狭义来讲，生态功能是指生态系统对人类的效用及做功。人们通常把生态系统对人类生存的支撑作用称作生态系统服务功能，生态系统不仅提供人类需要的食物及原材料，还提供生存条件，如更新空气、稳定环境、保持水土、减轻灾害等。生态系统的机能与生态系统的生态功能是密不可分的。

一、能量转化效益提高

稻田复合生态系统，由于引进养殖动物，改变了生态系统能流途径及不同组分生产性能，从而提高了系统整体能力转化效率。具体体现在 4 个方面，一是提高了水稻初级生产能力；二是动物"截获"了杂草、浮游植物、浮游动物等能量的流失；三是养殖动物减少了饵料的投入，次级生产力提高；四是能流途径变化，优化了各环节转化效率，从而提高了系统生产力。

（一）初级生产力提高

水稻是稻田的主要初级生产，稻田养鱼之后使稻谷增产的论述多有报道，2015年湖南省新化县游家镇推广稻田综合种养 1100 亩，亩平均增产稻谷 81.5kg，吉庆镇大安山村康忠国实施稻田综合种养 2.2 亩，产鲜鱼 120kg，收入 4800 元，产稻谷 1800kg，比 2014 年增产 300kg。据统计，亩产成鱼 90kg 的稻田，鱼排出的粪便相当于增加 12.6kg 纯氮，折合尿素 27.4kg。稻田综合种养虽然因开挖鱼沟、鱼凼，占用稻田面积 5%～10%，但鱼类能疏松土壤、清除杂草和害虫幼卵，其代谢物为水稻生长提供营养，水沟、坑凼使水稻产生边行优势，透光性增加，稻田水温升高，有利于水稻的分蘖，除能弥补鱼沟、鱼凼占地减少的产量外，水稻产量还略有增加。

王武（2011）研究表明，养蟹稻田稻谷的总产量比不养蟹稻田增加 50kg 左右，其增产主要原因是土壤养分充足、边行优势明显、病虫草害减少。测定表明，养蟹稻田水稻秆粗，基部似小芦苇，其株高、穗长和每穗稻谷总粒数均明显高于不养蟹稻田。在水稻生长的中后期，必须强化营养以确保水稻有稳定的优质肥料供应。在蟹稻田，水稻生产旺盛期也正值河蟹生长旺季，配合投喂饲料，河蟹在稻田中"负责"除草、除虫、松土、增氧，起到均衡施肥的作用。由于河蟹能产生肥度高的粪便，水稻生长的中后期不缺肥，正好供水稻中后期（抽穗、扬花、灌浆期）生长使用（表2-4）。

表2-4 水稻中后期不同稻田土壤养分的差异（王武等，2011）

水稻生长阶段	处理	速效氮（mg/kg）	速效磷（mg/kg）	速效钾（mg/kg）	有机质（g/kg）
分蘖期 （6月30日）	养蟹稻田	146	19.6	210	33.3
	不养蟹稻田	126	18.9	164	29.7
成熟期 （9月17日）	养蟹稻田	70	10.4	148	28.2
	不养蟹稻田	77	16.6	144	27.7

（二）能量损失减少

在一般情况下，稻田杂草基本上被大量拔除离田，结果是损失并浪费杂草所获得的日光能；而大量细菌、浮游植物、浮游动物以及部分水生动物通常也因田水排灌而流失，直接或间接造成初级产品及次级产品的流失。稻田的养殖动物是稻田生态系统的消费者，可以取食大量的杂草，通常稻田杂草有几十种以上，其中轮叶黑藻、菹草、苦草、小茨藻以及各种眼子菜和浮萍，都是草鱼很好的天然饵料。据试验在每亩200尾（草鱼30%、鲤或鲫60%、鲢10%）的放养情况下，经75天，鱼可以消灭和抑制稻田杂草总量达831.45kg/亩。因此，实行稻田养鱼，消灭稻田杂草，对限止稻田能量流的外溢是一个重要的方面。

稻田中大量的浮游植物和部分细菌都是初级生产者，它们的生物量相当大，估计其稻田在七个月内，浮游植物总生物量至少在360kg/亩以上。据试验（丁瑞华，1978），在放鱼前养鱼稻田和未养鱼稻田浮游动物的数量变化无显著差异，放鱼后则有明显的不同。养鱼稻田浮游动物数量变化在30～230个/L，未养鱼稻田90～320个/L。养鱼稻田显著减少了稻田水体浮游动物的数量，说明稻田养鱼后，鱼能将田中消耗大量肥分的浮游动物吃掉大部分或一部分，抑制它们的生长繁殖，减少肥分消耗，对稻田起保肥作用，另一方面又减少浮游动物的流失，使之转变为鱼产量。

（三）次级生产力提高

传统稻田生态系统像其他农业生态系统一样，强烈受人类干预，其初级生产被强化，次级生产被取缔，稻田主要是生产稻谷初级产品，其次级生产相对微弱，大量生物量被流失。实际上，稻田中的天然饵类，如浮游生物、水生植物、有机腐屑、底生藻类、底栖动物和各种昆虫等种类繁多，存量丰富，对它们的充分合理利用，是发挥稻田生态系统生产潜力很重要的一环。稻田引进养殖动物后，影响着系统草牧食物链及碎屑食物链的能量流动，才形成人类所需的次级生产力。侯光炯教授早在 20 世纪 80 年代采用半旱式自然免耕法种稻养鱼，就较好地发挥了稻田初级生产和次级生产的两种生产潜力，当时水稻产量 7500kg/hm^2，鱼产量 750kg/hm^2。

杜洪作等（1987）测算了稻田水体的各种生物对鱼类提供的潜在生产力，浮游动物、底栖动物、杂草能转化形成次级生产力分别是 64.2kg/hm^2、79.9kg/hm^2、101.9kg/hm^2，加上水生昆虫有机腐屑等提供的生产力，每公顷稻田产鱼潜力可达 300kg 左右。

根据《中国渔业统计年鉴》资料的分析，2000 年全国稻田养殖的水产品成鱼产量 745 779t，比 1985 年的 81 699t 增加 812.84%；单产从 1985 年的 125kg/hm^2 增加到 2000 年的 487kg/hm^2。我国内陆水产养殖的产量来自池塘养殖、湖泊养殖、水库养殖、河沟养殖、稻田养成鱼和其他养殖等 6 个方面，在全国淡水养殖总产量中，稻田养殖的水产品成鱼产量所占的比重，由 1985 年的 3.42%上升到 2000 年的 4.91 %，其比重仍在不断上升，这部分次级生产对于我国水产业有着极其重要的作用。

（四）系统生产力提高

引进养殖动物后，系统能流途径发生改变，各个环节能流转化效能提高，减少系统对化学能、人工辅助能的依赖，提高系统自我维持能力，保证较高的系统生产力。辽宁盘锦稻田养泥鳅系统能量分析（表 2-5）结果表明，稻鳅生态系统有机能输入占人工辅助能输入的 49.13%，比普通稻田生态系统 28.01%提高 21.12 个百分点。人工辅助能产投比为 1.03，比普通稻田生态系统 1.17 降低 11.97%，因植物性饲料能转换为动物性泥鳅能过程中有一部分能量消耗。能量转换率较高，为 1.42%，比普通稻田生态系统 1.29%提高 0.13 个百分点。

表 2-5　两种稻田生态系统能流分析（×10^{10}J/hm^2）（朱清海，1997）

项目	稻-泥鳅田生态系统	普通稻田生态系统
太阳能输入	5773.6	5773.6
作物生育期太阳能输入	1883	1883
直接生理能输入	26.7	18.3
有机能输入	14.2	5.7
饲料能输入	8	
间接生理能输入	2.1	2.1
人工辅助能输入	28.8	20.4
有机能输入占人工辅助能输入（%）	49.13	28.01

项目	稻-泥鳅田生态系统	普通稻田生态系统
初级产品产出能	26.2	23.8
次级产品产出能	3.4	
总产出能	29.6	23.8
光能利用率（%）	0.45	0.41
直接生理能产投比	1.11	2.11
间接生理能产投比	14.07	11.31
人工辅助能产投比	1.03	1.17
能量转换率（%）	1.42	1.29

二、营养循环效率提高

稻田复合生态系统，由于引进养殖动物，改变了生态系统物质循环途径，营养循环由原来的"土壤-植物-土壤"，变成了"土壤-植物-动物-土壤"，开放度相对缩小，系统生物小循环加强，大循环受控。具体体现在 4 个方面，一是增加土壤养分库；二是提高养分利用效率；三是减少物质输出；四是减少对外来营养物质的依赖。

（一）提高土壤肥力

稻田养殖对稻田土壤肥力有重要作用，一方面是动物频繁的活动，可改善土壤物理条件；另一方面是动物粪便积累可直接补充土壤养分。稻田养殖可增加水中溶氧，丁瑞华（1978）分析表明，田水温度波动范围在 26.0～36.5℃，种养稻田和水稻单作稻田溶氧变化幅度为 1.5～8.2mg/L，平均为 5.1mg/L，种养稻田比水稻单作稻田明显增高，同时鱼的活动还可使水中溶氧均匀分布，并翻动田土，因而改善土壤的供氧状况，有利于有机物的分解，减少土壤还原物质。

稻田中几种鱼的粪便氮、磷含量均较高（表 2-6），四种鱼粪中其氮、磷含量优于猪粪和牛粪，与人粪、羊粪基本一致，次于鸡粪和兔粪，可见鱼粪是比较优质的肥料。分析可知，每亩放养 200 尾较大的鱼种（每尾重 100g 左右），每条鱼日产粪 2g，每日则有鱼粪 400g，以养鱼时间 75 天计算，每亩可得鱼粪 30kg。曾和期（1979）研究表明，养鱼田和未养鱼田在水稻收获期后土壤中氮量递减分别为 1.105%和 11.97%，说明养鱼对保持和增加土壤中氮的含量有较大的作用；养鱼田和未养鱼田每形成百斤干谷产量，土壤中 P_2O_5 量递减率分别为 4.278%和 4.388%，说明养鱼田中磷的含量多于未养鱼田。

表 2-6 稻田中几种鱼粪养分分析（曾和期，1979）

鱼类种类	N%（干）	P_2O_5%（干）
草鱼	1.102	0.426
鲤	0.824	0.671
鲫	0.760	0.403
鲢	1.900	0.581

在稻田种养模式下，鱼类不断的进食而又不断的排除粪便增加了肥力。经测定，种养稻田比水稻单作稻田有机质含量高 6.3%，碱解氮高 9.5%，速效磷高 16.4%；同时还可以增加水中溶氧量，加速了有机质的分解，提高了土壤肥力。经测定种养稻田底层水溶解氧为 6.5mg/L，未养殖的对照田底层水溶解氧为 4.8mg/L。邝雪梅等（2005）研究表明，稻田养鱼可以改善稻田耕作层土壤物理化学性质，与未养鱼田相比，养鱼田土壤容重减少 15.15%，总重孔隙度增加 14.64%，有机碳、全氮、有效氮、速效磷、速效钾分别增加 4.8%、6.61%、20.93%、72.39%、36.67%。

（二）提高养分效率

水产生物的排泄物直接增加了稻田水体和土壤有效养分，同时排泄物中所含的丰富有机质有利于微生物增殖，进而促进养分循环和土壤原有养分的活化（Rochette and Dill，2000）；王昂等（2011）研究发现稻蟹共生的水体硝酸盐和磷酸盐的含量都显著高于不养蟹处理；研究发现稻鱼共作的水体 NH_4^+ 和 NO_2^- 的含量都高于水稻单种，这些养分形态有效性高、利用率高。

养殖动物的取食活动和机械扰动作用，促进系统养分的有效利用。鱼、蟹等扰动土壤，在一定程度上促进释放土壤中被固定的养分（陈飞星和张增杰，2002），同时增加水体溶氧浓度，改善土壤氧化还原状况，促进 N 的矿化和硝化作用（李成芳等，2009）。另外，鱼和蟹的取食作用直接抑制了杂草和浮游生物的生长，减少了这部分生物对系统中养分的吸收，使更多的养分流向目标生物。

资源互补利用。水产生物排泄物中的营养物质可以被水稻作为肥料再次利用，黄毅斌和翁伯奇（2001）[15]N 示踪法研究发现，鱼排泄物中的 N 有 17%~29% 被水稻吸收；Xie 等（2011a）发现，传统稻鱼共生系统中，水稻和鱼之间存在化肥 N 和饲料 N 的互补利用，未被鱼利用的饲料 N 还可以被水稻吸收，水稻对饲料的利用率达到 31.8%，同时肥料 N 也可以通过杂草等进入到鱼的体内。Panda 等（1987）研究还表明，鱼存在的条件下，水稻可以吸收更多的铁元素。

稻鱼共作系统化肥 N 和饲料 N 配比试验中，稻鱼共作各处理 N 利用率均达到 90% 左右，显著高于鱼单养（17.3%±0.017）；稻蟹共生的总 N 利用率比蟹单养高出 34% 左右，水稻 N 占化肥 N 比例（90.1%）也高于水稻单作（70.4%）；稻鳖共生鳖 N 利用占饲料 N 比例（33.8%）高于鳖单养（26.4%），说明稻田养殖模式提高了系统 N 素利用，减轻 N 素流失带来的环境污染风险。

（三）减少物质输出

稻田复合生态系统引入养殖动物后，更有效地控制着系统内的物质循环。一方面，物尽其用，物质在系统内反复利用，如 C 的循环，由于通气条件改善、微生物活跃，有机物要么被生物重心固定成为土壤有机质，要么被完全氧化以 CO_2 排除，减少 CH_4 的排放；另一方面，内部循环得到加强，养分循环相对封闭，养分利用率提高，能有效控制养分输出，如减少系统 N 损失。Li 和 Cao（2008）及 Datta 等（2009）的研究均发现，与常规稻作相比，稻鱼系统 NH_3 挥发、N_2O 排放和 NO_3^--N 淋溶量均降低。

李娜娜（2013）研究表明，氮肥和饲料的输入会影响到物质输出，与水稻单种相比，稻鱼共作系统甲烷排放通量降低 26%；在总 N 投入一定的情况下，稻鱼共作系统甲烷排放通量随化肥 N 比例升高而降低；整合分析也得到了类似的结果，发现在 N 投入高于 $62kg/hm^2$ 时，稻田甲烷排放通量随着 N 投入的增加而降低。

稻田养鱼可以有效减少 CH_4 的排放量。稻田生态系统中，水层深度超过 10cm 时不利于 CH_4 的释放，且好氧水层中的微生物可以氧化 CH_4，稻田养鱼中 CH_4 的排放量比常规稻田可减少 1/3 左右。鱼、鸭在田间活动，提高了土壤氧化还原电位，抑制甲烷的产生和排放；稻田养鱼，沟内养鱼，夏季 80% 的田面暴晒过后，降低了甲烷产生量；每年清出沉积在鱼凼底部的有机物，可减少稻田排放甲烷、硫化氢等有害气体，还可作水稻的优质肥。

（四）减少化肥输入

稻田复合系统化肥氮和饲料氮配比试验表明，氮投入不变时，降低化肥氮的投入，水稻产量没有显著变化，鱼的产量显著增加；与水稻单种和蟹单养相比，稻蟹共生水稻产量和蟹产量都显著增高；在没有化肥和农药投入的情况下，稻鳖共生额外输出了水稻产量，鳖产量显著增加。以上结果表明，稻田养殖提高了系统生产力，降低了对外源化学品的依赖，具有更高的系统稳定性。

由于稻田种养系统有利于提高土壤肥力、提高养分效率、减少物质损失，实际生产中，稻田种养系统可以少施肥，避免使用化学肥料。这种节肥效应主要来自三方面，一是稻田养殖动物生长过程中所产生的废弃物，如粪便等；二是水稻收割后的秸秆直接回田的养分补充；三是养殖过程中动物饲料的输入。具体能替代多少养分，可根据种养稻田与非种养稻田土壤养分的差异，结合生产中实际输入、输出的情况（秸秆返田、饲料补充、产品输出等）进行评估，一般减少化肥使用量 30%～100% 不等，平均减少 62.9%。

三、生产力及价值流强化

稻田种养结合模式，既实现了水稻的增产，又收获了水产品。稻田养鱼可使水稻产量增加10%左右，稻田养殖虽因开挖沟而占用了稻田面积，但因为鱼类的加入，病虫害减少，土壤理化性状提升，沟的设置给水稻创造了显著的边行优势，透光、通风性能加强，鱼类的活动，使得稻田水温升高，改善了水稻的生态条件，有利于水稻的分蘖和千粒重的增加，从而实现了水稻产量的提高。养鱼稻田内，每亩一般可产鱼100～150kg，比单种水稻增加经济收入6～10倍。陈灿等（2016）研究表明，传统单一水稻种植的劳动生产率为22元/（人·d），而稻田种养结合模式下，农民的劳动生产率为251元/（人·d），是前者的11倍，大大提高了农民的收入。

稻田养殖动物能获得较高的经济效益，但动物的种类、放养数量、种养方式和技术不同，获得的利润也不同（表2-7）。从种养模式来看，稻田饲养鳖、蟹、虾等水产获得的利润较高，但鳖、蟹、虾对稻田水环境质量要求较严格，生产成本也较高，因而面临的风险也较大。从产投比来看，稻田饲养动物的产投比一般为1.30∶1～2.97∶1。

表 2-7　不同稻田种养系统的经济效益（改引自郑华斌等，2015）

种养系统	投入（元/hm²）			产出（元/hm²）			利润（元/hm²）	产投比
	水稻生产成本	动物饲养成本	合计	稻谷	动物产品	合计		
稻-鱼	4 733	33 547	38 280	8 446	85 287	93 733	55 453	2.45
稻-鸭			13 553	11 020	8 901	19 921	6 368	1.47
稻-鸭-泥鳅	2 524	7 530	10 054	5 599	24 230	29 829	19 775	2.97
稻-鳖			117 912	17 706	183 720	201 426	83 514	1.71
稻-鳖-鱼			352 500			474 000	121 500	1.34
稻-鳖-鱼-虾	6 000	76 647	82 647			239 117	156 470	2.89
稻-鳖-虾	35 377	30 955	66 332	28 470	111 428	139 898	73 566	2.11
稻-蟹	2 280	7 590	9 870	5 250	15 813	21 063	11 193	2.13
稻-蛙	27 365	15 826	43 191	9 687	103 748	113 435	70 244	2.63
稻-鱼-蛙			28 695			54 240	25 545	1.89
稻-鸡	8 250	123 750	132 000	18 000	153 900	171 900	39 900	1.30

四、生态服务功能提升

生态系统的生态服务功能不仅提供人类需要的食物及原材料，而且还维持人类赖以生存的环境条件，如更新空气、稳定环境、保持水土、减轻灾害等。稻田生态系统是典型的人工湿地生态系统，其存在不仅为人类提供农产品，还维持良好生存环境的保障。稻田引进养殖动物后的复合生态系统，一方面因为生物多样性的提高；另一方面因为田间工程的改善，使其生态服务功能得到很大提高。

（一）涵养水源

稻田种养系统为了保证动物正常的生活与活动，一方面需长时间保持水层，另一方面需有较深的水体。因此，大多数稻田复合系统都有相应的田间工程，如养殖沟、回形沟、水凼、垄沟等，其水分管理和传统稻田水分管理有较大改变。传统稻田水分循环是开放式的，稻田保持一定水层，分蘖后期、成熟期要排水晒田，平时水多即排、水少即灌（图2-5）；稻田复合种养系统水分循环是封闭式的，针对水稻生产所需的排水和灌水主要来自养殖沟。整体而言，系统内沟沟相连、沟田相通，水不会离开系统，而是在系统内交流。

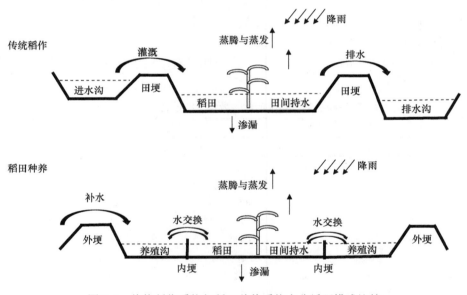

图 2-5　传统稻作系统与稻田种养系统水分循环模式比较

地下水位高的低湖田、落河田实行稻田种养，水分利用率提高，贮水功能增强，沟渠连通、排蓄结合，排水、防渍已不是主要矛盾；地下水位低的灌溉稻田、丘陵岗地的垄田、山垅田实行稻田种养，有利于稻田蓄水、提高水分利用效率。

稻田里实行养鱼，田埂会比传统单一稻作模式稻田更高、更牢固，因养鱼开挖的沟凼，大大增加了蓄水能力，起到抗旱防洪的作用。在一些丘陵地区，实施稻鱼工程，每亩稻田蓄水量可增加 200m³，大大增强了抗旱能力。养鱼稻田蓄水量大,对干旱多的缺水地区,可在很大程度上延缓旱情。防涝方面,据计算,假定湖南适合养鱼稻田全部实行稻田养鱼,每年蓄水 4 次,每次蓄水 30cm,则湖南宜鱼稻田可以蓄水 107.9 亿 m^3,其蓄水量相当于湖南水库的 27.5%(向继恩等,2016)。以雨季 1 次降水 10 天计算,湖南宜鱼稻田通过渗漏、蒸发作用,转移洪水至地下和大气的水量为 9.1 亿 m^3,可在很大程度上减少洪涝灾害。因此,稻田养鱼增大了稻田本身对自然灾害的自我调节和防御能力,创造了一个减灾、避灾的人工生态防灾系统。

（二）净化水质

通常稻田生态系统具有湿地生态功能,能消纳部分有机营养物质,保持较高水质,但部分稻田由于过量施肥、秸秆还田、污灌等也会造成田面水水质下降,氮、磷等营养过于丰富而破坏稻田环境。稻田生态系统的水质净化能力主要取决于稻田生物多样性,一方面有丰富的浮游植物进行光合作用,既能吸收大量氮磷营养,又能提高丰富的溶解氧;另一方面,要加快这些生产者库存的周转,即能及时通过草牧食物链、碎屑食物链将其转化。稻田引进养殖动物后,无疑强化了其草牧食物链,同时也丰富了碎屑食物链、生物多样性提高,因此其对水质的净化能力比传统稻田更强。实际生产也表明复合稻田生态系统的水体比传统稻田生态系统的水体要肥,但它的营养循环周转率快、周转期短,循环活跃,能保持水质良好,比传统稻田生态系统的净化能力强、容纳营养物质的阈值水平高,这对于土壤培肥、水稻供肥具有重要意义。

分析稻田种养系统净化水质的功能比传统稻作系统要强,并不是说稻田种养适应水体富营养,实际生产中,稻田种养系统的水质比较难把握,一方面植物在土壤及田面水体保持较高营养盐的浓度比较好;另一方面动物需要田面水体保持较高的溶解氧,避免水体富营养;而且不同的种养系统,动物的需求也有差别。总体来说,种养系统水体不宜过肥,如稻田养殖小龙虾,要求水体透明度在 30~40cm,水体过肥可导致纤毛虫大量繁殖和生长,危害小龙虾和套养鱼类的生长,引发寄生虫类疫病。因此,稻田种养系统应注意水质管理,其一可以通过控制施肥、投饵,减少过量营养输入;其二可在一定时期调节水位或换水,特别注意保证水源水质。

我国的农村面源污染问题逐渐加重,一部分地区的耕地因此退化,农村和农业内部环境恶化,成为影响江河湖泊水质、饮水安全、农产品质量与食品安全的主要因素。农药化肥污染、畜禽养殖业污染、废旧农膜残留、垃圾污染、农村生活污水是主要的农业面源污染源。污染物的排放量,超过了自然生态系统分解吸收的能力,从而导致了面源污染问题。稻鱼共作、稻鸭共作的生态种养模式,减少了农药化肥的施用量,减轻了由于重施农药化肥造成的农田环境污染,消除了因施用过量农药化肥带来的食品安全隐患，从源头上抑制了农业面源污染。稻田养鱼，改善了稻田生产环境，促进了稻田生态系统的良性循环，对实现农业持续、健康发展具有重要作用。

（三）生物多样性

稻田生态系统物种丰富。研究表明，南方稻田水体中有水生植物 36 种，藻类 7 门 67 属，底栖动物 21 种，浮游动物 77 种，杂草种类约有 200 余种，其中危害严重的有 20 余种。稻田中普遍存在且危害严重的害虫有二化螟（*Chilosuppressalis* sp.）、褐飞虱（*Nilaparvata lugens*）、白背飞虱（*Sogatella furcifera*）、黑尾叶蝉（*Nephotettix bipunctatus*）和稻纵卷叶螟（*Cnaphalocrocis medinalis*），病害有纹枯病、稻瘟病、恶苗病和稻曲病。饲养动物后，稻田可以产生以下生态效应：田间杂草密度降低 50.0%～98.0%，杂草的物种丰富度和 Shannon 多样性指数分别下降 34.0%～86.0% 和 0%～71.0%；绿藻、硅藻和原生动物的优势种群增长受到抑制，优势度下降，而裸藻和枝角类的优势度显著增加；饲养动物同时影响稻田原生动物、水生动物、环节动物和节肢动物的多样性指数；稻飞虱、二化螟、叶蝉和纹枯病的发病率分别下降 7.0%～89.0%、12.0%、73.0%～82.0%、40.0%～86.0%。因此，稻田饲养动物后，并没有彻底消灭某一个物种，而是降低了优势物种的密度和数量，均衡各物种的密度和数量，最终实现人与自然和谐共处。

稻田复合生态系统，由于引进动物，丰富了草牧食物链，完善了碎屑食物链，增加了系统生物多样性，可能不同类型的动物对稻田生态系统的影响有所不同，一般会增加稻田有益生物种，控制害虫。水稻弱小的无效分蘖、杂草、藻类、细菌与微型水生动物成为鱼的优质食物，而系统的排放物被截留下来作为其他水生动植物的肥料或食物，延长了食物链，使物质能量得到高效利用，其稳定性及抗御外界冲击的能力更大，稻田养鱼、养鸭利用生物治理，减少病虫害，减少农药化肥使用，抑制杂草的生长，抑制不利生物的繁殖。稻田饲养动物，优势会降低 Shannon 等多样性指数，但并没有彻底消灭某一个物种，而是降低了优势物种的密度和数量，均衡各物种的密度和数量，有利于保护生物多样性，最终实现人与自然和谐共处。

保护生物多样性。水稻病虫害严重制约着水稻的产量，因此农民每年使用大量的农药治理病虫害，以减少水稻产量的损失。施用农药治理病虫害的同时，不仅杀死了害虫，对环境也造成了污染。而饲养动物能保护稻田里的圆蛛类、狼蛛类和跳蛛类等有益昆虫，种群数量提高约 60%。同时，微生物数量也有变化。据王华和黄璜（2002）研究表明，养鱼稻田的土壤微生物有明显增加，稻田养鱼区的土壤微生物总量为每克干土 1.513×10^8 个，较不养殖稻田增加 36.8%。

第三节 稻田种养的生态关系及效应

生态系统中生物与生物、生物与环境相互作用，维护生态平衡，稻田种养复合生态系统由于引进新的生物成员，从而改变了原来的平衡关系，通过相互作用必然达到新的平衡。在新的生态系统中，经过人类调控，往往正相互作用得到应用和扩大，负相互作用得到控制和摒弃。稻田生物种间关系很复杂，可能涉及信号、诱导、化感等达成互利共生、原始合作、偏利共生、竞争、偏害等相互关系，目前还缺少相关基础理论研究。但稻田种养互惠互利，"稻田养鱼，鱼养稻，稻鱼共生"是不争的事实，因此，这里主要介绍稻田种养的互惠互利关系表观效果及相关效应。

一、利稻行为

稻田种养是一种种养结合、稻渔共生、稻渔互补的生态农业种养模式。引进的动物一方面可通过改变系统组成，影响能量流、食物营养关系来影响水稻生长；另一方面可直接影响，或通过环境条件的改善来影响水稻生产（图 2-6）。

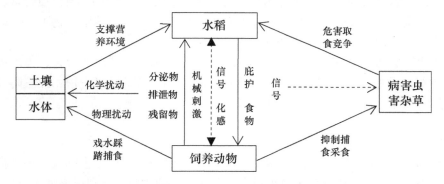

图 2-6 稻田种养系统主要成分及要素之间的相互关系

大量研究结果表明，稻田养殖的水稻生长发育比传统稻田要好，主要表现在稻株浓绿茂盛、植株高大、抽穗整齐，水稻穗长、有效穗数、总粒数、实粒数等产量构成因素发生变化，并提高了光合作用率、水稻根系活力等，进而提高了水稻产量，稻谷平均增产达 5%～24%（曾和期，1979）。稻-鱼模式能促进水稻提早抽穗 2～3 天，分蘖期、孕穗期、抽穗期的株高比不养鱼稻田分别高 3.5%、20.6%、15.5%（高洪生，2006）；稻田养鸭后，水稻群体基部透光率、绿叶面积、叶片叶绿素含量、根系活力、剑叶光合作用强度比不养鸭稻田分别高 4.1%、10.7%、17.8%、24.0%、15.7%，水稻增产 4.9%（禹盛苗等，2005）；张承元等（2001）研究证实，由于稻田鱼类的活动能起到松土、增温、增氧，使土壤通气性及根系活力增强等作用，使得稻穗长、颗粒多、籽粒饱满，水稻增产；高洪生（2006）研究得出，种养稻田在分蘖、孕穗及抽穗期，株高分别高于对照田 1.1cm、10.8cm 和 11.2cm，而且种养稻田水稻一般比不养殖稻田早抽穗 2～3 天；王华和黄璜（2002）的研究得出，稻田养殖区早稻成穗率为 71.3%，比不养殖稻田高 2.9%，每穗实粒数比对照多 7.7 粒，空壳粒较对照低 1.6%；赵连胜（1996）报道，稻田养殖动物后，水稻分蘖率比不养殖稻田增加 7% 左右，成穗率增加 4.6%～5.2%，千粒重增加 0.3～0.4g；Yang 等（2006）试验表明，稻田养鱼可延长水稻生长期，增加干物质和叶面积指数，提升水稻植株重心，增加茎秆直径，促进根系的生长和延伸，增加基部节间长度和数量，可阻止叶片功能退化。

研究表明，稻田养鸭和养鱼都能促进水稻对氮元素的吸收，总氮含量的实测值分别比不养殖稻田高 24.4% 和 27.0%，并与土壤脲酶、脱氢酶和蛋白酶的含量呈负相关（李成芳等，2008）；另据测定，稻米加工的出糙率、精米率、整精米率分别提高 2.7%、1.5% 和 2.7%，蛋白质含量、胶稠度、氨基酸总量和必需氨基酸总量分别提高 12.4%、11.5%、1.6% 和 1.0%，直链淀粉含量、碱消值、垩白率和铬含量分别降低 6.6%、7.0%、7.6% 和 18.8%（黄兴国，2008）；稻田养蟹后，稻米垩白度、直链淀粉含量比不养殖稻田分别下降 31.3% 和 5.1%，蛋白质含量、胶稠度分别提高 8.1% 和 11.68%（安辉等，2012）。可见，稻田养殖动物不仅可提高水稻产量，同时还能改善水稻的品质。

以上研究报道证实了稻田养殖对水稻群体结构和生长状况的改善，为水稻增产提质奠定了基础。我们把它归结为"利稻行为"，主要体现在"一增二改三防控"，即增肥，改土、改水，控病、控虫、控草。

（一）增肥效应

稻田养鱼、养鸭后，鱼、鸭通过取食稻田中的杂草、昆虫虫卵、水稻枯枝落叶等，将各种田间"废物"变成水稻生长发育所需的肥料，有利于提高土壤肥力，为水稻生长提供良好的环境。据定位测定，稻田产鱼达 2250kg/hm^2，土壤有机质含量由 2.43% 提高到 4.2%；全氮由 0.109% 提高到 0.26%；全磷由 0.09% 提高到 0.13%；全钾由 1.09% 增加到 2.09%。黄国勤（2009）的研究表明，养鱼稻田每亩产生的鱼沟肥泥，相当于 10～20kg 标准化肥的肥效，可为下茬作物提供一季基肥。王强盛等（2004）的试验表明，在稻鸭共栖模式中，经对鸭子在共生期内排泄的粪便量进行测定，1 只鸭子在共生期内排出的粪便量约为 9.5kg，含有氮为 49g、磷 72g、钾为 32g，每公顷放养 270 只鸭子，排在稻田的总氮为 13.23kg，总磷 19.44kg，总钾 8.64kg，作为水稻生长期内的追肥，可有效地培肥土壤、满足植株对营养的吸收。

另外，稻田土壤中的养分，除了供给水稻生长外，还会被同时存在于稻田生态系统中的杂草、光合细菌和浮游生物所夺走。据报道（吴琅虎等，1986），仅杂草一项每年可夺去稻谷产量的 10%，最高达 30%。稻田养鱼后，消灭和抑制了杂草这一因素，起到了保肥作用。据其测定，鱼吃杂草，除消化 30%～40% 外，还有 60% 以上以粪便形式排泄回田中，起到积肥增肥作用，测算得出，每亩鲜鱼共计可排粪便 453.6kg。而据分析，草鱼粪含氮 1.1%、磷酸 0.43%，因此排出 453.6kg 粪便即相当于给稻田施纯氮 4.99kg、磷酸 1.95kg。

鱼粪是一种优质高效的肥料，鱼粪的氮、磷含量高于其他畜类粪便。按一尾四两[①]重鱼种，每天可排粪 4g，每亩投放 200 尾，则每天可排粪 0.8kg。稻田养鱼周期按 90 天计算，则稻田中获得总粪肥量可达 70kg 以上。经测定，养鱼稻田与不养鱼稻田在管理条件相同的情况下，养鱼田有机质增加 4%、总氮增加 50%、速效钾增加 60%、速效磷增加 1.3 倍。

（二）改土效应

稻田养殖经济动物以后，鱼类在田中觅食，经常来回游动，特别是养鸭，鸭子搅动水体活动比较大，既搅动土壤表膜，使泥土翻松暄软，又搅动水体，增加水和空气接触，使水中溶氧增多。水稻单作的稻田氧气主要分布在水的表层（氧化层），底层（还原层）氧气很少；而养殖稻田中的鱼类可以翻水，使氧气上下均匀。鲤还喜欢翻动底泥寻找食物，鳝、小龙虾等还在田内土壤中打洞，这样就可以疏松土壤，改善稻田土壤的供氧条件，扩大土壤氧化层，增强透气性能，加速有机质分解、发酵和土壤养分的释放，提高肥效利用率，减少有机酸、硫化氢等有毒物质的积累，促进水稻根系发育，增加有效分蘖。

稻田种养，动物的活动可以改善土壤养分、结构和通气条件，从而显著影响土壤肥力。鱼的活动打破了土壤胶泥层的覆盖封固，增大了土壤孔隙度，有利于肥料和氧气渗入土壤深层，起到了深施肥料提高肥效的作用。同时，鱼、虾、蟹、鳖、鸭等在稻田中的活动起到了中耕松土作用，减小了土壤容重，增大了土壤孔隙度，刘振家（2003）认为，稻田养殖可以改善土壤团粒结构；高洪生（2006）的研究指出，稻田养殖可以增加土温，10cm、15cm 耕层土温日平均值种养稻田比不养殖稻田分别高出 0.4℃和 0.5℃。林孝丽和周应恒（2012）报道，种养稻田影响到土壤水稳性团聚体的特性和组成，促进土壤有机质分解，容重减少，孔隙增加，通透性改善，其水、肥、气、热状况均优于一般水稻单作田。

Yang 等（2006）的研究表明，稻田种养可以改善稻田耕作层土壤物理化学性质，与不养殖稻田相比，养鱼田土壤容重减少 15.15%，总重孔隙度增加 14.64%；杨富亿等（2004）在东北苏打盐碱地进行了稻-鱼-苇-蒲开发试验，探讨该模式对盐碱土壤环境的影响，结果表明，开发后土壤有机质含量增加 96.8%，盐分含量

---

① 1 两 =50g，下同。

下降 43.6%；阳离子交换量、盐基总量分别增加 8.21% 和 27.71%；土壤腐殖质以富里酸为主，W_{HA}/W_{FA} 提高了 36.15%；养鱼稻田的土壤微生物总量明显高于未养鱼田（$P<0.01$），优势种为放线菌。Frei 和 Becker（2005）研究提出，由于鱼类对土壤的搅动作用，提高了土壤氧化还原电位、降低土壤 pH，促进甲烷气体的排放，抑制了 CH_4 的产生和排放。

（三）改水效应

饲养动物的活动及其新陈代谢也影响水体的溶氧量和养分。研究表明，稻-鱼和稻-鸭模式的稻田水体溶解氧含量分别比单一种植水稻增加 56.0% 和 54.0%（王缨和雷慰慈，2000）。溶氧量的增加既有利于鱼类生长，又改善了土壤通气状况，有利于水稻根系生长发育；丁伟华等（2013）的研究表明，当稻田养殖鱼类的目标产量为 375kg/hm^2 时，养殖鱼类对水体化学需氧量、总氮、总磷和氨态氮含量的影响都没有显著性差异。当鱼类养殖密度提高（如 3000kg/hm^2），饲料投入量相应增加，稻-鱼系统水体的化学需氧量、总氮、总磷和氨态氮含量都增加。

稻田种养的改水效应体现在三个方面，一是溶解氧，二是水质，三是水中养分状况，且三者相互联系，影响着动物生存和植物生长。稻田水体是由多种氧化剂和还原剂共存的混合体系，这个混合体系的电位是由存在量较多的物质电位决定的，一般水体的决定电位是氧电位和有机质电位的综合，在有溶解氧的情况下，溶解氧含量是水体决定电位，在耗氧有机质积累的情况下，有机质电位是水体决定电位，因为有机质消耗氧进行厌氧分解产生还原物质，形成还原性水体。从表 2-8 看出，由于鸭在稻田经常性游动和搅拌，增加了水体的溶解氧，稻鸭共作区的溶解氧比灌溉水增加 17.3%～23.9%，稻鸭共作区的氧化还原电位比灌溉水升高 20.9%～21.6%，氧化还原电位的升高有利于水体和土壤对物质的分解，不利于有害物质积累，从而有助于稻株对营养物质的吸收。而不养殖区，其溶解氧含量很小，在水体不交换和不流动的情况下，其氧化还原电位为负值，说明其水体物质以还原物质为主。

表 2-8 还说明稻鸭共作区的电导率显著高于围网区、不养殖区，分别是其 1.64～1.71 倍和 2.19～2.36 倍；化学需氧量作为氧化有机物和还原物所需氧量，稻鸭共作区分别比围网区和不养殖区增加 6.45%～7.87% 和 27.74%～31.51%；而电导率和化学需氧量与水体营养物质浓度和悬浮物含量呈一定的正相关性，这两个方面都说明稻鸭共作区的营养物质浓度和总溶解固体物显著增加，围网区也显著高于不养殖区，有利于水稻的生长发育。稻鸭共作区水体中的总氮、总磷和总钾显著高于不养殖区和灌溉水，比不养殖区分别增加 44.52%～51.75%、43.75%～44.83% 和 41.86%～47.93%，说明鸭子粪便可显著提高稻田水体养分含量；在共作区总氮中氨态氮的含量占 71.43%～72.32%，由于养殖动物搅拌土壤有利于氨态氮的增加，使氨态氮也成为稻田种养水体有效氮的主要成分。

表 2-8　稻鸭共作对稻田水体理化性质的影响（王强盛，2004）

项目	丹阳农业试验场			延陵农业试验场		
	共作区	对照区	田外灌溉水	共作区	对照区	田外灌溉水
氨态氮（mg/L）	1.55Aa±0.16	0.96BC±0.08	0.53Ce±0.03	1.62Aa±0.11	1.05Bb±0.06	0.62Cd±0.05
总氮（mg/L）	2.17Aa±0.19	1.43Bb±0.07	1.02Cd±0.04	2.24Aa±0.21	1.55Bb±0.10	1.16Cc±0.06
总磷（mg/L）	0.084Aa±0.01	0.058Bb±0.005	0.019Cc±0.001	0.092Aa±0.012	0.064Bb±0.004	0.023Cc±0.001
总钾（mg/L）	1.79Aa±0.15	1.21Bb±0.07	0.76Ce±0.03	1.83Aa±0.19	1.29Bb±0.09	0.86Cc±0.04
溶解氧（mg/L）	6.10Aa±0.45	0.6De±0.05	5.28Bc±0.42	5.7ABb±0.48	0.4De±0.06	4.6Cd±0.34
电导率（μs/cm）	453.7Bb±20.36	276.2Dd±7.15	192.4Ff±5.02	521.5Aa±24.76	305.6Cc±5.28	238.1Ee±6.43
氧化还原电位（mV）	417.63Aa±23.47	−164.28Ee±4.59	345.57Cc±6.28	384.Bb±16.73	−215.76Ff±9.61	316.Dd±7.34
化学需氧量（mg/L）	19.20Ba±2.19	17.8Bb±1.15	14.6Cc±0.46	19.8Aa±2.03	18.6ABab±1.12	15.5Cc±0.69

注：测定时期为有效分蘖临界叶龄期；不同小写字母表示差异显著（$P<0.05$），不同大写字母表示差异极显著（$P<0.01$）

（四）控病效应

鱼类、鸭子的捕食也在一定程度上控制了水稻病害。稻田养鱼系统中，鱼类吞食稻田中的纹枯菌核、菌丝，控制了病菌侵害来源，同时，鱼类、鸭子取食因纹枯病菌致使水稻发病的易腐烂叶鞘，清理了病原菌，延缓了病情的扩散。

据曹志强等（2001）田间调查结果表明：稻鱼共生、稻鸭共作田的植株发病率较对照小，养鱼田水稻纹枯病发病率为 4.7%，明显低于对照田 8.5%。稻田养鸭系统对纹枯病的发生也具有较好的控制作用（刘小燕等，2004），鸭子可以啄食部分菌核，减少菌源；鸭子的跑动啄食可使大部分萌发的菌丝受到创伤，从而失去侵染能力；对已感病的植株，鸭子还能啄食禾苗下部入水的病叶，阻碍病情的蔓延，即鸭子在纹枯病菌核萌发、进行侵染及苋间横向蔓延阶段对纹枯病进行控制；另外，鸭子还具有除草、清理病残叶片以及减少无效分蘖的功能，增加了田间的通风透光，降低了田间湿度，使纹枯病菌丝无法正常生长，从而减轻纹枯病的发生与危害。与非放鸭试验区相比，在中稻田和晚稻田中，放鸭区的病株率分别降低了 27.29%（中稻）和 8.21%（晚稻）。王成豹等（2003）、杨治平（2004）和章家恩等（2005）的研究也表明，稻田养鸭可延缓水稻纹枯病的发展，对病情有较好的控制作用，纹枯病的发病程度减轻了 50.0%左右。

甄若宏等（2007）研究表明稻鸭共作对稻瘟病也有明显的抑制作用，综合防效达到 57.02%。这是由于鸭子取食了稻田部分杂草和病原体，从而减少了病菌基数和病菌寄主；此外，鸭子在田间的活动有效刺激水稻壮秆的形成，增强了稻株对病菌侵染的抵抗力，从而使得稻鸭共作对稻瘟病有显著的控制效果。

水稻的病菌不少是滋生在田间杂草丛中的，由于田间杂草被吞食，消减了病菌的繁殖场所，因此，危害的程度也相应减轻。据测验，养鱼的稻田比不养鱼稻田的蚊子幼虫密度低 80%，主要是稻田养的鱼食用大量的蚊子幼虫和螺类，可以降低疟疾、丝虫病及血吸虫病等严重疾病的发病率。

（五）控虫效应

稻田种养结合能有效地抑制虫害的发生基数和危害程度。落到水面上的稻飞虱、叶蝉、稻螟蛉、卷叶螟、食根金花虫等，都是鱼类的饵料，鱼类通过吞食田里的害虫，降低虫害的发生频率。实验研究表明稻田实行种植与养殖结合，可很好地控制二化螟（减少约 12.0%）、叶蝉（减少 73.0%～82.0%）的发生；据测定，鱼能吃掉稻田中的 50% 以上的害虫，种养稻田比不养殖稻田三化螟卵块少88.9%～90.9%，稻纵卷叶螟少 88.9%，稻飞虱少 72.2%，稻叶蝉少 80%。稻田中有害于人类的病原生物在养殖畜禽水产品后大大减少，如丝虫、蚂蟥及传播疾病的蚊子等。

肖筱成等（2001）报道，稻飞虱主要在水稻基部取食危害，鱼类活动可以使植株上的害虫落水，进而取食落水虫体，减少稻飞虱危害；同时，养鱼田中的水位一般较不养鱼田深，稻基部露出水面高度不多，缩减了稻飞虱的危害范围，从而减轻了稻飞虱的危害。如饲养彭泽鲫稻田稻飞虱虫口密度可降低 34.56%～46.26%。鱼的存在还使三代二化螟的产卵空间受到限制，降低四代二化螟的发生基数，对二化螟的危害也有一定的抑制作用。廖庆民（2001）发现，鲤对稻田中的昆虫有明显的吞食能力，特别是对稻飞虱有控制作用。对鲤进行解剖发现，平均每尾鲤的食物中有叶蝉 2 只、稻飞虱 4 只。

稻田养鸭对二化螟的控制主要是通过食物链及生态位竞争、驱赶和捕杀二化螟等实现的。二化螟在稻田的活动场所主要是稻苗基部，而稻田鸭子的活动正好在这一生态位，使这一生态位引入了竞争性较强的生物因子，二化螟原有的生态位被挤占，被迫迁飞，始盛期推迟，产卵量减少，进而使后几代二化螟的发生率降低，减少了二化螟对水稻的危害；从食物链的角度来看，鸭子处于二化螟的下一个营养级，鸭子的捕食势必会减少二化螟的蛾、卵的数量，使二化螟的发生受到一定的控制。试验表明，鸭子的驱赶和捕杀使二代二化螟幼虫的发生量减少了53.2%～76.8%，三代二化螟幼虫的发生量减少了 61.8%，中稻放鸭区二化螟为害株率降低了 13.4%～47.1%；晚稻二化螟为害株率降低了 62.2%。

蛙和鱼对水稻害虫有明显的吞噬能力。据我们解剖的 20 只美国青蛙和 10 尾草鱼观察，每只蛙肠胃中平均有叶蝉 2.3 只，飞虱 1.5 只，三化螟 1 只；每尾草鱼肠道中平均有叶蝉 2 只。通过与未放养鱼和青蛙的稻田比较，结果是稻-鱼、稻-蛙田中的水稻害虫明显减少。

饲养动物能保护稻田里的圆蛛类、狼蛛类和跳蛛类等有益昆虫，种群数量提高约 60%（秦钟等，2011）。稻田养鸭还显著地提高了害虫天敌的数量（王井士等，2005）。例如，杨治平（2004）报道，鸭子的存在使天敌蜘蛛类的数量比施药小区高 63.6%；禹盛苗等（2005）发现，稻鸭共作田的害虫天敌蜘蛛数量比常规稻田增加 1.66～2.61 倍；童泽霞（2002）也观察到，鸭子的存在使早稻和晚稻田中的蛛虱比分别提高了 2.3 倍和 2.1 倍。天敌的增加增强了对害虫的控制。

稻田种养也由于田间工程、种植模式、耕作制度的变化控制害虫的发生，如稻虾连作、共作系统由于冬季淹水养虾，使二化螟幼虫不能越冬，而控制其危害。肖求清（2017）研究报道，对比中稻单作模式，稻虾共作模式稻田越冬代二化螟幼虫减少 100%，第二代二化螟幼虫减少 46.6%，第三代二化螟幼虫减少 71.8%，枯心率减少 31.0%，二化螟蛾高峰期晚 10 天。

（六）控草效应

据测定，杂草的干扰使水稻减产 10%～30%，若在稻田中养鱼（养鸭），由于鱼类、禽鸭的除草作用，既清除了杂草，避免了杂草与水稻相互争夺肥料、空间和太阳能，又可将部分养分转化为肥料，直接供应水稻吸收生长。鸭子的除草效果最为明显，马国强和庄雅津（2002）研究表明，稻鸭共作区的稗草数量极少，杂草的控制率在 99.4%以上。这是因为鸭子喜好食用幼嫩的杂草和浮生杂草，由于放养的鸭子不断游泳和踩踏，稻鸭共作田块里的杂草浮于水面被吃或死亡，从而对杂草生长起到很好的控制作用。

甄若宏等（2007）研究表明，稻田发生危害的杂草有 9 科 13 种，其中密度较大的有鸭舌草、鳢肠、丁香蓼、陌上菜、稗草、水苋菜、异型莎草等；经稻鸭共作杂草只有 4 科 6 种，主要以中上层杂草稗草、鳢肠、丁香蓼为主，中下层的节节菜、陌上菜、鸭舌草、矮慈姑、眼子菜等稻田阔叶杂草能被有效控制，控制率达到 97.14%，但对禾本科杂草的防效作用较小，只有 86.30%（表 2-9）。

表 2-9 稻鸭共作对稻田杂草密度的影响（株/m²）（甄若宏，2007）

杂草种类		CK	RD	CR
禾本科	稗草	8.2Aa	1.2Cb	2.2Bb
	千金子	6.4Aa	0.8Ce	2.6Bb
	异型莎草	7.6Aa	0.2Ce	3.2Bb
	扁秆藨草	5.8Aa	0.2Ce	0.8Bb
	水莎草	3.2Aa	0.0Bb	0.2Bb
菊科	鳢肠	21.4Aa	1.8Ce	5.6Bb
泽泻科	矮慈姑	2.6Aa	0.0Be	0.2Bb
眼子菜	眼子菜	1.8Aa	0.0Ce	1.2Bb
柳叶菜科	丁香蓼	15.8Aa	0.6Ce	8.4Bb

续表

杂草种类		CK	RD	CR
玄参科	陌上菜	8.6Aa	0.0Ce	2.6Bb
千屈菜科	节节菜	6.4Aa	0.0Bb	0.4Bb
	水苋菜	7.8Aa	0.0Ce	1.4Bb
雨久花科	鸭舌草	27.2Aa	0.0Ce	3.2Bb

注：1. 同行数据后不同大小写字母分别表示在0.01和0.05水平差异显著；2. CK：对照区；RD：稻鸭共作区；CR：常规稻作区

在稻田中，小龙虾能取食大量的杂草，常见的杂草有10种以上，其中轮叶黑藻、菹草、苦草、小茨藻以及各种眼子菜和浮萍等，都是小龙虾喜欢的天然饵料。通过试验测算表明，未养小龙虾水稻的杂草量是养小龙虾稻田的13～15倍。养殖小龙虾稻田杂草现存量为2.5～7.5kg/亩，而未养小龙虾稻田尽管经过三次中耕人工除草，割稻时的杂草现存量仍为150～350kg/亩（鲜重）。杂草，以1：30的饵料系数计算，可提供小龙虾产量8.3kg以上。稻田养虾可以将外溢的物质和能量截留下来转化成优质水产品，为人类服务，而且减少了杂草与水稻对肥料的争夺。积蓄肥料养分供水稻吸收，促进水稻产量的提高。

在稻-鱼-蛙稻田中，生长季节田间杂草主要有轮叶黑藻、紫背浮萍、牛毛毡、小茨藻、狸藻等21种，其中量最大的三种杂草的生物量占杂草总生物量的59%。杂草的总生物量由种养殖开始时的450g/m² 减少到结束时的330g/m²；而在普通稻田中杂草主要有轮叶黑藻、眼子菜、牛毛毡、萍、黑三棱等17种，其中量最大的三种杂草的生物量占杂草总生物量的81%。杂草生物量则由种养殖开始时的413g/m²，增加到结束时的539g/m²。可见，在稻-鱼-蛙立体种养殖稻田中，由于鱼和蛙对杂草的摄取，使某些优势种杂草的繁殖生长受到抑制，降低了杂草总量，减少了人工除草的劳动强度，也减少了杂草对肥料的无益损耗。

二、庇护作用

稻田种养是一种种养结合、稻渔共生、稻渔互补的生态农业种养模式。稻田和池塘、湖泊等水体不一样，是典型的人工湿地，生物多样性复杂，一方面有水稻优势群体控制整体环境，环境稳定；另一方面，有丰富的生物组成，草牧食物链简单、碎屑食物链多样，为养殖动物提供丰富的食物。因此，水稻、稻田对养殖动物起到了庇护作用，既能遮阴、调温，为动物生活提供生活场所及良好的生存环境；又能为养殖动物提供食物来源。

（一）庇护场所

李学军等（2001）研究稻-鱼-蛙稻田和普通稻田水体的主要理化因子（表

2-10)，表明两种稻田的水质主要理化因子略有差异，但都适合种稻养蛙、养鱼。稻田水体为面积不大的浅水层，水层浅则水内不同深度获得的太阳辐射相差较小，同时水内的对流和紊流活动较弱，单位水体表面积与大气（上面）和土壤（下面与四周）的接触比面积大，稻田水温对大气状况和地理状况的反应较敏感。由于水的热容量大于土壤（矿质颗粒），稻田水温的变化较农田土温有滞后性和较强的保温力。根据测定（刘乃壮和周宁，1995），稻田养鱼、蛙期的温度月平均值，裸水温约比气温高1～2℃，而更接近于生产实际状况的植被覆盖下的水温比裸水温低2～3℃，但是与气温相近或偏低1～2℃。各月稻田的平均水温均在15～30℃，恰好处于草鱼和美国青蛙适宜生长的温度范围之内，而且在稻田中鱼和蛙的有效生长期内，草鱼和美国青蛙完全可以长成商品规格；同时，由于稻田植被层的降温效应，使得稻田水层于最热月份也可低于鱼和美国青蛙适温的上限30℃，保证了它们的安全生长。

表2-10　稻-鱼-蛙田和普通稻田水体的主要理化因子（李学军，2001）

项目	稻-鱼-蛙田	普通稻田
水温（℃）	27.000	26.800
DO（mg/L）	5.100	4.820
COD（mg/L）	8.220	7.900
pH	8.110	8.000
NH_3-N（mg/L）	0.026	0.023
NO_2-N（mg/L）	0.003	0.003
NO_3-N（mg/L）	0.297	0.271
PO_4^{3+}-P（mg/L）	0.154	0.132
SiO_2（mg/L）	8.750	8.140
SO_4^{2-}（mg/L）	58.400	52.300
Cl^-（mg/L）	83.100	87.700
Ca^{2+}（mg/L）	2.740	3.110
Mg^{2+}（mg/L）	1.830	1.920
碱度（mg/L）	5.580	6.300
硬度（mg/L）	5.290	6.010

　　动物养殖对水质要求比较高，稻田种养系统的湿地功能很强，能满足其水质要求。一方面，稻田的优势植物水稻生长需要大量的养分，可吸收大量的氮磷营养；另一方面，稻田丰富的浮游植物、动物及底栖动物的生长消耗，可吸收利用丰富的氮磷营养。稻田种养复合生态系统仍保持较高的水质净化能力，避免了外源饵料投入可能造成的养分流失和面源污染问题。Koohafkan和Furtado（2004）曾称传统的稻田粗放养殖体系更有利于水质的维护和水生生物的保护，可作为生

态恢复措施应用于易吸纳污染的集水区域。丁伟华等（2103）研究表明，传统稻鱼系统与水稻单作系统水体的化学需氧量、总氮、总磷及氨态氮含量均没有显著性差异，随着田鱼养殖密度提高和饲料投入的相应增加，稻鱼系统的生产力和经济产出大幅度提高，但稻鱼系统水体的化学需氧量值及总氮、总磷和氨态氮含量均呈现增加的趋势，尤其是当鱼目标产量增至 3000kg/hm^2 时，水体总磷含量和化学需氧量值显著提高，面源污染风险增加。分析表明，鱼放养目标产量为 2250kg/hm^2 时，稻鱼系统经济效益最佳，此时净经济收入比传统稻鱼系统增加 55.9%，并且不会对水体环境质量产生负面影响。

无论是稻鱼、稻虾还是稻蟹模式，水稻都为水产生物提供庇护场所、合适的水温、氧气浓度及食物来源；Xie 等（2011）对稻鱼共作系统的研究表明，在夏季中午，水稻为鱼遮阴，降低田面水温度，同时鱼的活动频率也显著高于鱼单养处理，由于水稻的吸收作用，稻鱼共作水体的氨氮含量要低于鱼单养，这就更有利用鱼的生存，说明水稻为鱼提供了良好的生活环境。Wahab 等（2008）对稻虾共作系统的研究表明，对虾引入稻田后其种内竞争（如相互攻击行为）作用降低。

稻田环境尤为适合甲壳类（虾、蟹）、两栖类（鳖、蛙）等动物养殖，稻田为河蟹提供了良好的栖息环境和觅食场所。稻田水较浅，透光性强，营养盐含量高，藻类繁殖快，藻类光合作用释放大量氧气，提高了稻田水体的溶解氧浓度。稻田水质比较清洁，河蟹发病率低，再加上人工投饵，使稻田中河蟹的生长发育比在自然水体中更快。

（二）饲养关系

众所周知，水体中浮游植物及水草是鱼产量的物质基础，是食物链的首要环节，也标志着对鱼类的供饵能力。经测定，稻田水体中浮游植物 195 万个/L，浮游动物 2248 个/L，同时水体底层沉积大量的有机碎屑。成敬生和卞瑞祥（1989）研究稻田种养水体，浮游植物总量 826 万～2435 万个/L，生物量 25.8～35.9mg/L；浮游动物 315～848 个/L，生物量 0.89～1.92mg/L；浮游生物总量 826.03～2435.05 万个/L，生物量 26.69～37.82mg/L；底栖动物 1242～12 645 个/m^2，生物量 39.4～55.1g/m^2，表明稻田水体其鱼的自然生产潜力达 166.2～222.0kg/hm^2，为当时稻鱼共生鱼生产力的 20%～30%。

水体中浮游生物量的多寡，除受温、光季节的影响成周期性变化外，最主要的还是受营养盐类的调节和控制。稻田施肥加上养殖动物的排泄物，稻田种养田营养丰富，这些丰富的物质和能量正好是各类水体中营养盐类的重要来源，经过沉淀蓄积，促使水体营养元素的增加，浮游生物大量繁殖，给鱼类的生长和发育创造了一个十分理想的水体生活环境。

曾和期（1979）研究表明，每亩 200 尾（草鱼 30%，鲤或鲫 60%，鲢 10%）

的放养情况下，经 75 天，鱼可以消灭和抑制稻田杂草总量达 831.45kg/亩，剩余杂草总量仅有 24.44kg/亩。若以 50%杂草量被取食，按 1：80 的饵料系数计算，可提供草鱼产量 5.20kg/亩。因此，稻田杂草是鱼类重要的饵料来源；浮游植物是鲢鱼的主要饵料，按其在稻田种养七个月，亩产鱼 36kg 计算，取食浮游植物总生物量至少在 360kg/亩以上。至于细菌，绝大部分是腐生性的，据计算，1g 有机物腐屑（湿重）中约有 450 亿个细菌，重量约为有机物腐屑的 1%～5%，其生物量之大可想而知。细菌不仅为浮游动物和水生动物大量摄食，而且也被鲢直接摄食。

在稻田中，小龙虾能取食大量的杂草，常见的杂草有 10 种以上，其中轮叶黑藻、菹草、苦草、小茨藻以及各种眼子菜和浮萍等，都是小龙虾喜欢的天然饵料。通过试验测算表明，未养小龙虾稻田的杂草量是养小龙虾稻田的 13～15 倍。养殖小龙虾稻田杂草现存量为 2.5～7.5kg/亩，而未养小龙虾稻田尽管经过三次中耕人工除草，割稻时的杂草现存量仍为 150～350kg/亩（鲜重）。稻脚叶、老叶、稻草都是小龙虾的饵料来源。

三、多物共栖

如前所述，稻田生态系统是典型的人工湿地生态系统，在人为控制下，生物关系不够完善，空白生态位多，虽然引进某些生物进行种养结合，但仍然会存在空白生态位。如向稻田引进小龙虾时，尽管小龙虾是杂食性动物，但它只能取食田面水及以下的杂草、浮游植物及底栖生物，包括眼子菜、黑藻等大型水生植物，有机碎屑及丝状藻类、小球藻、硅藻、枝角类、轮虫及水生昆虫等；从空间上，它不能取食中上层的杂草，如稗草、鳢肠、丁香蓼、千金子、菹草等，配合养鸭，则可以填补中上层杂草的空白；从营养上，其主要食物是大型水生植物，虽然杂食，但也主要是有机碎屑，取食浮游动物和底栖动物不多，这可与河蟹互补。

我们知道，自然生态系统是经过长期演化而形成的稳定生态系统，系统中生物成员各居其位、各司其职、分工合作，系统成员既没有直接竞争者，也没有多余无用者。在传统池塘养殖中，每放养一尾草鱼，就要搭配几尾鲢。这是由于草鱼与鲢在水体中具有互利关系。草鱼摄食量大，且摄取的草料等有很大一部分是纤维素等难以消化的成分，因此会排出大量的粪便，使水中微小的藻类等浮游生物迅速繁殖。水中的浮游植物正是鲢的主要饵料，鲢不断摄食这些藻类，起到清洁水质的作用，为草鱼提供了一个相对稳定的水质环境。因此，养草鱼时，搭配一定量的鲢，既可不增加投饵量而收获鲢，还可使草鱼长得更好。渔民将其总结为"一草养三鲢"。

在稻田养殖系统中增加食性环节既有利于填补空白生态位，又有利于加强物质循环利用。例如，稻-虾-鳖共生模式中小龙虾可以作为鳖的良好鲜活饵料，是捕食与被捕食者的关系。稻-虾-鳖共生模式是水稻、小龙虾及鳖种养结合的新型生态农业生产方式,水稻、小龙虾和鳖三者相互依存,相互制约,模式中三者的关系是:①水稻种植可为水产动物提供良好的栖息活动环境;②小龙虾以大型水生植物为主食,可取食田间杂草和有机碎屑;小龙虾可以作为鳖的良好鲜活饵料;③鳖是以动物性饵料为主的杂食性动物,喜食小鱼、小虾、贝、蝌蚪、螺、蚌、水生昆虫等;④鳖和小龙虾是营养价值较高的水产品,其日常摄食活动可以有效减少水稻田中害虫的数量,其排泄物也有助于水稻的健康成长。

建立多个物种共存的农作模式,利用物种多样性控制有害生物是农业可持续发展的重要途径。国内外稻田物种多样性利用模式的研究较多,报道了稻田多个物种共存对水稻病、虫、草的控制效果及作用机理。稻田系统多个物种共存模式,如稻田养鱼模式、稻田养鸭模式、稻-萍-鱼或稻-萍-鸭模式等,对水稻纹枯病、稻飞虱、稻纵卷叶螟和杂草有显著的控制作用;稻田系统多个物种共存的另一类模式,如水稻品种多样性混合种植、稻-茭白间作和稻-湿生作物间作等,可明显降低稻瘟病等病害的发生与流行,显然这是利用生物多样性控制病害。实际上,稻田种养引进动物及动物的相互配合,可以构成更完善的食物营养关系,从而提高生物多样性,所以,多物共栖提高生物多样性是有多方面益处的。

物种多样化,由传统单一的水产品种向多物种混养、多级食物链构架的更加复杂的系统转变,更加有效利用系统食物和空间生态位,如稻-鱼-蟹共作体系(Ahmed and Allison,2010)、稻-鱼-虾共作体系(Wahab et al.,2008)。通常认为,利用系统生态位的互补利用,不同鱼种混养会提高产量,比较典型的是罗非鱼-普通鲤混养,Rothuis 等(1998)研究发现,该混养模式鱼产量达到 474.1kg/hm², 但是当系统天然食物缺乏又没有额外饲料投入时,不同物种会产生食物竞争作用(Vromant and Nam,2015),这种"混养效应"就会减弱。

为了充分利用稻田生态系统潜在的时空、营养结构,实现资源的高效利用,可在"稻鱼(鸭、蟹)共作"基础上再加环(生产环、增益环和产品加工环)。运用生态学原理,整合相关的生态因子,可以发展"虫-鱼-鸭-稻"、"苔-稻-鱼(鸭)"、"稻-鳅-鸭"、"一稻两鸭"等当季复合生态模式和"稻+鸭-草+鹅"周年复合生态新模式;有的在"稻蟹共生"基础上再加环,发展稻-鱼-蟹、稻-鱼-虾-蟹、稻-萍-蟹、稻-萍-螺-蟹、稻-蟹-鳅等当季复合生态农业模式,可进一步提高稻田的生态效益和经济效益。

第四节　稻田种养的矛盾及协调

复合稻田生态系统是一个开放式生态系统,鱼、虾、禽等进入生态系统后,其组成、结构、功能发生很大改变。尽管,我们反复阐明了"稻田养鱼,鱼养稻,稻鱼共生的理论",但系统的复杂性告诉我们,系统的组成、结构、要素比例及关系等决定系统的功能,当我们的控制和调节不合理或有偏差时,系统不仅不能发挥其生态系统最大的"负载力",反而会带来负效应。同时,大面积耕作改制也会带来一定环境效应,我们研究认为稻田种养模式具有"双刃性"。因此,必须正确认识其矛盾,协调中央关系才能保证其可持续发展。

一、稳粮增效与重养轻稻

稻田综合种养效益的增加,提高了农民种植水稻的积极性。湖北省潜江市从2010年到2017年稻虾综合种养面积增加了45倍左右,其水稻种植面积也随之提高。从表2-11可以看出,尽管稻虾共作模式中,单块田种植水稻的面积减少(养殖沟面积占8%),但稻田的总面积和单产却并未减少,不同处理条件下稻虾共作模式比传统水稻单作水稻增产4.63%~14.01%。

表 2-11　不同稻虾处理模式对水稻产量及品质的影响

处理		产量		品质	
		产量(t/hm^2)	比对照增产(%)	垩白率(%)	垩白度(%)
稻虾共作(RC)	F + NSR	9.6 a	14.01	20.8 c	6.6 c
	F + SR	9.43 a	12.00	19.8 c	7.6 bc
	NF + NSR	8.96 ab	6.41	27.2 b	8.2 b
	NF + SR	8.81 b	4.63	23.8 bc	7.1 c
水稻单作(R)		8.42 b	—	30.3 a	9.7 a

注:1. RC-稻虾共作;R-水稻单作;F-投放饵料;NF-不投放饵料;SR-秸秆还田;NSR-秸秆不还田。2. 同列数据后不同小写字母表示在0.05水平存在显著差异

同时稻虾共作模式能显著降低稻米的垩白粒率和垩白度,改善了稻米的外观品质。此外,稻虾共作模式中小龙虾的排泄物和残存的虾饵料可以增加土壤肥力,小龙虾取食稻田杂草和虫子,具有一定的防除杂草和降低虫害的作用,同时减少化肥农药的使用,降低稻米化肥农药残留的风险,显著提高了稻米的市场价值。

实际生产中,由于水产养殖的效益是水稻效益的2~3倍,且水稻生产过程中播种、施肥、灌水、收获、储运等田间管理措施又相对复杂,比较效益更不及动物养殖,导致经营者不愿意种植水稻。生产者往往扩大养殖沟面积比例,只重视养殖不种稻,即使种植水稻也不注意管理,种养联系不紧密,甚至出现养殖动物伤害稻苗的情况。从湖北省监利县的情况看,2014年以来稻虾综合种养田的面积增加了10倍左右,而水稻种植面积反而有所下降,利用稻田养殖却不种植水稻的现象也较普遍。考虑到水稻可为鱼虾的生长提供庇护所和食物,有利于鱼虾的生

长，经营者种植水稻也主要是为了提高养殖的产量，对水稻生产并无特别关注和投入，致使一些稻田综合种养中水稻产量和品质下降。图 2-7 是 2016 年湖北省 20 个稻虾共作生产示范点水稻单产种采样测产结果，平均产量为 6.4t/hm²，远低于湖北省中稻平均单产 8.85t/hm²，最高单产虽达到 11.3t/hm²，但 50%的样点单产低于 6.0t/hm²，而产量最低的只有 2.3t/hm²。这种重养轻种、鱼强稻弱现象也使稻田种养模式失去了稻鱼共生、稳粮增效的意义。

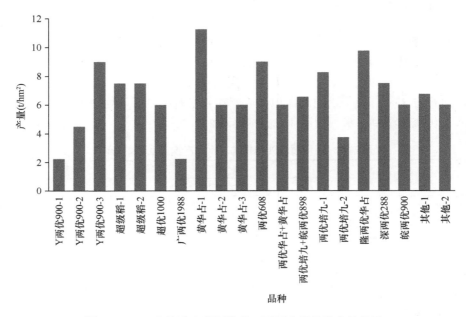

图 2-7　2016 年湖北省稻虾共作田不同水稻品种产量差异

二、土壤改良与次生潜育化

稻田养殖鱼虾，特别是稻虾共作适合在地下水位高的低湖田、落河田，要求养殖沟常年有水，且水资源充足。低湖田、涝渍地由于常年淹水、地下水位较高，往往造成稻田土壤次生潜育化，成为冷浸田、烂泥田。由于动物的活动，一些稻田养殖可以缓解这些不良效应，通过对不同养虾年限的稻田土壤分析表明，稻虾共作稻田土壤活性有机碳含量变化较大，其中易氧化态碳含量高于常规水稻单作田，水溶性有机碳含量要低于水稻单作田；稻虾共作可以增加土壤营养物质，如全氮、全磷、总钾的含量显著提高（表 2-12），有效地改善了土壤肥力。其主要原因是小龙虾在稻田的活动，如取食、排泄、打洞等，以及养虾对于土壤微生物群落和功能多样性的影响。

表 2-12　稻虾共作与水稻单作土壤活性有机碳库和营养物质含量

处理	活性有机碳		养分物质		
	易氧化态有机碳（mg/kg）	溶解性有机碳（mg/kg）	全氮（g/kg）	全磷（g/kg）	全钾（g/kg）
稻虾共作（RC）	5.55a	110.5b	1.01a	1.11a	13.20a
水稻单作（R）	3.43b	138.5a	0.32b	1.02b	11.45b

注：同列数据后不同小写字母表示在 0.05 水平存在显著差异

　　但我们也观察到，稻虾共作对稻田土壤存在一些不良的影响，对地下水位不高的优质稻田土壤影响更为明显。图 2-8 显示稻虾共作对稻田土壤剖面结构及理化特性的影响，结果表明稻虾共作田土壤颜色偏暗，根系密度增高，土壤结构更为紧密、潜育化明显；随着养虾年限延长潜育层增厚，养虾年限 5 年以上还会出现潴育层。图 2-9 表明稻虾共作土壤脲酶活性和过氧化氢酶活性均低于常规水稻单作。

图 2-8　稻虾共作与水稻单作的土壤剖面

三、涵养水源与水资源消耗

　　传统稻田水分循环是开放式的，稻田保持一定水层，分蘖后期、成熟期要排水晒田，平时水多即排、水少即灌，水分利用率不高；稻田养殖沟周年蓄水，与田面水沟通，整体贮水功能增强，沟渠连通、排蓄结合，水分循环是封闭式的，水稻生产所需的排水和灌水主要来自养殖沟。地下水位高的低湖田、落河田实行稻田种养，水分利用率提高；地下水位低的灌溉稻田、丘陵岗地的垄田、山垅田实行稻田种养，有利于稻田蓄水，提高水分利用效率，一些丘陵地区采用稻虾共作，每公顷稻田蓄水量可增加 3000m^3，大大增强了抗旱能力。

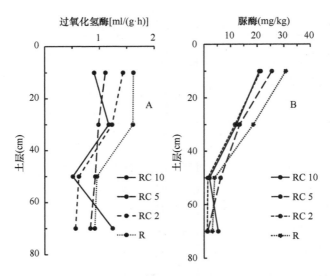

图 2-9　稻虾共作与水稻单作的土壤过氧化氢酶（A）和脲酶（B）活性

但也有研究表明，地下水位低的高塝地、沙壤土、漏水田、滩涂地等实行稻田种养会增加水分消耗，地下水位低的灌溉稻田增加耗水量 50%～80%，一些水源不充足的丘陵岗地不宜实施稻田养殖，沟渠、水网不完善的稻田养殖系统水分利用率也会下降。大面积的田间养殖工程系统，则会影响区域水文循环和水分利用，这种影响不容忽视。

四、水质净化与水体富营养

稻田动物活动及其新陈代谢影响水体的溶氧量和养分，稻-鱼和稻-鸭模式的稻田水体溶解氧含量分别比水稻单作增加 56.0% 和 54.0%，有利于水质净化。稻田生态种养模式，也减少了农药化肥的施用量，减轻了由于重施农药化肥造成的农田环境污染。图 2-10 表明稻虾共作与水稻单作总的生产成本相近，稻虾共作模式成本中占比重较高的是虾苗和饲料，水稻单作成本中占比重较高的是肥料和农药，稻虾共作模式肥料成本降低了 79.5%，农药成本降低了 50%，有利于保障水质。

但实际生产中，由于秸秆还田和饲料的投入，稻田养殖田面水的氮、磷含量，硝态氮、氨态氮含量都高于水稻单作（图 2-11），经营者比较重视养殖动物的产量，往往投放较多的饲料，显著提高稻田水体养分含量，虽然有利于水稻生产，但同时也增加了水体富营养化的风险。

五、病虫害草害有"抑"有"促"

多数研究表明，稻田种养有利于控制病虫草害，但稻田湿地生物多样性复杂，

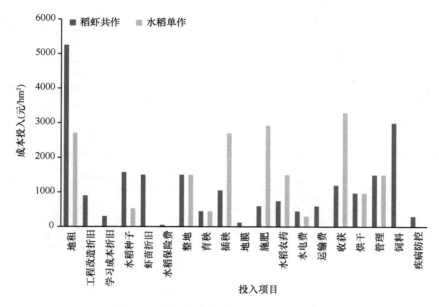

图 2-10　稻虾共作与水稻单作的成本投入

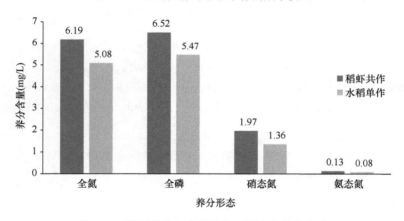

图 2-11　稻虾共作与水稻单作田面水中养分含量

引进个别养殖动物，不一定能控制所有病虫草害，稻田引进养殖动物加上田间环
境变化，一些物种的优势度会下降，另一些物种的优势度会上升。如稻虾共作模
式，随着养虾年限的延长，虫害明显减少，稻飞虱、二化螟、稻丛卷叶螟等得到
控制（表 2-13），特别是对二化螟的有效控制，主要是稻虾共作田冬季处于淹水状
态，冬后二化螟幼虫基数为 0。但是，从表 2-13 也看到，随着稻虾共作年限的延
长，水稻茎基腐病显著加重，强润等（2016）研究也表明稻虾模式水稻纹枯病、
稻瘟病病情指数提高（表 2-14）。

表 2-13　稻虾共作稻田病虫害发生情况

稻虾共作年限 （年）	稻飞虱 （个/m²）	枯心率 （%）	卷叶率 （%）	蜘蛛 （个/m²）	稻曲病 （株/m²）	基腐病 （%）
0	380	5.2	9.8	20	24	5.2
1	634	3.2	5.4	22	22	5.6
2	350	1.9	4.9	20	20	17.8
3	0	0.5	10.7	25	3	19.3
6	0	0.8	2.2	28	7	28.9

表 2-14　各处理乳熟期穗瘟、稻曲病病情指数统计分析

处理	纹枯病病情指数	穗瘟病病情指数	稻曲病病情指数
稻虾模式	38.50aA	24.25aA	0.90abAB
稻鱼模式	25.30cC	18.30bB	0.81bAB
稻鳖模式	32.10bB	23.15aAB	0.96abAB
稻鸭模式	14.25eD	16.05bB	0.68cB
常规稻作	8.75fE	6.70cC	0.35dC
不施农药	21.8dC	25.90Aa	1.08aA

注：同列数据后不同大小写字母分别表示在 0.05 和 0.01 水平存在显著差异

　　稻虾共作对田间杂草的控制效果也不能高估，从调查结果看，养虾后稻田杂草总量减少（图 2-12），但随着养虾年限延长，部分杂草迅速回升，如千金子（*Euphorbia lathyris*）、稗草（*Echinochloa crusgalli*）和莎草（*Cyperus rotundus*）等，部分控制通泉草（*Mazus japonicus*）、空心莲子草（*Alternanthera philoxeroides*）和鳢肠（*Eclipta prostrata*）。

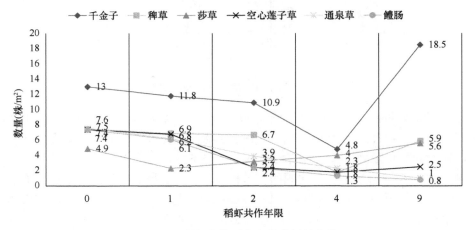

图 2-12　稻虾共作系统杂草数量的变化

六、生物多样性有"升"有"降"

　　稻田养殖模式，一方面引入养殖动物，改变了食物营养关系；另一方面改变田间结构、耕作制度及田间管理方式，稻田生态平衡会从旧的平衡转向新的平衡，因此会对稻田病虫草及生物多样性产生影响。一般来说，传统水稻单作稻田保持较高的生物多样性，实施稻田养殖后，由于田间工程的实施，使稻田生物多样性下降，随着系统发展，生物多样性会逐步恢复和提高。研究结果表明，稻虾共作模式，4年以后才能逐步回升（图 2-13）；稻田昆虫受模式影响较小，田间工程实施一年后即开始恢复（表 2-15），昆虫总数都是随稻虾年限越长呈先降后升的趋势，中性昆虫数量最多，植食性昆虫次之，寄生性昆虫最少（表 2-15）；稻虾共作多年后保持较高的天敌数量，如蜘蛛（图 2-13），但部分稻田杂草回升也较快（图 2-12），特别是在直播条件下，部分恶性杂草会成为优势种。

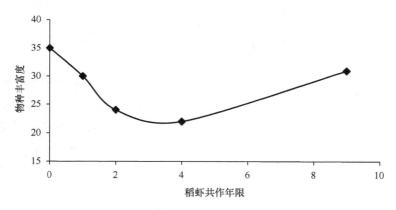

图 2-13　稻虾共作系统物种丰富度的变化

表 2-15　稻虾共作田和水稻单作田昆虫数量

稻虾共作年限 （年）	植食性昆虫 （个/m²）	捕食性昆虫 （个/m²）	中性昆虫 （个/m²）	寄生性昆虫 （个/m²）	总数 （个/m²）
0	21.0cd	6.3cd	24.0b	1.3c	52.6b
1	20.3de	5.0de	20.0cd	0.3e	45.6c
2	18.7e	4.1e	18.0d	0.7d	41.5c
3	23.3bc	7.0c	21.7c	1.5bc	53.5b
4	25.4b	9.0b	32.0a	1.7b	68.1a
9	29.3a	11.7a	31.3a	2.3a	74.6a

注：同列数据后不同小写字母表示在 0.05 水平存在显著差异

第三章　稻田种养的共性关键技术

稻田综合种养具有"不与人争粮、不与粮争地"的优点，是将水稻种植与水产养殖有机结合，实现"一地多用、一举多得、一季多收"的现代农业发展模式，对于加快转变农业发展方式，促进农业和农村经济结构调整与优化，为社会提供优质安全粮食和水产品，提高农业综合生产能力，具有十分重要的意义。但近年来，稻田种养的模式杂乱、养殖的动物繁多、田间生产方式及技术多样，造成概念上、技术上、观念上的一些混乱。因此加大普及稻田综合种养知识的力度，使农民掌握基本的稻田种养知识，正确运用现代农业技术，对推动稻田种养科学发展是十分必要的。本章主要介绍稻田种养的共性关键技术，以便触类旁通、举一反三，引导创新。

第一节　稻田种养的模式及类型

随着稻田综合种养的快速发展，养殖的动物涉及鱼类、甲壳类、两栖类、禽类等（为了便于表述，文中常用"渔"代指各类动物的养殖），可供稻田养殖的动物繁多，不同养殖动物的习性和环境要求千差万别，导致生产方式、模式及田间工程差别也比较大，生产中还在不断探索、摸索新模式和新技术，有必要对相关技术模式进行归类、统一认识。

一、按种养结合形式分类

传统稻田养殖比较灵活，一方面种植制度比较复杂，涉及秧田养殖、早晚稻养殖、双季稻养殖，另一方面养殖鱼类多样，有寄养、养成鱼、育肥等。生产上叫法较多，如并作、兼作、轮作、间作、连作等，虽然现采用种植方式类似的叫法，但又有很多差别，也有些混乱。现代种植制度相对简化，不涉秧田，复种指数也下降，稻田中水稻和养殖动物的结合方式也简化，因此，这里希望结合种植制度及种养关系进行概念规范。根据种养结合方式、时间，养殖动物与水稻的衔接关系，稻田综合种养可分为共作、连作、轮作等类型。

1. 稻渔共作

主要强调稻渔的共生关系，即种稻和养殖在同一块田里同时进行，沟田相通，养殖动物紧密和水稻生产结合，水稻生产期基本上都有养殖动物活动，水稻和养殖动物在时间和空间上全方位互利共生。传统稻田养鱼也称"并作"、"兼作"、"间作"，这是稻田种养最主要的生产形式，适合于我国大部分稻作区。多数是在一季稻田内，如稻鸭共作、稻虾共作、稻蟹共生、稻鳖共生等；也有和双季稻共作的，如双季稻鸭、双季稻养鱼等。

2. 稻渔连作

主要强调一年内一季稻收获后，衔接养殖动物，即在同一块田里，种一季稻，养一季鱼，种稻时不养殖，养殖时不种稻。像稻-麦、稻-油等稻田复种方式一样，这种方式一年内只种一季水稻，其他时间养殖，往往是利用冬闲田养殖，水稻可直接收割稻穗，留稻草淹青、灌水沤烂、育肥水质，然后像池塘养殖一样养殖动物，传统稻田养鱼也把这种方式叫做稻鱼轮作。这种类型，水体大，鱼类放养时间长，产量较高，经济效益显著；方式比较简单、田间工程要求不高，也可避免种稻与养殖间的矛盾。但是，稻谷只有一季产量也较难发挥稻鱼共生的互补优势，对于生长季节长的养殖动物也存在季节矛盾，如稻虾连作，由于赶季节插水稻，造成虾个体不大、产量不高。所以，这种生产方式多适合在水稻产量不高的低洼田、低湖田、落河田、冬闲田实行。

实际生产中，设置一定的宽沟，实施周年养殖，可保持水稻生产季节与水稻共生；对于养殖时间短的鱼类，可以在稻田插空养殖，有先渔后稻，也有先稻后渔等方式，还可以有稻-鱼-油菜、麦-稻-鱼等多种方式。

3. 稻渔轮作

耕作学认为在同一块田地上，有顺序地在年间轮换种植，这种方式称为轮作。这里主要强调种养结合的年间轮换，即在同一块田里，一年种稻，一年养殖，如一年养鳖，一年种稻。通过种稻，改良稻田、池塘底质，减少病害，为鱼类生长创造近似野生环境；通过养殖，增加底质营养，提高土壤肥力从而为水稻生长提供养分。这里相对于池塘养殖是水旱轮作，水旱轮作有利于改土。实际生产中，种稻时也可养鱼，养鱼时也可种稻，但年间主体轮换，这种方式适合于低湖田、冷浸田、烂泥田或池塘种稻。

二、按田间结构分类

传统稻田养殖多发源于丘陵山区，利用稻田蓄水养鱼，其田间结构复杂多样，没有定式，主要有平板式、沟坑式、筑坝式等，具体因田间立地条件而定。现代稻田生态种养，一方面注重名特优水产养殖，另一方面注重产业化发展，平原区域发展较快，为了提高养殖产量，占稻田面积加大，多数会将田间结构固定下来，建成永久性的田间工程，工程质量规范，节省了每年重复开沟的劳动，因此，其田间结构简化、高标准、规范化，其类型主要有平板式、沟坑式、水凼式、宽沟式等。

1. 平板式

平板式是一种传统的养殖方式，田间结构简单，主要是加高田埂、增加蓄水、添加防逃跑设施，简单易行，适合养殖禽类、两栖类，如稻-鸭、稻-蛙、稻-菌等。其优点是简单易行、投入低、占稻田面积少、对稻田破坏少，传统山区稻田养殖大多为梯田，田块小、田埂狭窄、耕作层薄、保水性差，"沟坑法"又容易破坏耕作层引起稻田漏水而难以推广，但平板养殖水浅、养殖动物规格小、产量低。因此，改进的平板式，往往加高加宽田埂、增加蓄水，适当补充沟坑、添置小岛、设置避难场所（防晒网、遮阳棚、躲雨舍）。

2. 沟坑式

沟坑式的主要特点是"沟"、"坑"结合，鱼沟、鱼坑是稻田水较深的地方，是鱼类栖息和生长的场所。开挖鱼沟、鱼坑是解决稻田动物养殖与施肥、打农药及晒田矛盾的一项重要措施，也有利于鱼类夏季高温时避暑、定点投饵及收获时排水集鱼和捕捞。

这种方式是在我国传统稻田养鱼基础上改进的一种稻田种养方式，主要适合各种鱼类养殖，也是稻田种养的基本模式，很多材料介绍的"垄稻沟鱼"、"流水沟式"、"鱼沟鱼溜式"、"沟池结合式"等基本类似，主要是沟的规格、作用，坑的大小、功能、位置有所差别（图3-1）。

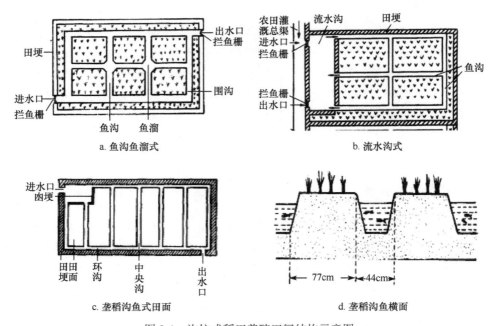

a. 鱼沟鱼溜式

b. 流水沟式

c. 垄稻沟鱼式田面

d. 垄稻沟鱼横面

图3-1　沟坑式稻田养殖田间结构示意图

鱼沟是鱼类生活和出入坑、凼的通道，鱼沟分围沟和田内沟，围沟与田内沟互相贯通，鱼沟总面积占稻田面积的 5%～10%；围沟是沿稻田田埂内侧的环形沟，宽深各为 45～50cm，现代重视养殖的生产中，宽深可达到 80～100cm；田块内再挖内鱼沟，呈"十"字形、"目"自形、"井"字形等，田内沟宽、深均为 30～40cm。鱼坑，也叫鱼溜、鱼窝、鱼凼，开挖位置不拘，可开在中间，也可开在边上，有的在鱼沟交叉处扩大成鱼溜；鱼溜形状可以是正方形、圆形或长方形，有的将边上的鱼溜扩大成小池，面积在 5m² 左右，大的在 30～60m²，深 80～100cm，面积占稻田面积的 3%～5%。

3. 水凼式

水凼式的主要特点是"沟"、"池"结合，水凼式稻田养殖，也叫田头坑养殖，在稻田中或田边修建水凼（小坑塘，图 3-2），水凼与田中的鱼沟相通，既有利于养殖，又可增强稻田抗旱保收能力。水凼比鱼溜、鱼坑要大、要深，深可在 1m 以上，面积在 10～100m²，大的可达上千平方米，是一个微型养殖池塘，通常占稻田面积的 5%～8%，有的开挖面积达到 13%，若有特殊需要，最大开挖面积可达 15%～17%。由于面积较大，土质较差的田块，要防止塌陷，水凼壁可用石板或水泥板护坡、作埂，为防止淤泥淤积凼内，凼口四周加筑高 20～30cm 的围口埂。

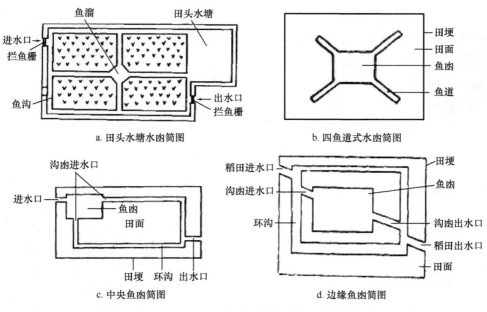

a. 田头水塘水凼简图　　　　　b. 四鱼道式水凼简图

c. 中央鱼凼简图　　　　　d. 边缘鱼凼简图

图 3-2　水凼式稻田养殖田间结构示意图

水凼与环田的沟相通进行养殖，深灌水时，养殖生物可在整个田内游动、觅食，晒田，施化肥、农药时，养殖生物便可躲进凼内，收割水稻时，亦可将所养殖的水生生物引入凼内，待收割完毕后，加深水位继续养殖。这种方式是引进池塘养殖技术发展起来的一种稻田养殖形式，增加了稻田蓄水量，增加了鱼类活动空间，养殖产量较高，除了养殖鱼类之外，很多特种水产养殖都可采用，如养虾、蟹、鳖、龟等。

4. 宽沟式

宽沟是将以往的窄沟浅凼改为沟凼合一的深而宽的永久性鱼沟，也叫养殖沟，将低洼低产田的四周，开挖一圈沟，使沟与田埂呈"回"字形，这样田外加宽加高的田埂是外埂，保证水位调节，田内设有内埂（图 3-3）。一般沟深 1.5～2m，沟宽视堤坝提土量而定，一般为 3～4m，有的达 6～8m，田中种稻，沟内养鱼，待水稻返青后提高水位，使鱼可以游逸出沟，在整个稻田内觅食和活动。为了保证稻鱼共生，田内也可设置少量鱼沟、鱼溜，"回"型沟及鱼沟总面积占稻田面积的 10%～15%。

此形式由于水体宽大，适合于平原大田块，放养量比普通的沟、溜式要大得多，而且可以采用池塘精养法作业，轮捕轮放，收稻后还可继续养殖，延长了生长期，可以提高产量和出池的规格，适合于名特优水产养殖，如虾、蟹、鳖、龟等，也可以多种动物混养。

a. 田面养殖沟开挖图　　　　　　　b. 稻田养殖沟横面示意图

图 3-3　宽沟式稻田综合种养田间结构示意图

三、按种养物种组成分类

适应稻田种养的动物、植物品种较多，养殖动物有常规鱼类（如草鱼、鲤、鲫等），有经济价值较高的名优水产，如河蟹、青虾、罗氏沼虾、青蛙、泥鳅、黄鳝、鲈鱼、斑点叉尾鮰、胡子鲇、鳖、龟等，还有鸭、蛙、螺、蚌等；可种植的植物也很丰富，如茭白、莲藕、菱角、慈姑、水芹、水草、食用菌等。在模式上有单养也有混养，模式的叫法也多种多样。根据稻田种养的物种组成及结合方式可分为单养、混养、复合种养、立体种养等类型。

1. 单养

单养是指在稻田只养殖一种动物，无论是共作、连作还是轮作，稻田内主要以一种动物与水稻互利共生，如稻田养鱼、稻鸭共作、稻田特种养殖。这种方式有利于专业化、产业化发展经济价值较高的动物养殖，如稻鳝、稻虾、稻鳖、稻鳅、稻蟹等，且多用宽沟式共作方式进行。

2. 混养

该种方式主要强调多种养殖动物混养和水稻共生。即稻田种稻同时养殖多种动物，如稻-虾-鳖、稻-鱼-虾、稻-鱼-蟹等；传统稻田养鱼中，常采用多种鱼类混养，如稻田养草鱼常混搭养殖鲢、鳙、鲤、鲫等；动物混养可根据市场需求和动物食物营养关系及生态位互补进行搭配，有的为了养殖特种名贵水产，常混养鱼虾做饵料，如稻-鱼-鳖、稻-虾-龟；有的是鱼和禽类混养，有的是甲壳类和鱼混养，有的是两栖类和鱼混养。混养是根据生态位互补，多物种共栖，有利于系统稳定，可进一步提高稻田的生态效益和经济效益，但实际生产中，并不是越混、种类越多越好，混养中应注意其食物营养关系，避免竞争和伤害。

3. 复合种养

稻田种养为了提高水稻和主要养殖动物的生产效益，常引进一些次要物种，丰富食物营养关系，延长食物链，构成复合种养系统，如稻-萍-鱼、稻-萍-鸭、稻-虾-菜、稻-蟹-菜、稻-鱼-蛙模式等。种植和养殖的物种增加，形成多物种共栖，增加的物种往往是增益环，如水草、萍等可增加养殖动物的食物来源；也有减耗环，如青蛙、鸭等在养殖系统可以吃虫。

4. 立体种养

为了提高稻田生态种养产品质量、实施无公害生产，人们常结合稻田种养工程建设，添加不同生物成分，如田埂种草、种豆，建立复合生态系统。通过多种生物组合，综合利用、改造环境，形成立体生态农业模式，如湖北省潜江市的"四水农业"，包括水稻、水产（稻虾共作）、水生蔬菜（养殖沟种水芹、茭白）、水果（田埂种葡萄）。

稻田立体种养除较为常见的稻鱼萍、稻鱼鸭外，还有稻笋鱼、稻藕鱼及小区域的稻、鱼、果、菜、畜、禽立体组合形式等。稻田种养近几年普遍重视复合立体生态模式及综合利用，其主要特点是利用稻田种稻养殖经济动物，田埂及沟侧、凼边种菜或栽种其他经济作物，稻田周边空地栽种果树等作物，利用周边荒坡养殖畜禽等。综合种、养殖的实质仍然是动、植物间共生互利作用的有效利用，随着共生混作的动养种类增多，其对光、热、水、土、气等自然资源的利用程度能得以提高，但相应的限制条件也会随之增加，生产的技术水平和管理力度也应相应提高和加强。

第二节　稻田种养的基础条件

稻田种养模式中水稻栽培不像水稻单种，鱼类养殖也不像池塘养殖，为了既能种稻，又能养殖动物，保证种养结合，实现稻渔双丰收，必须协调种养间的矛盾。一方面，要选择合适的种养品种，组成合理的种养模式，具备相应的外部条件；另一方面，无论稻田种养采取哪种类型和模式，都得对稻田进行系统配套的建设和改造，以满足种养结合的要求。

一、稻田的选择

种稻需要保证水源充足、土质肥沃、地势向阳等因素，而稻田养殖最要紧的是保证水质的安全，因此稻田养殖就要综合考虑稻田的水源、土壤、地势、地形等因素。

1. 水源条件

水源是稻田养殖的基本条件，也是稻田种养成败的关键。要求水源充足、排灌方便、水质清新。

一是水源充足。雨季不淹、旱季不涸，特别是田内的沟不能干涸，要求灌得进，排得出，落水快，避旱涝。平原地区一般水源较好，排灌系统比较完善，抗洪抗旱能力也比较强，大多数稻田都可以用于种养结合；平坝地区稻田水源较好的也适合稻田养殖；丘陵山区水利条件较差的地方，如果大雨时不淹没田埂、干旱时能维持长时间抗旱能力的稻田也宜养殖。

二是排灌方便。水利条件好，排灌系统也较完善，抗洪抗旱能力强。实行养殖的稻田必须有配套的水利设施，排灌方便，且能保证一昼夜 $80 \sim 150 \mathrm{m}^3$ 的排灌量，天旱（大旱 30 天不缺水）不干、洪水不淹（日降雨量 100mm，田埂不会被水冲垮）的基本条件。丘陵和山区水利条件往往较差，雨大时，容易山洪暴发，冲垮田埂，造成养殖动物跑散，天旱时，又会出现缺水田干导致养殖动物死亡。因而，在丘陵和山区更要选择那些既有水源保证，又不会受山洪影响的稻田养殖，切不可不讲条件，盲目扩大稻田种养面积，真正做到有放有收。

三是水质清新。无工业污染，符合渔业用水标准，pH 在 $6.8 \sim 8.2$，呈中性或弱碱性，一般河、湖、塘、库的水都可引用，这些水源水温较高，水质较肥，有利于水稻生长和鱼类的健康成长；有些山溪、泉水的水温较低，但经过一段流程，提高水温后引入稻田，也可引用。有毒的工业废水切忌引灌，城市生活污水成分复杂，使用时要谨慎，应先做好调查和测定。同时应该注意的是水源很足、容易涝、排水不畅的稻田不适合用来养殖，这种稻田的水质容易变坏，而且一旦发病，不容易控制。

2. 土壤条件

一是土质肥沃。土质肥沃的稻田，不但有利于水稻的生长，也有利于浮游生物的繁育生长，从而增加水中的营养成分，有利于鱼类的生长。种养稻田要选择高度熟化、高肥力的土壤，呈中性或微碱性的壤土为好。新开稻田，土壤贫瘠，田间饵料生物少，养殖效果差。

二是保水保肥。一般壤土、黏土保水能力强，肥力水平高，具有优良的农业耕种性状，湿时不泥泞，干时不板结，灌水后易起浆，断水后不板结，干旱时开"麻丝坼"，灌溉后易闭合，容水多，不滞水，能使田间水层保持较长的时间，不漏水，不跑肥。这种土壤有利于鱼沟、鱼坑里的水保持适当的水位，不但可以减少稻田灌溉次数，节约成本，而且可使鱼沟、鱼坑的水量变化幅度小，水温较稳定，有利于鱼类正常生长。一些沙性土壤，漏水漏肥，湿时板，干时散，土温不稳定，肥料分解快，土壤比较瘠瘦；沙质土壤渗漏性强，耗水量多，除水源充足，并自备自流灌溉的条件以外，一般不宜进行稻田养殖；一些需要打洞的养殖动物，如小龙虾、螃蟹、黄鳝等，也不适合在沙质土壤的稻田养殖，一方面容易漏水，另一方面洞容易崩塌导致动物死亡。

三是土壤健康。一般稻田种养实行无公害生产，要求土壤符合相关的质量标准，一方面无污染，如重金属、固液废弃物污染；另一方面无病害，如稻瘟病、纹枯病等，水稻白叶枯病对水稻产量影响很大，而且目前还没有特效药剂防治。养殖稻田因为淹水时间相对较长，更有利于这种病害的发生蔓延，因此，白叶枯病区的稻田不宜进行养殖。

3. 光照条件

一是光照充足。光照充足能提高水温，常见鱼类生长最佳水温为28～30℃，水温高，鱼类的活动力强，摄食旺盛，生长迅速；水温高能促进水中鱼类天然饵料生物繁殖、生长，使有机物质中的营养物质释放转化。

二是地势开阔。稻田四周应开阔向阳，光照充足，无树木遮蔽。地势开阔的稻田，由于阳光照射时间长，稻田水温上升快，而且较高，这不仅有利于鱼类的正常生长发育，而且也为稻田浮游植物、杂草等繁衍提供了条件，可以生产出丰富的天然饵料，满足鱼类生长发育对饵料的需要，进而提高养殖产量。分布在深山区的夹山冲稻田，由于高山遮挡，稻田每天光照时间很短，因而水温较低，这不仅影响鱼类的生长发育，而且也限制稻田生物的迅速繁殖，致使鱼类天然饵料贫乏，养殖产量很低。因此，这类稻田不宜进行养殖。

三是温暖通风。要求地势向阳、光照充足、温暖通风，种养结合田块应选择坐北朝南、光照充足、无大风口的温暖处；在阴坡冷浸田，水温达不到要求，养殖动物生长不好。阴坡冷浸田，水温难以达到 28～30℃，养殖动物生长慢。

4. 田块大小

用来进行稻田种养生产的稻田田块面积大小不定，可根据养殖模式、品种、规格、地形地貌和养殖习惯、时间来选定。就养鱼而言，用于发塘及培育鱼种时，稻田的面积大小以 0.3～3 亩为宜；用于培育大规格鱼种，面积可掌握在 3～5 亩；若用于养殖成鱼及其他特种养殖，面积可扩大到 5～10 亩。随着稻田种养的产业化发展，稻田种养规模化、现代化、区域化，选用稻田田块面积也越来越大。在一些山区、丘陵地区还受地形地貌限制；在一些平原地区，常采用水函式、宽沟式，由于占稻田面积比例较高，田块小了不容易操作，一个单元常在 10～20 亩，有的可达 30～50 亩。

二、水稻品种选择

稻田种养中水稻栽培与常规栽培比较，无论是生产目标，还是生产过程及管理环节都有所差别，养殖稻田生态条件优越，边行优势明显、淹水时间长等对水稻生产提出新的要求，首先必须有相适应的水稻品种。

1. 优质高产

稻田种养主要实行无公害生产，为了提高水稻生产效益，必须选择优质高产品种，一般是当地推广的优质稻品种。当地推广品种适应性强，品质获得市场认可，有利于开发无公害稻米品牌；品种要高产、分蘖力强，以弥补因挖鱼凼或鱼沟所减少的稻田面积而少插的基本秧苗数，为争取多分蘖奠定基础。

2. 耐肥抗倒

稻田因动物粪和施入的肥料变得肥沃。一方面，由于鱼类的粪便可以直接肥田；另一方面，通过鱼类的活动，能加速土壤中有机物质的分解，使土壤中的养分逐步得到释放；再者，养殖稻田要施足基肥，繁殖大量的浮游生物，以利于鱼类生长。因而，凡连续养殖动物的稻田，土壤肥力均高。在这种条件下，必须选择耐肥抗倒的品种种植。否则，不仅容易造成水稻倒伏减产，而且还会因为水稻倒伏增加田间遮阴面，致使水温较低，影响鱼类生长。

3. 株叶型好

所谓株叶型，就是指水稻茎秆和叶片生长的姿态。水稻株叶型一般分松散和紧凑两种类型。凡株叶型好的水稻品种，表现为茎秆直立，叶片窄而短，且向背面卷曲，呈筒状，上举，叶色浓绿。这种类型的品种不仅可以减少叶片相互遮光，增加稻株间通风透光，扩大叶片直接受光面积，增强光合作用，提高水稻产量，而且有利于提高稻田水温，促进鱼类生长，进而增加养殖产量。

实行稻田养殖的水稻品种要选择高秆水稻，因为杂食性的鱼类会吃水稻叶子，如稻秆矮，容易下垂、倒伏，也容易被鱼类啃食。

4. 耐淹抗病虫

养殖稻田要灌深水才好养殖动物，为了有利于鱼类正常生长发育，除深泥田或冷浸田必须晒田之外，一般不晒田或轻度晒田，水稻生长期淹水深、淹水时间长。这样一来，水稻长期处在湿度饱和的小气候条件下生长。如果水稻品种耐湿性不好，会导致水稻纹枯病和白叶枯病大量发生危害，造成水稻严重减产。

根据稻田种养无公害生产和水稻病虫防治的要求，必须选择既抗病又抗虫的水稻品种在养鱼稻田种植。这样一方面可以减少病虫危害，节省药物开支，提高水稻产量品质，另一方面又可避免因药害而毒死鱼类的现象发生，确保鱼类安全生长。

5. 生育期适宜

稻田种养水稻大田生育期长短涉及种养共生时间的长短、接茬季节的松紧，通常在稻渔连作中主要考虑接茬时间，水稻品种可选生育期短的品种，生育期短则养殖季节长、水产动物产量高；在稻渔共生、轮作中主要考虑生育期长的品种，生育期长则水稻产量高、共生时间长。如稻虾连作中，水稻生育期长会影响小龙虾上市的大小和产量；再如稻鳖共生，水稻生育期长，共生期长，会延长水稻对鳖的庇护。因此，主要在冬春生长的动物，可选生育期短的品种，避免季节矛盾；主要在夏秋生长的动物，可选生育期长的品种，延长共生期。

水稻品种大致可分为早熟品种（全生育期 110～120 天）、中熟或中迟熟品种（生育期 125～135 天）和晚熟品种（生育期 145 天以上）。早熟品种由于生育期较短，在大田里生长（秧田期除外）时间仅 85～90 天。种养共生时间太短，优越的自然资源得不到充分利用不利于稻渔双丰收。晚熟品种虽然能充分利用自然资源，生产较多的光合产物和动物产品，但因生育期太长，不利于下茬作物接茬，影响全年增产。一般来说，中熟或中迟熟品种，则避免了上述两种品种之不足。它既能充分利用自然资源，促进稻鱼共生时间，生产出比较多的光合产物和水产品，促进稻渔双丰收，又不影响下茬作物接茬，十分有利于全面增产。具体可根据种养模式而定。

三、养殖动物及种养模式选择

稻田养殖和池塘及其他水体养殖有一定差异，稻田蓄水浅、共生时间不长，鱼类活动余地小；水温高、变化大；其天然饵料生物的组成和池塘也不同，浮游生物量有限，主要是稻田杂草、底栖生物、昆虫、水生小动物等。虽然可供养殖的水产动物比较多，但具体生产中应因地制宜，可根据稻田里的水温，饵料和田块的地势、大小，因地制宜选择和调整品种和规格。

1. 苗种来源及技术支撑

动物养殖具有较强的专业特性，特别是苗种繁殖。稻田养殖苗种来源要方便，最好能自行繁殖、培育，保证苗种供应；经营者应考虑依托合作社、公司、企业及相关的技术服务机构，以便养殖技术的指导、鱼病防治、苗种和饵料的提供等得到保障。

2. 食用价值及市场需求

为了保证稻田种养产品具有较好的经济效益，选择短期内达到商品规格，且应用丰富、肉味鲜美的种类。一方面选择经济价值比较高的名特优种类，如蟹、鳖、龟等；另一方面选择市场需求比较强的种类，如虾、泥鳅等；具体可结合当地市场发展需要，联系相关合作社、企业，融入市场。

3. 适应性、食性及习性

一是适应性。稻田水体不同于池塘、湖泊等水体，水深较浅，受气温影响大，盛夏时水温最高可达 40℃，因此适宜水温在<15℃的冷水性鱼类就不适合在稻田里养殖，而广温性鱼类可在稻田中养殖。

二是食性。在饵料方面，稻田中杂草、昆虫和底栖动物较多，浮游生物丰富，所以，稻田中适宜养殖草食性或杂食性鱼类，而不以稻田里的浮游生物为食的鱼类不适合在稻田里养殖，如以小鱼为饵的鳜就不适合在稻田中养殖。①草鱼、鳊以吃草为主，它们在体长为 6cm 时就能吃稻田的嫩草、浮萍等；②鲤、鲫、罗非鱼是杂食性，田里的小昆虫、小动物，只要它们能吞下去的，都是极好的饵料。当它们幼小时，田里的有机碎屑、浮游生物都是它们极好的饵料；③鲢、鳙、鲹、银鲷以浮游生物为饵，这都是稻田养殖的主要对象；④鳖、黄鳝、泥鳅也是稻田养殖的主要对象，它们需要水，但需要的不多，是稻田"老住户"，在自然界里稻田本来就是它们的家；⑤河蟹与虾与稻田共作是近年来创造和发展起来的，效益很好；⑥外来品种如淡水鲳、南方大口鲇、斑点叉尾鮰等都是稻田养殖的优良品种。

三是生活习性。适合稻田养殖的鱼类除了具有耐浅水、耐高温、食性广等特点外，性情温和、不易外逃也是选择的重要条件。不同类型养殖动物习性差别很大，甲壳类，如蟹、虾会打洞；一些鱼类，如黄鳝、泥鳅喜欢淤泥、会打洞；一些鱼类，如草鱼、团头鲂、鳊、鲤、鲫、罗非鱼、鲢、鳙、胡子鲇、淡水白鲳等，相对温和；两栖类如蛙，爬行类如鳖、龟，禽类如鸭等易逃逸。

4. 模式及其适应性

山区、丘陵地区田块小，水资源相对不足，主要采用沟坑式、水凼式，适合不同规格的常规鱼类养殖；平原地区，水源充足、地势平坦、田块宽大，主要采用水凼式、宽沟式，适合各种名优动物养殖；山谷田、冷浸田，泥深、水冷，适合垄稻沟鱼半旱式种养，适合养殖虹鳟等冷水性鱼类；水网地带、低湖田，水资源丰富，主要采用宽沟式，适合各种名优动物养殖；混养中要注意鱼类之间是否相克、是否争夺饵料，如黄鳝吃小鱼，就不能将黄鳝与苗种混养，黄鳝只能与较大的鱼混养；但如果是为了提高肉食性鱼类的产量，也可混养小鱼做饵料，如虾鳖混养，是用部分小虾做鳖的饵料；养大口鲇、乌鳢时，可同步混养鲢、鳙、鳊、草鱼鱼苗，为其培育鲜活饵料。

从全国来看，稻田种养模式选择具有一定区域性，稻蟹共生在辽宁、吉林、宁夏等省（自治区）较多；稻鳖共生在浙江、湖北、福建等省；稻虾连作在湖北、浙江、安徽、江苏、湖南、江西等省；稻鳅共生在黑龙江、湖南、浙江等省；稻鱼共作在浙江、四川、福建、江西等省。

四、田间工程建设

传统的稻田养殖为平板式养殖，人放天养，自产自销。近年来，稻田养殖的技术含量得到不断提高，大力推行宽沟式稻鱼工程，结合农田水利建设，实行渠、田、林、路综合治理，桥、涵、闸、房统一配套，实现了立体开发、综合利用稻田生态系统，最大限度地提升了稻田的地力和载渔力。随着稻田种养产业的发展，一些稻田养殖工程规模化、规范化、标准化，用条石、火砖等硬质材料嵌护沟、凼，靠近水源，排灌方便；沟凼相通，沟沟相连；鱼凼结构坚固耐用，成为永久性田间工程。

用于稻田种养的基本设施建造大体上有四个方面。一是环境及生产设施，保证环境稳定、美观，生产方便；二是水利及排灌配套，保证排灌方便，防旱防涝；三是沟凼及动物生活水域，保证养殖生物栖息活动及觅食生长的水域；四是防逃及保护设施，即防止逃逸的防逃设施和遮阴挡雨的保护设施。

1. 环境及生产设施建设

（1）加高加固田埂。一是有利于稻田蓄水，增加鱼类的活动水体，增强抗旱能力；二是防止暴雨时雨水漫过田埂，导致鱼类越埂逃逸。田埂高度一般在45～60cm，宽35～40cm。不同地区和土质，田埂高度和宽度略有不同。丘陵山区田埂高出田面40～45cm，平原地区高出田面50～60cm；冬囤水田及湖区洼地田埂应高出80cm以上，田埂宽度也应该相应加宽，在平原湖区，田块面积较大，宽沟3～4m，蓄水量大的情况下，埂面宽度在150cm以上，田埂坡度1∶0.5。对养殖产量要求较高的稻田，田埂高度要求达到1～1.2m。而且要打实夯紧，做到坚固结实，不垮不漏，以防止田鼠、黄鳝、水蛇等钻孔打洞，并严防田埂漫水、漏水和鱼类逃逸现象发生。若有可能，可在田埂的两侧及顶端种植一些草类、瓜、豆等，利用植物的根系，达到护坡的目的。此外，也可用石板、水泥板等其他建筑材料护坡，以保证田埂结实，经久耐用。

（2）生产设施配套。在平原湖区，种养稻田集中连片，应设置机耕道、生产专用房，交通、电力、电信、机械、排灌配套；田埂与田块之间留有一处2～3m的操作平台，以利于机械作业，路边田头可按200亩单元设置生产用专用房。

2. 水利及排灌配套建设

（1）排灌渠道。排灌渠道的畅通与否，是稻田养殖成败的关键。因此，凡实行稻田养殖的单位或专业户，都必须重视此项工作，抓紧养殖动物投放前的有利时机，认真做好排灌渠道的整修和配套工作，充分发挥排灌渠道的作用，达到旱能灌、涝能排，畅通无阻。

（2）进、排水口。养殖的稻田要及时开好进、排水口，以便随时添加新水，排除多余的田水，防止大雨时漫水跑鱼，确保鱼类安全生长。进、排水口的开挖地点，应选在稻田相对两角的田埂上，这样无论是灌水或排水，都能使整个稻田里的水顺利流通。进、排水口最好用砖或石块砌成，以免因经常灌水排水而冲垮田埂。进、排水口处要安装拦鱼栅，防止灌、排水时跑鱼和野杂鱼类随水进入稻田。拦鱼栅可用竹篾、化纤网片、铁丝等材料做成。拦鱼栅孔眼的大小，应视鱼类大小而定，以鱼类跑不出为原则。

（3）建立平水缺。平水缺的作用，在于根据水稻、鱼类不同生长发育时期对水层的要求，使稻田保持相应的水层。平水缺定好之后，稻田水层应和平水缺保持在一个水平面上。如果田水低于平水缺，应及时加入新水齐平水缺。所以，平水缺也是灌水与否的主要标志。如遇雨季，可使稻田多余的水（即超过平水缺以上的水），随时从平水缺排出，这对防止大水漫埂逃鱼具有很好的作用。平水缺与进水口的不同之处是：进水口的高度是固定的，而平水缺的高度则是随着水稻、鱼类不同生育时期对水层的要求，不断地调节升降。

（4）防洪沟。在积雨面积较大的田块中养殖，常因洪水期间稻田水满溢出，造成逃鱼事件，因此必须设公共防洪沟，最好用石料砌成永久性防洪沟。一般冲积田防洪沟宽 1.0～1.2m，深 1.2～1.5m。

3. 沟凼及动物生活水域

为了正确解决种稻与养殖之间的矛盾，确保水稻生育期间能够正常进行稻田的水层管理、施药和施肥，天旱缺水或排水晒田时，使鱼类有比较安全的栖息场所，也是高温季节鱼类的避暑场所，因其水位较深，水温变化较小，是鱼类生活的主要场所，也是稻田种养的关键。

（1）开挖时间。可根据各地的耕作习惯及劳动力的忙闲程度而灵活安排，一般情况下，可在水稻插秧前开挖，亦可在插秧后开挖，两者各有利弊。目前，大多数地区都是在冬春季的农闲季节开挖。

（2）开挖面积。在稻田内开挖沟、凼面积的大小取决于两个前提条件：其一是保证水稻的有效栽植面积；其二是较大限度地满足养殖生物的生活需求，尽最大可能地提高产量。可根据稻田水资源情况、养殖动物及模式、水产品的产量而定，一般以水稻生产为主，占地面积不超过 10%，最大开挖面积可达 13%；若有特殊需要，最大开挖面积可达 15%～17%。

（3）开挖沟凼。开挖沟凼的形式主要取决于养殖类型、种养模式，相关的模式、类型、规格可参看前文（平板式、沟坑式、水凼式、宽沟式）。这里以宽沟式为例，如稻虾共作采用环形沟，沿稻田田埂内沿向稻田内 1～2m 处开挖环沟，环沟面积占稻田总面积的 8%～10%，一般 30 亩以下的稻田环沟宽 2～3m，深 1～1.2m；30 亩以上的稻田环沟宽 3～4m，深 1.2～1.5m；50 亩以上的稻田，除开挖环沟外，稻田中间开挖"十"字形田间沟，沟宽 0.8～1.0m，深 0.8～1.0m；环形沟田内则设置内埂，高 40cm，田埂与田块之间留有一处 2～3m 的操作平台，以利于机械作业（图 3-4）。

4. 防逃及保护设施建设

（1）拦鱼设施。稻田的进出水口处要设拦鱼设施，防止养殖生物逃逸。这种设施称为拦鱼栅，它是用竹条、塑料条、金属丝、树枝条等编织而成。形状有方形、拱形等。拦鱼栅的宽度应略大于进、出水口的宽度；高度要与田埂相等或略高出田埂。拦鱼栅的孔目大小以养殖生物不能逃出为宜，并视不同生长阶段而加以调大。一般拦鱼栅要设内、外两层，内层网目要小些，外层稍大些。内层用于防逃，外层用于滤水及防止外界杂鱼等进入。在设置时，一定要深入底面及两侧的土壤中，最好将底部打实，在两侧立桩后再加固定。也可采取用水泥筑卡槽的方式固定。

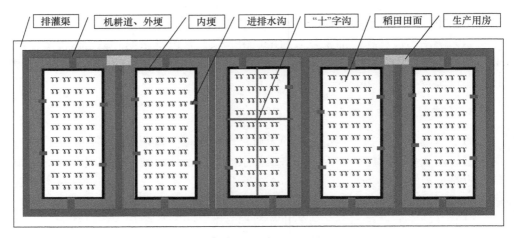

| 排灌渠 | 机耕道、外埂 | 内埂 | 进排水沟 | "十"字沟 | 稻田田面 | 生产用房 |

图 3-4 稻田种养宽沟式田间结构示意图

（2）防逃设施。防逃设施主要是针对特种水产品养殖，如河蟹可爬行外逃，蛙类能跳跃逃出。防逃墙主要用于防止河蟹及鳖等逃逸，建墙材料有砖石、塑料布、塑料板、薄铁皮、玻璃钢瓦等；采用塑料布防逃，应先在田埂上每隔一段距离设一小木桩，然后将塑料布在桩的内侧加以固定，并将塑料布的底部埋入土内5～10cm；塑料布的高度为30～50cm，并拉平拉直。防逃网主要是为在稻田内养殖牛蛙、美国青蛙及林蛙、石蛙等而设置的；因为蛙类跳跃性强，容易逃逸，难以聚在固定的田块内养成；防逃网一般用各种麻线、锦纶、聚乙烯等材料制成，网片高度1.5～5.2m；底部在田埂上用土压实，每隔3～5m竖一木桩或竹竿，将网拉平、拉直并固定于木桩或竹竿上；木桩要钉入田埂下0.5m左右，防止被风刮倒。

（3）遮阴设施。由于稻田水浅，水温变化大，夏季常出现水温过高危及鱼类生命的现象，因此在鱼沟鱼坑上方搭棚遮阴是稻田养殖的重要环节。凼坑周边可栽种植物以遮挡太阳，保持炎夏鱼类栖息处阴凉，稳定水温。凼坑位于田角或靠近田边或中间的都可种瓜、豆和葡萄等，或搭一矮架遮阴棚，来避免水温过高对鱼类造成的负面影响。稻田养鸭、养蛙等还需要搭建遮阴挡雨棚，有些还在田间设置小埂、小岛，以利于爬行类、两栖类、禽类活动。

第三节 稻田种养的水稻栽培

在稻田种养新的稻田生态环境条件下，我们必须坚持"以稻为主，以渔为辅"的原则。通过对水稻常规栽培技术的调整，努力解决稻、鱼之间的矛盾，促使稻、鱼很好的共生，达到"稻田养鱼，鱼养稻，水稻增产鱼丰收"的目的。种养结合稻田的水稻栽培技术应掌握好关键性技术措施，即选择适宜养殖稻田种植的水稻品种；培育多蘖壮秧，适时早栽，合理密植；实行以基肥和有机肥为主的施肥原则；病虫防治以农业和综合防治为主；正确解决水稻浅灌、晒田与养殖的矛盾等。现将具体措施分述如下。

一、合理密植

1. 选择优良水稻品种

要求选择抗倒伏、抗涝、耐肥、抗病虫害、茎秆粗、米质优的大穗型品种。湖北多在一季中稻种养，选择的品种如 Y 两优 2 号、汕优系列、协优系列、甬优系列等。

2. 大苗移栽

采用大苗移栽，活棵后生长快，鱼类等经济水产品可早进入稻田觅食，减少追肥次数和用量，减少晒田次数并缩短晒田时间，减少施肥、晒田对鱼类等养殖生物的影响。平原地区，可采用精量直播和机插秧。山区、丘陵地区，可采用旱育秧，培育壮秧，大苗移栽。培育壮秧是水稻增产的关键技术措施之一，生产实践证明，培育壮秧应以肥培土、以土保苗。在水稻育秧上应大力推广应用旱地育秧技术，旱育秧具有早生快发、无明显的返青期、有效分蘖率高、抗性强、结实率高等特点，旱育秧苗床要多施充分腐熟的农家肥。保证秧苗根系发达、粗短、白、无黑根，苗基部粗扁、苗健叶绿，叶片上冲不披散；生长旺盛，群体整齐一致，个体差异小，苗体有弹性，叶片宽挺健、叶鞘短、假茎粗扁，到秧龄 30 天达到 3 个以上分蘖；叶色深绿，绿叶多，黄、枯叶少，苗高适中，无病虫。最好在移栽前 20 天普施一次高效农药，水稻的插种要适时，插种的时间各地因地理位置不同、模式不同，相差较大，应选择适当的时机适时插种。

3. 栽足基本苗

采用宽行窄株，长方形田块东西向栽插，可以改善田间光照和通风透气。宽行窄株，光照强，光照时间长，通风透气，有利于空气中的氧气溶解于水中和二氧化碳向空气中释放，降低稻田湿度，减少水稻的病虫害，也有益于鱼类的生活和生长。水稻插种时一般采用浅水移栽，插种方法通常可采用宽行密株，株行距可为 30cm×13cm 或 30cm×16cm，保证每亩有 16 万～20 万株秧棵，在沟、坑等四周适当密植，以利充分发挥边际优势，减少因开挖沟、坑造成的基本苗数损失。从全国各地的实践看，宽行窄株的长方形东西向密植比正方形南北向栽培既能增加稻谷产量，又能适于水生动物生长。水稻栽植密度以（23.3～26.7）cm×（8.3～

13.3）cm 为佳。

二、减量施肥

稻田种养的施肥，既可以满足水稻生长的营养需要，促进稻谷增产，又有利于繁殖浮游生物，为滤食性鱼类提供丰富的饵料资源，反之如果施肥过量或方式不当，则会对鱼类产生毒害作用。一方面由于动物排泄物肥田，另一方面由于投放饵料，部分补充给系统养分。因此，稻田种养施肥比常规水稻栽培施肥可适量减少，具体用量可根据目标产量需肥量减除其他方式的补充量来确定。

1. 肥料种类

（1）有机肥。主要是指各种动物和植物等经过一定时期发酵腐熟后形成的肥料（其中包括经过加工的菜籽饼、饵料等）。稻田施用的有机肥主要指绿肥和厩肥，绿肥是指各种植物的枝叶沤制汁；厩肥是指动物圈中粪肥及其食物下脚料。

（2）无机肥。无机肥即化肥，不同的无机肥对鱼类有不同程度的影响。

氮肥，主要产品有硫酸铵、氯化铵、硝酸铵、尿素等，以尿素及铵态氮肥较为安全；氮肥中有效成分为氨或铵，这是水稻的重要营养物质，然而氮肥施用过多，会使水中氨超标，造成鱼类死亡。

磷肥，主要有过磷酸钙、钙镁磷肥、磷酸二氢钾等，磷肥能促进细胞分裂增加水稻抗逆性；磷肥不会直接对虾造成危害，但使用过多，会使稻田中藻类特别是绿藻繁殖过大，影响水质。

钾肥，常用的有硫酸钾、氯化钾等，其中氯化钾会对鱼、虾产生直接危害。

2. 肥料用量

养殖稻田的施肥原则是施足基肥，减少追肥，以基肥为主，追肥为辅，以有机肥为主，化肥为辅。基肥占全年施肥总量的 70%，追肥占 30%。

（1）施基肥：每亩可施碳酸氢铵 15～20kg，也可施钙镁磷肥 50kg，或施硝酸钾 8～10kg，或施氨水 25～50kg，也可施厩肥 150～250kg。农家粪作基肥以每亩 800～1000kg 为宜。

（2）施追肥：每亩每次施碳酸氢铵 2.5～5kg，或尿素 7.5～10kg，或钙镁磷肥 15～20kg。农家粪作追肥每亩不超过 500kg。

3. 施肥方法

稻田养殖施肥的目的是为了让稻谷长得好，获得大丰收，也是为了培肥水质，但施肥方法不当，水稻的肥料利用不充分，还将过多的肥料施入田中，会使水质过肥，影响鱼类的生长。通常情况下，追肥在插秧后 15 天内施完，田水深度在 5～

8cm 时，先施半边田，次日再施另半边田。每批追肥分 2～3 次施放。

追肥要选用对鱼类无毒害的肥料。一是追肥深施，将肥料拌土，做成小泥球，埋入稻苗中间 7～10cm 的土中；二是对一些缺锌、缺钾的稻田，插秧前，秧根浸蘸一下锌肥或钾肥溶液；三是对水稻后期缺肥的稻田，可将化肥溶液用喷雾器洒在稻叶上，进行根外追肥；四是用撒施法，多次撒施，每次只撒少量肥。

在养殖稻田施肥，要善于观察水色，看水色是否肥、活、嫩、爽，保持凼坑水色常呈油绿、青绿色即可。田中水色的透明要控制在 25～30cm，此时水质较理想，不用施肥；透明度在 31～40cm 时，水为瘦水，说明稻田水中的肥力不足，需要追肥；透明度小于 25cm，甚至达到 20cm 以下为老水，老水分两种情况，一种水质太肥，则需要加水，稀释过浓的水质，让其达到 25～30cm；另一种是水质已坏，变黑、白、灰样的死色，不鲜艳透明，通常有很多死亡的浮游生物尸体，而尸体腐烂有毒，会造成鱼类生病，此时需换水，将这些水放进未养殖的稻田作为下块田的肥料水，换水后要再施肥，培育水质。

4. 注意事项

（1）施肥不能撒在鱼类集中或鱼多的地方，如鱼坑、鱼沟内，以避免鱼误食，造成鱼类中毒而死亡。

（2）施化肥采取量少次多、少施勤施的方法。对鱼类刺激性较大的碳铵宜采取先施半块田后过 2 天再施半块田的方法。

（3）每隔 10～15 天施肥 1 次。施肥的目的是种稻，也可培育水中浮游生物喂养动物。因此，在选择肥料时，应以农家肥、有机肥为主，尽量少用化肥。

（4）阴雨天不能施肥，因为在下雨时若施肥，肥料会顺水流入田中而污染水质，使鱼肉出现化肥味。

（5）闷热天不要施肥，天气闷热时，鱼类易浮头受惊，受化肥刺激而造成死亡。

三、科学管水

水是稻和鱼类生长的必备条件，但二者对水的要求有很大差异。水稻对水分要求是寸水插秧，薄水分蘗，放水搁田，覆水养胎，湿润灌浆，干田收割，田间水位必然有浅、有深、有干；而养殖鱼类对水的要求是水质肥而不浓、爽而不死，水位越高越好。因此，在田间排灌中要协调稻和鱼之间的用水矛盾，加强水质和水位两方面的管理。

1. 水质管理

稻田养殖的用水要求：①稻田水体不得带有异色、异臭、异味；②水面不得出现明显油膜或浮沫；③水中的悬浮物质人为增加的量不得超过 10mg/L，而且悬浮物质沉积于底部后不得对鱼、虾、贝类产生有害的影响；④用水的 pH 为 6.5～8.5 为宜；⑤水中的溶解氧一天中，16h 以上必须>5mg/L，其余任何时候不得小于 3mg/L；⑥水中总大肠菌群不超过 5000 个/L。部分指标超过水质标准，可通过补水、换水来调节。

水质可部分通过水色得到反映，一般动物养殖要求田中水色透明度控制在 25～30cm，透明度大于 30cm，达到 40cm 时，水为瘦水，水中没有营养，称为清汤寡水；小于 25cm，达到 20cm 以下为老水，老水有的是水质太肥，有的是水质已坏，不鲜艳透明。因此，透明度小于 25cm 则加水，稀释过浓的水质，让其达到 25～30cm；如果水质已变为黑、灰、白色时要换水。

2. 水位调节

水稻的生长过程中，自插秧后至收获，要经过活棵、分蘖、拔节、抽穗、灌浆及成熟几个阶段，每个阶段对水的需求不同，总体而言，一般要求前期浅水，中后期适当加深水。前期因动物小、水浅对动物的活动和生长影响不大，以后随养殖动物的长大而逐渐加深水位，做到基本符合鱼类的活动要求，而又不影响水稻的生长为宜。因此稻田养殖供水要求可大致分成两个阶段，注意两个环节。

第一个阶段，浅水活秧。水稻插秧后，保持 4～6cm 浅水层有利于为秧苗创造一个比较稳定的温度条件而发根活棵。返青分蘖，此时刚插的秧苗弱，矮小，还没有返青，不能让鱼类进田。

第二个阶段，深水养殖。秧苗返青后：田里的浮游生物数量较多，可适当加高水位至 10cm 或者以上，让鱼类进田取食，割稻时，只割稻穗，留长茬灌深水（深 1.5m 左右），淹青禾肥水养殖。

搁田环节。水稻群体达到有效分蘖数以后，为避免无效分蘖，应注意搁田。早稻搁田时，鱼类规格还小，相对密度不大，且此时水温也不很高，进行一定程度的搁田对鱼类生存不至于有大的影响，搁田时，鱼类在开挖的沟、坑中生长；一季中稻和晚稻田搁田时，水温比较高，鱼类可集中到沟、坑，可短暂降低水位进行搁田；如果温度过高，且鱼类规格较大，相对密度较大，怕引起"浮头"时，可用深水灌溉控制无效分蘖，将田水水位提高到 10～12cm；如发现稻田无效分蘖过多，或茎秆柔弱有可能倒伏，或预测将发生稻瘟病，则需要搁田，搁田时，鱼类栖息在沟、坑中，此时，应减少投饲量并特别注意预防"浮头"。

成熟环节。水稻成熟期最好湿润灌溉，成熟后也需要搁干收获，对于早、中稻来讲，抽穗成熟期水温高，鱼类规格较大、生长处于旺盛期，因此湿润灌溉不利于鱼类生长。此时水浆管理宜以鱼类需求为主，采用深灌保水直到收割，也可尽量缩短搁干时间，在收获前短期搁干到收获；对于宽沟式养殖，可通过内埂，让大田搁干，保证沟内水位；对于连作晚稻或单季晚稻，成熟季节已到 10 月份，此时水温已下降，虾类生长速度减慢，罗氏沼虾可以干田收捕，青虾可以捕大留小，稻田可按水稻需求进行湿润灌溉至成熟收获。

3. 注意事项

稻田养殖在极端天气情况下要注意调整水位，一是暴雨天气，要注意防洪，尤其要注意及时排水，防止水位过高，既影响水稻生长，也会造成鱼、虾外逃，影响种养产量；二是夏季高温天气，要注意加水，通过提高水位或者增加换水次数，使水温维持在鱼类适合的温度，不至于过高而影响鱼类的活动和进食；三是要注意喷药、施肥时，要适当加高水位，稀释农药、肥料对鱼类的毒害。

四、病虫防治

养殖稻田的病害主要有纹枯病、稻瘟病、白叶枯病、稻曲病、叶尖枯病等；虫害主要有二化螟、稻飞虱、纵卷叶螟、三化螟、稻蓟马、稻苞虫、叶蝉等。由于鱼、虾类能捕捉生活在水中的害虫幼虫和落入水中的害虫，能在一定程度上抑制病虫害的发生；此外，稻田要求选择抗病能力强、抗倒伏性能好的品种种植。这些措施的应用可以降低水稻病虫害发生的程度。但是，如果养殖稻田发生了较为严重的病虫害，则必须正确防治，常见的防治方法有生物防治、物理防治和化学防治。

1. 生物防治

生物防治是稻田病虫草害防治的主要方法，如放养天敌及通过生物制剂和生物多样性实现。

（1）放养天敌防治。一方面保护天敌，稻田蜘蛛、盲蝽、隐翅虫、步甲等捕食天敌，可控制和减轻虫害的发展；蜘蛛是水稻二化螟、三化螟、稻苞虫、纵卷叶螟、稻飞虱、叶蝉等害虫最大的天敌；养殖稻田的耕作可在翻耕前先放水泡田，然后再翻耕，翻耕时要待蜘蛛等天敌移到田块杂草或边埂时再翻耕，以利保护天敌。另一方面是放养天敌，如放养青蛙、鸭、瓢虫等。稻田中养殖的水生动物也是稻虫害的天敌。

（2）生物制剂防治。可用 Bt 乳剂防治水稻纹枯病，苏云金杆菌新菌株制剂对水稻螟虫具有良好的防治效果，同时具有杀虫力强、杀虫谱广、生产性能好等优点。

（3）生物多样性防治。一方面及时消除田间、田埂杂草，减少中间寄主；另一方面可在田埂、田边种植大豆、香根草等植物，吸引控制害虫。

2. 物理防治

对一些害虫可以使用人工物理驱杀，其办法为：①田中加高水位，淹去部分禾苗，将禾秆上的害虫淹出禾秆或夹叶片间，让田中鲤、鲫、罗非鱼等来吃食；②拉绳击虫入水喂鱼虾，禾苗淹去部分后，两人牵一长绳，从稻禾上面抖动式的拉击，使受击幼虫落水喂鱼虾；③竹竿敲击稻禾，使虫落水喂鱼虾，这个办法在绳拉的基础上对未消灭干净的害虫进一步清除。但必须注意水淹法要短暂，不能长期浸泡，要符合水稻生长供水的规律。在褐飞虱发生的高峰期，将稻田的水位提高 15cm 左右，一方面保护稻茎，另一方面，使稻飞虱更容易被稻田养殖动物（鱼、鳖、虾、蟹）取食。

采用频振杀虫灯对趋光性害虫进行诱杀，一般每公顷种养稻田配有一盏频振杀虫灯；还可以根据害虫发生情况，在一定面积上配置一定数量的黄板，一般每亩可插 6～8 张。也可采用性引诱剂诱杀，每亩放置 3 个诱捕器或诱芯，诱捕器高出水稻 30cm。

3. 化学防治

养殖稻田发生了较为严重的病虫害时，既要有效地防治和控制，又要确保水生动物在稻田水体中的安全，从而达到治害保渔的目的。通常在水稻育苗期，可用 25%杀虫双，亩用量在 100～200ml，或用 90%杀虫单，亩用量为 50～60g，在一代二化螟虫卵孵化高峰期，兑水喷雾。在水稻拔节后期，气温升高，容易发生纹枯病，可用 5 万 IU 井冈霉素，亩用量为 0.2kg 兑水 20kg，进行喷雾。8 月份为二代二化螟发生期，可在其产卵期适当降低稻田水位，使二代二化螟在水稻上的产卵部位下降。待卵块孵化高峰期时，再把稻田水位加高，用深水将虫卵闷死。孕穗至齐穗期，可用 5%井冈霉素，亩用量为 150ml，加水后进行大水量喷雾 1～2 次，用于防治纹枯病和稻曲病。

4. 注意事项

（1）正确选用农药及用量。农药种类繁多，各种农药必定都会对鱼虾产生危害，只是危害程度不同而已，因此要严格控制用量。选用农药严禁使用甲氰菊酯、喹恶硫磷、来福灵、菊马乳油和醚类、菊酯类等对鱼类高毒、高残留的农药，可选用扑虱灵、比双灵、杀螟松、杀虫双、乐斯本、灭幼脲、生物 Bt、稻瘟灵、多菌灵、叶枯灵、三环唑等低毒、高效、低残留的农药。交替使用叶枯灵和叶青双、多菌灵和井冈霉素，综合运用混配和兼治技术，以减轻病虫抗药性。必须特别指出的是虾类对杀灭菊酯（菊酯类物质）非常敏感，必须严格禁用。

（2）正确掌握农药施用方法。稻田的施药方法有喷雨、粗喷雾、细喷雾等。喷雨施药有 70%～80%的农药流入田中，对鱼类危害较大；粗喷雾属高容量喷雾，药液在水稻叶片上黏附少，淋落在田中多；细喷雾属低容量喷雾，雾滴直径在 250μm 以下，雾滴在叶片上黏附性好，流入到稻田中的农药少。因此，养殖稻田应采用低容量的细喷雾，简单的方法是采用手动背包或喷雾器，喷片直径 1mm，配制一喷雾器的药液，可防治 1 亩的稻田。

（3）正确掌握农药使用时间。施用农药应在病虫害的有效防治期内进行。具体的施药时间还应考虑温度及稻田的水温，温度高，农药挥发性强，毒性提高，对鱼虾不利，夏秋高温季节，最好选择阴天或晴天傍晚前用药，而夏季往往又是病虫多发季节，因此在病虫害防治时期内，宜在早上 9 时前或下午 4 时以后进行。

（4）正确把握施药期间的管理。稻田水位的高低直接影响落入田水中的农药浓度，水位每提高 1cm，可降低田水药液浓度 5%～7%，因此在施药时应尽量提高水位，如果在水稻生长中后期施药，可将水位提高到 15cm 以上。农药喷雾后，可立即更换稻田水，必要时更换 2～3 次新水，施药后 2～3 天再回放到正常水位。再者，应注意商品鱼虾的农药安全间隔期，不能用药后立即起捕上市，以减少农药的残留量。

第四节　稻田种养的动物养殖

稻田种养模式中动物养殖和池塘等大水体养殖不同，一方面水体环境不稳定、变化大；另一方面种稻与养殖常会发生矛盾。因此，稻田动物养殖既要适应稻田环境，又要协调稻渔矛盾。我们必须坚持"以稻为主，以渔为辅"的原则，通过对养殖技术的调整，努力解决稻、渔之间的矛盾，促使稻、鱼很好地共生，达到"稻田养鱼，鱼养稻，水稻增产鱼丰收"的目的。在稻田种养新的稻田生态环境条件下，动物养殖关键要做好苗种放养、饵料投放、日常管理和鱼病防治。

一、苗种放养

"秧好一半谷"，稻田种养中动物养殖也是一样，苗种放养是稻田养殖成功的关键，劣质苗、放养方法不当都影响种养动物的成活和生长。稻田动物苗种的放养技术包括放养前苗种的健康程度、放养的时间、放养苗种的规格和密度，另外在选购时要鉴别苗种好坏，并做好苗种运输工作。

（一）苗种质量

鱼类苗种的质量与亲本的品系、受精卵的质量以及育苗技术水平和育苗条件等因素有关。现在由于野生的苗种满足不了市场的需求，往往进行人工繁殖，因此鱼类苗种的质量参差不齐。鱼类苗种体质好坏是养殖成活率、丰收程度的关键。体质差的，经过运输和放养，再经过分养时再拉网，死亡率就很高。反之，体质好的苗种死亡少，甚至不死亡。体质好的苗种不仅成活率高，死亡少，重要的是生长速度快，抗病能力强。

1. 苗种选择

在购买鱼类苗种时，必须了解每批苗种的产卵日期、孵化时间，并按上面的质量鉴别标准严格挑选，严禁购买上述劣质苗种，为提高苗种培育成活率创造良好条件。购买时可根据苗种的体色、游动情况以及挣扎能力来区别其优劣，判断的标准如下所述。

（1）体色。好苗种群体色相均匀，个体体色鲜艳有光泽；劣质苗种往往体色略暗。

（2）群体组成。好苗种规格整齐，身体健壮，光滑而不拖泥，游动活泼；劣质苗种规格参差不齐，个体偏瘦，有些身上还沾有污泥。

（3）活动能力。如果将手或棒伸入苗碗或苗盘中间，使苗种受惊，好苗种会迅速四处奔游，劣质苗种则反应迟钝。

（4）逆水游动。用手或木棒搅动装苗种的容器，使水产生旋涡，好苗种能沿边缘逆水游动，劣质苗种则卷入旋涡，无力逆游；若将苗种舀在白瓷盆中，让风吹动水面，好苗种能逆风而游，劣质苗种则不能。

（5）离水挣扎。好苗种离水后会强烈挣扎，弹跳有力，头尾弯曲成圈状，劣质苗种则无力挣扎，或仅头尾颤抖。

2. 常见劣质苗

（1）杂色苗。主要是指同一孵化器中放入两批间隔时间过长的鱼卵，致使苗种老嫩混杂；或因停电、停水等原因，造成各孵化器底部管道回流，各种苗种混杂在一起。

（2）"胡子"苗。是指由于苗种已发育到合适的阶段未能销售，只能继续在孵化器或网箱内囤养，苗种体色素增加，体色变黑，体质差；或者由于水温低，胚胎发育慢，苗种在孵化器中的时间过长，由于苗种顶水时间长，消耗能量大，而使壮苗变成弱苗。

（3）"困花"苗。苗种胸鳍出现，但鳔（俗称腰点）还尚未充气，不能上下自由游泳，此阶段称困花苗。困花苗在静水中大部分沉底，苗种体嫩弱，其发育仍依靠卵黄囊为营养，不能吞食外界食物，运输时容易死亡。

（4）畸形苗。由于鱼卵质量或孵化环境的影响，造成苗种发育畸形（常见的有围心腔扩大、卵黄囊分段等）。畸形苗游泳不活泼，往往和孵化器中的脏物混杂在一起，不易分离。畸形苗在苗种培育池中一般不能发育至夏花。

（二）苗种运输

苗种易受外界环境的影响，在苗种运输前，要充分考虑运输过程中各个环节的衔接工作和苗种的保护工作，以保证苗种在运输过程中较高的成活率。前期准备工作包括：制订计划，准备好运输器具，做好沿途用水的调查，分配运输途中的工作和苗种运输前的锻炼。

1. 准备工作

（1）制定运输计划。根据苗种的种类、大小、数量和运输距离等，确定运输方法。

（2）做好苗种体锻炼。在长途运输苗种前，应进行拉网锻炼，以增强苗种的体质。

（3）准备好运输器具。运输前准备好运输器具，并经过检验与试用，有损坏或不足的应及时添补和添置。

（4）做好沿途用水的调查。运输前对运输路线上的水源、水质情况调查了解，选择好换水和补充水的地点。

（5）人员配备。运输前必须做好人员的组织安排，分工负责，互相配合，各个环节互相衔接，做"人等苗到、田等苗放"。

2. 运输方法

（1）苗种运输工具。凡是可以盛水的器具都能作为运输鱼虾蟹苗种及鱼类的工具，如桶、塑料袋、大帆布桶（袋）等。桶有木桶、专用鱼桶（用竹篾制成，桶内贴上特制的油纸防漏水）。大帆布桶可以折叠，用竹棍支撑绑牢固定在汽车、拖拉机上。

（2）鱼类运输中的关键是不能缺氧。要有充足的氧气才能使密集的苗种、鱼类不会因氧气不足而死亡。要保证氧气充足的关键是振动水体，水体一振动氧气就会自动进入水中。只要保持运输桶的振动，就能够满足桶中鱼类苗种对氧气的需要。因此，只要运输工具在不停地前进，就能够造成水体振动，就有氧气的补充。渔民挑着苗种，缓慢前进，水体不停地微微振动，就给鱼类增氧了。

（3）必须注意运输鱼类苗种时，不能停步。如果一停止，静止不动，空中氧气难以进入水中，鱼类马上缺氧就会浮头，如不充氧就会死苗。

（4）现在运送鱼类苗种，用塑料袋充氧气的办法安全、省事、方便。用飞机、火车、轮船都可运输，提高了运输中的成活率，这种办法可以用纸箱包装，长途运输，仍然十分安全。

3. 注意事项

运输中要随时注意水温、水质、溶氧量以及苗种的健康程度等，保证鱼类苗种运输成活率和健康。

（1）注意溶氧量。运输过程中必须密切关注水体中的溶氧量变化，防止苗种缺氧，尤其是在开放式运输中，始终要保持水中有足够的溶氧量。当发现小苗浮头严重或水中泡沫过多，水质恶化时，应注意换水、击水、送气和淋水。①换水，换水量为原水量的1/3～2/3，换入的新水清新无污染，新水温度与装苗种容器的水温不能相差太大，运输鱼种温差不超过2℃，运输鱼苗温差不超过3～5℃；②击水、送气和淋水，开放式运输中，如换水困难，可采用击水送气或淋水等方法以增加溶氧量。

（2）注意水温。温度与鱼类的活动及耗氧率关系密切，水温升高，鱼类的代谢和活动加强，耗氧率也增加，水中溶氧量降低。所以选择在低温条件下运输，降低耗氧量，提高成活率。在长途运输过程中要注意换水，换水时温差的变化控制在3℃以内，否则会造成成活率大幅下降。

（3）注意水质。水质对鱼类影响很大。运输水必须选择水质清新、含有机质和浮游生物少、中性或微碱性、不含有毒物质的水。长途运输中，只可适当投饵，不宜喂得太多，以免水质恶化，同时要及时清除沉积于容器底部的死苗、粪便以及剩余饵料等脏物，因这些脏物会腐败分解，加速水质恶化，用吸筒或虹吸管清除即可。

（4）注意苗种状况。在运输过程中要经常观察苗种的活动情况，看它活动是否正常，如发现苗种散游乱窜，无一定方向或浮于水面，应及时判明原因，采取换水等措施加以解救。体质瘦弱，受伤或有病的苗种，对缺氧、水质变坏和途中剧烈颠簸的忍耐和抵御能力差，经受不住长距离长时间的运输，运输的成活率很低。

（三）苗种放养

1. 放养规格和密度

苗种放养时，要根据苗种的规格和密度、预计收获产品的规格和产量等进行综合考虑。苗种放养密度大则培养的成品规格小，苗种放养密度小则培养的成品规格大。同时稻田生态条件、水利水质条件也限制着养殖密度，影响着养殖方法。气温高、生长期长的水稻品种，养殖条件好的稻田可多放；气温高、生长期短的水稻品种，稻田条件一般的情况应酌情少放。

（1）水源好坏、水体的深浅。稻田如果进水方便，稻田鱼坑、鱼沟深而大，储水量大，这种水源丰富处可以多放。因为这种水田浮游生物丰富，溶氧丰富。反之，水体浅，储水量少，溶氧少，就不能多养。

（2）田间土壤肥沃与否，各种生物丰富与否。在肥沃的田间，饵料丰富，这种田里如果水源良好，放养量可大点。反之，如果水源不丰富，土壤又不肥沃，田里很贫瘠，这种稻田应降低放养量。

（3）管理水平及养殖目标。条件好、目标高、精细管理，可多放；条件差、粗放经营，可少放。据经验分析，亩产成鱼 100kg 的目标，放养总量为 13～17kg，其中有 50～100g 重的草鱼、鲤、鲢、鳙，总尾数为 250～300 尾；亩产 50kg 的目标，放养总量为 7～10kg，尾数为 120～150 尾。

2. 放养时间

苗种放养要做到当年苗种力争早放，一般在秧苗返青后即可放入，早放可延长鱼类在稻田中的生长期；放养隔年苗种不宜过早，约在栽秧后 10 天左右放养为宜，放养过早鱼类会吃秧，过迟对鱼、稻生长不利。二龄鱼种指 10cm 以上，一般在 6 月份放养，夏花指 3cm 以上，一般放养时间为 4 月下旬到 6 月初。

3. 放养注意事项

稻田养殖，如用化肥作底肥的稻田应在化肥毒性消失后再放苗种，放苗种前先用少数苗种试水，如不发生死亡就可放养。

放苗种时，要特别注意水温差，即运鱼器具内的水温与稻田的水温相差不能大于 3℃，因此在运输苗种或器具中，先加入一些稻田清水，必要时反复加几次水，使其水温基本一致时，再把苗种缓慢倒入鱼坑或鱼沟里，让苗种自由地游到稻田各处。

选晴天上午投放。晴天的上午 9 时以后，气温升高，水温不低，稻田里的水温基本上下一致，这时放苗种，容易适应环境。

雷雨天、阴天，气温不稳定的时候，不能放苗。气温不稳定，水温也不稳定，苗种容易着凉患病，造成死亡。

二、饵料投放

稻田种养是利用稻田里自然生长的饵料生物来养殖各种经济动物，这是一种一田多用的增产措施。但是，稻田的饵料生物毕竟有限，且营养不全，因此，在养殖过程中，常常需要补充投喂另外的人工饵料，用以促进稻渔双丰收。实际生产中，稻田种养存在不投饵和适当投饵两种方式，不投饵即纯粹利用稻田天然饵料，适合田块小、难以挖深、未经改造的且远离住宅区的一些偏远山区的稻田，苗种放养密度小；适当投喂农家饲料（青料、玉米粉、米糠、豆饼、浮萍等）和配合饲料，适合苗种放养密度较大的稻田，产量较高，是目前稻田种养的主要做法。

1. 投喂原则

根据放养的苗种种类、食性及其数量，按"四定"投饵法，即"定时、定点、定质、定量"。

（1）定时投喂。在固定的时间进行投喂，一般每天上午 7～9 时投喂 1 次，下午 3～4 时再投喂 1 次，当天吃完，浮萍不要超过凼坑的 30%，

（2）定点投喂。每次投喂的地点要一致，方便鱼类取食，同时还要设多个投喂点，以保证所有的鱼都能吃到，一般在四个角落、分别设投喂点。

（3）定质投喂。在各个时期投喂的饵料要保证质量，草料要鲜嫩，精料无霉变，粪肥要经过发酵处理。

（4）定量投喂。每次投喂的饵料数量要固定，防止鱼吃的过饱或太少。配合料或草料的投喂原则是一般配合料占养殖动物总体重（根据大小估算）的 5% 左右，草料占草食性鱼类总体重的 20%～30%，并根据天气、鱼类的吃食情况增减，以免不足或过多浪费而影响水质。

2. 水草种植

稻田种养模式应符合生态循环的原则，提倡尽量少投饵料、不投配合饲料。很多养殖的经济动物以植食性为主，同时喜欢水草生长的环境，如水草即是小龙虾良好的天然植物饵料，又可为小龙虾提供栖息、隐蔽和脱壳场所。因此稻田种养尽可能利用天然饵料，特别是在连作、轮作阶段，非水稻生长的季节，种植水草可为养殖动物提供良好的生活环境和饵料来源。水草种植直接关系到小龙虾质量及产量，适合养殖小龙虾的水草有伊乐藻、轮叶黑藻、菹草、金鱼藻、聚草、苦草等沉水植物，水花生、水葫芦、浮萍等漂浮植物和空心菜等经济蔬菜。

稻田田面可选择移植菹草、伊乐藻等沉水植物和浮萍等漂浮植物，面积比例各占 20%；围沟内移植水草可多样化，沉水植物控制在 40%～60%，漂浮植物控制在 20%～30%。养殖小龙虾一定要做好水草的搭配和管理，保证小龙虾在整个生长阶段都有鲜活的水草。

3. 常见养殖的投饵

稻田养殖需要补充投饵，饵料应根据投放的鱼种来决定，因鱼种的大小、生活习性不同，不能一概而论。根据鱼种种类和个体大小，对应准备相应的饵料。具体投饵方法可参考后续种养模式等章节，这里做些举例介绍。

（1）草鱼。草鱼补充投喂的饵料有菜籽饼、米糠、麦麸和青饲料，如果是 3cm 以下的草鱼最好是补充浮游生物，在田中勤施肥，每次施清淡肥，培育浮游生物喂苗种（其他苗种也可用这种方法，还可用水浮莲、水花生和水葫芦打浆投喂；3～6cm 长的草鱼种，除培育浮游生物外，还可加投水蚯蚓、芜萍、小浮萍和细绿浮萍；6cm 以上的草鱼种加投嫩水草；7cm 以上的草鱼完全以吃草为主，加投牛羊吃的各种旱草。

（2）田螺。田螺食性杂，除摄食天然饵料外，可适当投喂一些青菜、豆饼、米糠、蚯蚓等，还可投喂其他动物内脏、下脚料等。饵料应新鲜，仔螺产出 2 周即可投饵；投饵时，应先将固体饵料泡软，把鱼杂、动物内脏、下脚料等剁碎，再用米糠或麸拌匀后投喂；每天投喂 1 次，投喂时间一般在每天 8～9 时为宜，日投喂量大致为田螺总重的 1%～3%，并随着体重的逐渐增长，其食量可适当调整；对一些较肥沃的稻田，也可不投饵，让其摄食水中的天然浮游动物和水生植物。当温度低于 15℃或高于 30℃时，不需投饵。

（3）罗氏沼虾。罗氏沼虾在适宜生长温度下，新陈代谢旺盛，摄食量大，生长快，需要的饵料量多。因此，在饲喂过程中，要坚持定量、定质、多点、分次投喂，并根据季节、天气、水质及虾的生长情况适时调整，掌握合理的投喂量。一般情况下每天上午、下午、晚上各 1 次。罗氏沼虾虽然是杂食性动物，但尤喜食动物性饵料，对饵料的要求比较高，在幼虾饲养期，要求投喂的饲料蛋白质含量在 35%～40%，成虾养殖期要求饲料的蛋白质含量为 25%～30%，可用螺蛳蚌肉、小杂鱼饲喂。

（4）小龙虾。遵循"定时、定点、定质、定量"四定原则和"看天气、看生长、看摄食"三看原则。小龙虾活动范围不大，摄食一般在浅水区域，所以饲料应投在四周的平台上。当夜间观察到有小龙虾出来活动时，就要开始投喂。早春3 月份以动物性饵料或精料为主，高温季节，以水草和植物性饵料为主。投饵量根据水温、虾的吃食和活动情况来确定。冬天水温低于 12℃，小龙虾进入洞穴越冬，夏天水温高于 31℃，小龙虾进入洞穴避暑，此阶段可不投或少投；水温在 17～31℃时，每半月投放一次鲜嫩的水草，如苲草、金鱼藻等 100～150kg/亩。有条件的每周投喂 2 次鱼糜、绞碎的螺蚌肉 1～5kg/亩。每天傍晚投喂一次饲料，如麸皮、豆渣、饼粕或颗粒料等；在田边四周设固定的投饵点进行观察，若 2～3h 食完，应适当增加投喂量，否则减少其投喂量。另外要经常观察虾的活动情况，当发现大量的虾开始蜕壳或者小龙虾活动异常、有病害发生时，可少投或不投。

（5）其他。给鲢、鳙、鲤、罗非鱼补充的饵料为人工配合饵料。也可单喂豆渣、豆饼粉、菜籽饼粉、糟糠、酒糟、麦麸、米糠、鱼粉等。给肉食性鱼类如鲇、乌鳢应补充动物性饵料，应投在鱼坑中，定时投喂，每天上午 7～9 时投喂 1 次，下午 3～5 时再投喂 1 次，当天吃完，浮萍不要超过鱼坑的 30%。

4. 注意事项

（1）鱼种的规格大小。刚放水花的最初几天，分上、下午各喂 1 次豆浆，用量为每万尾 0.2kg 左右。随着苗种长大至 1.5～2cm 时，投喂一定量的麦粉、菜枯粉，同样分上、下午两次投喂。长至 3cm 以后，可投配合颗粒饲料和细绿浮萍、米糠等。

（2）天气变化。晴天，水深，鱼体健壮，可多投喂。阴天、闷热、水浅要少投喂。投饵总的原则应掌握"四多四少"，即：天气好多投，阴雨天少投或不投；水质好多投，水质不好少投；水温适宜时多投，高温时少投；晚上多投，白天少投。

（3）鱼类的进食情况。投喂的饲料很快吃完，第二天可适当增加投喂量。鱼吃食不快，甚至还有残饵，应适当减少投喂量。

三、日常管理

稻田种养模式中动物养殖和池塘等大水体养殖不同，一方面水体环境不稳定、变化大；另一方面种稻与养殖常常会遇到矛盾。因此，养殖动物的日常管理要注意突发事件，如水体变化、鱼病发生、农事操作的矛盾等。稻田养殖期间一般要求每天巡田，对水温、水质、鱼类健康情况等进行检查和记录，能及时地处理出现的问题，使损失最小化。

1. 稻田环境的日常巡查

稻田种养动物的管理要注意日常巡查，稻田环境的日常检查内容是多方面的。

（1）水位巡查。注意突发事件，如天气突变、狂风大作、山洪暴发时都会冲垮田埂，要加强维修，时刻提防意外事故发生而造成损失。平时注意进出水口的安全，平水缺（控制水位高低的自动排水口）是否合适，稻田水位高低是否恰当。

（2）沟坑巡查。沟、坑是鱼类的通道，游泳觅食的场所，应保持畅通，常疏通防止堵塞，影响鱼类吃食。日常管理时，要不断地把沟坑里的异物及时取出，因异物既坏水又淤塞通道。

（3）水温巡查。注意水温，稻田水浅，在炎热的夏天，如加水不到位，会造成水被晒烫、晒热，致使鱼类不吃食；水温过高还会造成鱼死亡。因此，要管水调温，如在水源充足处，可加高水位，或让水在本田循环流动，流动的水生风降温。

（4）水质巡查。保持水质，适时投饵，注意防病害水坑中的水色为绿豆汤色或油绿色为好，形象描述像树叶的绿颜色一样最好。水色发黑、发灰、发白都不行，要加水稀释或换水，投饵时加喂大蒜防病与治病。

2. 养殖动物的日常检查

养殖动物的取食、戏水、活动都反映其生长状况，因此，可经常检查稻田养殖动物的活动情况。

（1）体质检查。检查养殖动物个体的体质好坏，要看它的动向。如不爱吃饵料，就可能有病，要么饵料不适口，要么饵料变质；又如水体深度不够或天气突变、雷雨闷热，会形成缺氧，浮头嚎水，这时要采取办法加水补救；再如水质太肥，田坑中气泡不断，气泡对小苗种来说，会误食而影响健康。

（2）鱼病检查。未患病个体水面上看不见，全在水中游泳与吃食，只有在投喂后出水抢食欢快；患病个体的动向比较特别，有病时如果是细菌性疾病，往往无精打采，在水的下风处漂游，身体变色，或变黑，或变白，或头嘴变白，或皮肤局部变白等；如果身上、鳃上、鳍条上有寄生虫，寄生虫对它们起骚扰作用，会造成病鱼烦躁不安、坐立不定，在水中冲上冲下，忽而打圈，忽而水面狂游，用以摆脱害虫的叮咬；其行动没有规律，所以当发现个体的行为有变化时就应引起注意，要采取措施解决。

（3）取食检查。观察研究投饵取食情况，很快吃光，说明饵料不足；一般抢到 1h 左右养殖动物见饵不抢，说明已吃饱，不要再喂，吃八成饱最好。喂多了浪费又坏水，喂后不吃要引起注意。

3. 养殖管理注意事项

种稻与养殖常常会遇到矛盾，如鱼类大小不同阶段的需求、水稻不同生产环节（栽秧、割谷、晒田等稻作）的需求，鱼类有时需要转田暂养、捕捞等，捕捞前有四个问题要注意。

（1）雷雨天、闷热天不要捕捞，这种天气由于大气压低，很容易造成水中氧气外溢，捕捞更容易引起缺氧，造成鱼类死亡；另一个原因是天气热，鱼的活动能力强，又增强了氧耗，加速了死亡。

（2）个体弱时不要捕捞，由于身体瘦弱，经不起高温季节捕捞的扰动，容易死鱼。

（3）浮头时不要捕捞，鱼浮头，说明水体中氧气不足，鱼因缺氧而虚弱，继续捕捞导致更加缺氧，死亡更快。

（4）饱食后不要捕捞，鱼吃饱后腹部膨大，行动相对不便，此时捕捞有损健康。

一般趁低温、鱼的活动能力减弱时、鱼不过饱时、不缺氧时捕捞最好；但是在整个稻田养殖期间气温都很高，鱼起捕要选天气变凉的大清早进行最好；天凉鱼的活动能力弱，耗氧少，死亡率低。同时，在起捕前要做好一切准备，动作轻快而迅速，避免时间久，造成死鱼。

四、鱼病防治

稻田养殖中鱼病发生较少，因为稻田水质清新，含氧量高，放养密度较低，天然饵料多，同时稻田病原体少，所以相对来讲，个体抗病力强，不容易生病。但是稻鱼共生系统是一个开放的系统，也容易受到外来病原、大型敌害和陆地的各种小型敌害的侵袭，影响鱼类的健康生长。因此，必须在养殖过程中把好施肥、用药等各个关键环节，做好预防治疗工作。预防工作主要是保证下水前苗种的健康，供给的水和饵料的质量安全无害，遵循稻田养殖的用药原则；日常管理中则要注意提高鱼类的自身免疫力，减少病害的发生；治疗工作则是指病害发生时，要及时进行处理，防止病情进一步恶化，遏止在发病初期。稻田养殖病害防治是以防为主，以治为辅。

（一）疾病发生因素

鱼类疾病，是指个体在一定条件下，由致病因素引起的，干扰了个体正常生命活动，表现对外界环境变化的适应能力降低、产生一系列的症状表现。鱼病的主要成因包括自然因素、内在因素和病原生物因素。在鱼病发生的流行季节——春季，气温回升，各种有害病菌、寄生虫打破休眠，大量繁殖，而且稻田春季水浅，水温变化幅度比较大，春季的捕捞、运输、放养活动较多，常因操作不当，诸如动作过重，使用的饵料、肥料或者网具不洁等，使鱼体表面受到损伤或者接触病原体，导致鱼患水霉病、赤皮病或细菌性烂鳃病等，这都是鱼病易发的因素。

1. 自然因素

（1）水温变化。鱼类属于冷血动物，体温随外界环境条件的改变而改变。水温急剧升降时，鱼体难以适应而发生病理变化，影响抵抗力，从而导致各种疾病的发生。此外，各种病原体也随温度变化产生侵染，在一定温度条件下病原体在水中或鱼体内大量繁殖，导致鱼生病。

（2）水质变化。水体中某些理化因子的变化超过一定范围都能直接导致水质的变化。若水质不良，既会导致鱼类抗病力下降，又会促使病原微生物的大量繁殖引发鱼病。如果水体中有机物质过多，微生物分解旺盛，需要消耗水中大量氧，有的还会释放出大量有毒物质，引起鱼类中毒死亡。

2. 内在因素

一般来说，鱼类自身体质好，抗病力就强，即使有病原体存在，也不易生病，相反体质差，则容易生病。不同鱼类对同种病原体的敏感性不一样；同种鱼类在不同生长发育阶段对病原体的敏感性不一样；同龄鱼免疫力不一样，发病的概率也不一样。鱼类的抗病力与其机体本身的内在因素有关，缺乏机体必需营养元素或长期处于饥饿状态、应激状态都会使得鱼体的抗病能力下降。此外，由于养殖操作过程中造成的鱼体表面受伤，也使病原体等有机可乘。

3. 病原因素

病原生物是导致疾病发生的重要条件，由病原生物侵害引起的水产动物疾病已近千种，包括病毒、细菌、霉菌、藻类、原生动物、蠕虫等。这些病原体广泛存在于自然界里，一般情况下并不会使鱼得病。只有当病原体具有一定的致病力或毒力，且在环境和鱼体上达到一定数量，或养殖鱼类抗病力减弱时，才可能导致鱼类生病。病毒引起的疾病，如草鱼的出血病、鲤春病毒血症、鲤痘疮病等；细菌引起的疾病，如细菌性败血症、赤皮病、烂鳃病、白头白嘴病、竖鳞病、河蟹红腿病等；真菌引起的疾病如水霉病、鳃霉病等，这种疾病一般情况下不暴发，一旦暴发，情况都比较严重。

（二）鱼类疾病预防

稻田养殖要想保证养殖产量，重点还是要以防为主，防重于治。一方面注意消毒、阻隔病原，另一方面注意日常管理，充分利用稻田水质清新、含氧量高、放养密度低、天然饵料多、病原体少等优势，加强水质管理，提高养殖的免疫力。

1. 消毒处理

（1）大田消毒。苗种放养前要对稻田进行清整消毒，特别是多年养殖的冷水田、烂泥田，一般在沟坑挖好后就消毒。消毒药最好用生石灰，它是天然消毒药品，用后药性消失，不留残毒，不污染环境，既可以杀灭细菌、病毒、寄生虫等病原体，还可增加土壤中的钙肥，疏松土壤，改善土壤的团粒结构，增加透气性，提高水稻产量。

（2）苗种消毒。苗种放养前，要用药物消毒，杀灭苗种的病菌和寄生虫，常用消毒药物有硫酸铜、漂白粉、高锰酸钾、敌百虫、食盐等。在消毒过程中要注意苗种的大小、个体的重量与药液的比例。为了确保苗种不因消毒药液中氧过多造成用药浪费，具体比例视鱼在水中耗氧率、浸种时水温、浸种时间长短而定。

（3）食场消毒。食场是鱼类吃食的地方，残饵和鱼类的排泄物较多、病虫害容易滋生，要经常打扫干净，消灭病菌。每隔 7～10 天左右用漂白粉 250g，溶水 10～12kg，拌匀后均匀泼洒在食台，如果食台设在鱼坑内，可在食场边进行药物挂袋预防，在毛竹架上装 2～3 个竹篓，每篓装漂白粉 100g，一半浸在水中，连挂 3 天，每天换药 1 次。硫酸铜、硫酸亚铁合剂，每月 1～2 次可防中华鳋、车轮虫、隐鞭虫等寄生虫，用量每袋装硫酸铜 100g，硫酸亚铁 40g，每天换 1 次，一周 3 次。用中草药浸挂效果也不错，常用中草药有青松毛、枫树叶、苦楝树叶、乌桕等，每月在食场浸挂 1～2 次对预防锚头鳋、车轮虫、烂鳃等有效果，药要新鲜，浸 5～6 天后要取出。

（4）饲料肥料消毒。青饲料消毒，如果青饲料比较脏，可在 6mg/kg 漂白粉溶液中浸 20～30min 捞出投喂；菜籽饼脱毒，可进行简单脱毒处理，即在清水中浸 10h 后捞出与麦麸混合喂鱼，用热水浸泡，可缩短时间。

（5）工具消毒。用过的鱼网等捞鱼工具经常在太阳光下暴晒，或者用 5%盐水浸泡 0.5h 消毒。

2. 管理调节

（1）培育水质。水质的好坏对鱼类的生长发育影响很大，良好的水质环境是预防疾病的基础。严格控制水源，防治污水流入稻田，必要时对水质监测。根据天气、水色的变化以及鱼类的活动情况，经常加注新水，适时增氧，保证水质清新，氧气足。同时做到合理施肥，并使用改善水体环境的微生物制剂，如光合细菌、有益微生物菌种 EM、利生素、芽孢杆菌等，净化水质，降低水中氨氮，调节水质。

（2）调节土壤。稻田施放有机肥料和鱼类粪便等排泄物以及投饵等，导致稻田中有机酸增多。有时，稻田水 pH 可能小于 7，不利于鱼类生活，也容易滋生病虫害，可施用生石灰调节。一般每亩用生石灰 25kg，均匀撒于田表，再耙平，有利于土中有机物的分解和土壤酸碱度的调节。

（3）合理投饵。水温适宜时及早投喂饲料，开始时投喂营养价值较高的精饲料，以使鱼类早开食、早恢复体质，增强抗病力。在投喂饵料时，保证饵料的质量，避免投喂霉变、变质的饲料原料。同时开春时要根据天气变化和温度变化，适时调整饲料的投喂次数和投喂量。

（4）正确投苗。选择健康的苗种，并保证苗种放养前的健康状况，以及适宜的水温；同时放苗要选择天气晴朗的日子，有风的天气应在上风处放苗；下水时将盛苗种的容器倾斜于水中，让苗种徐徐游出，避免苗种受到损伤。

（三）鱼类疾病治疗

稻田里养殖的鱼类一旦发病，如果得不到及时处理，病情将迅速蔓延，严重影响养殖产量。因此，除了积极预防外，治疗也是养殖过程中的一项重要技术。治疗过程中不仅要考虑水生生物自身的因素，同时要考虑周围的环境因素，即要求对使用主体对象和水域其他生物的毒副作用小，在水域中降解快、滞留短、蓄积少的渔药，使用符合国家有关规定的渔药。渔药使用不当时，可直接或间接地影响人体和动物机体健康或环境与生态。

1. 渔药的类型

渔药按成分、作用及用途可分为化学药、中药、生物制品等，根据药物的功效一般有环境改良剂、消毒杀菌剂、抗微生物药、杀虫驱虫药、代谢改善和营养剂、中草药、生物制品及其他辅助性药物等。实际上某些药物具多种功用，如石灰和漂白粉既具改良环境的功效，又有消毒的作用。

（1）消毒杀菌剂。主要用于防治鱼类细菌性疾病。常用的有漂白粉、漂白精，二氯异氰尿酸钠、三氯异氰尿酸、二氧化氯、二溴海因等。

（2）驱（杀）虫剂。用于杀死鱼体内外的鞭毛虫、纤毛虫、吸管虫和鱼鳋等寄生虫。常用的品种有硫酸铜、硫酸亚铁、敌百虫、福尔马林等。

（3）抗微生物剂。包括抗生素类、磺胺类、喹诺酮类等药物。磺胺类药物易在动物产品中形成积累，应谨慎使用。

（4）疫苗及生物制品。国内使用最多的是草鱼注射疫苗。

（5）中草药。将中草药原料煎汁提取有效成分，泼洒到养殖池中或粉碎后拌入饲料中使用。

（6）微生物制剂。主要是光合细菌和芽孢枯草杆菌等有益微生物。

2. 渔药的使用方法

（1）合理选药。养殖鱼类一旦发生病虫害，应根据病原体的发生规律和生活周期对症用药，同时根据所用药物的性质合理用药，以增加用药效果，防止滥用渔药，避免盲目增大用药量或增加用药次数、延长用药时间。根据药物的拮抗性和协同性来确定药物的使用方法和使用剂量。还应尽量避免使用富集性很强的药物，如硝酸亚汞、福尔马林等。

（2）正确操作。渔药使用方法分三种，有挂袋法、药浴法和全池泼洒法。挂袋法用药浓度应控制在最低有效浓度与回避浓度之间；药浴法每次药浴的水产动物数量不能太多，最好先用小批量试验；药水配制后只能用一次，药浴后连药水一起倒入坑中；药浴容器不能使用金属容器；全池泼洒法要精确计算水体体积，不能超量使用药物，以防止药害；泼洒药物时应兑水充分，面积较大的鱼池最好用船全池均匀泼洒。

（3）谨慎用药。严禁使用国家法律法规明令规定的禁用药物，另外还要根据养殖鱼类自身特点对症下药。渔业用药使用准则要严禁使用高毒、高残留或具有"三致"（致癌、致畸、致变态）毒性的渔药，严禁使用对水域环境有严重破坏而又难修复的渔药，严禁直接向养殖水域泼洒抗生素，严禁将新近开发的人用新药作为渔药主要或次要成分。

（四）其他敌害及防护

稻田养殖中除微生物、病毒、细菌、寄生虫等病害以外，还有如鸟、鼠、蛇、野猪、水生昆虫等敌害，对稻田养殖动物危害极大。

1. 鸟类

稻田养殖的鸟害有苍鹭、鹰、红嘴鸥、翠鸟、麻雀等，一般可通过人为驱赶或利用装置诱捕器捕捉。目前常用措施是在种养稻田四周立桩拉网，在田中立稻草人，或是在田中养萍，使鸟看不见鱼类而达到防鸟目的。实际生活中通常是几种方法并用以达到较理想的效果。

2. 鼠类

水稻区的主要鼠害有褐家鼠、黄毛鼠、小家鼠等，它们不但咬断稻株吃穗，而且捕食田中养殖的鱼类，可用鼠药或老鼠夹进行杀灭或捕获，使用时要注意人畜安全。

3. 蛇类

主要蛇害有水蛇、银环蛇、水赤练蛇等，可用网围不让蛇类进入大田，如果进入大田，可采取人为捕捉方法杀灭。对于水蛇来讲，也可用"灭扫利"除之，但要注意鱼安全。具体方法可在放养前用"灭扫利"进行带水清田，并注意周围田安全，以免因毒水流入周围稻田将鱼类毒死。

4. 昆虫类

危害稻田的水生昆虫主要有水蜈蚣、田鳖、松藻虫、红娘华等，这些昆虫可用敌百虫杀灭。方法是，每立方米水用90%敌百虫0.5g泼洒。稻田的蚂蟥常用吸盘吸住鱼类的眼睛，使之发炎以至眼球脱落，严重危害田鱼，影响成活率，农民的做法是养殖稻田在翻耕施肥后每亩用生石灰50kg溶化成浆遍洒，并在田埂四周多洒浆水，消灭蚂蟥。

第四章　稻田种养的模式及技术

第一节　稻田养鱼模式

一、稻田养鱼模式特点

（一）稻田养鱼模式的发展变化

稻田养鱼是一种淡水鱼类饲养方式，在我国是世界上最早开展稻田养鱼的国家，其生产实践活动可以追溯到公元前 400 年。长期以来，稻田养鱼主要分布在某些偏僻山区，技术水平和产量都很低。中华人民共和国成立后，我国稻田养鱼面积发展很快，曾经达到近 67 万 hm^2 的规模；但随后因为农村土地政策和耕作制度的变化以及化肥、农药用量的增加，稻田养鱼面积大幅度下降。直到改革开放以后，才又逐步恢复。1986 年全国稻田养鱼达到 100 万 hm^2 以上。国外开展稻田养鱼最早的国家是日本，已有约 100 年历史；印度、马达加斯加、苏联、匈牙利、保加利亚、美国等于 20 世纪初也先后开始稻田养鱼的实践活动，但以印度尼西亚、马来西亚、菲律宾和印度较为盛行；非洲部分国家也于近年开始发展稻田养鱼。

我国稻田养鱼的历史大致可以分为以下几个阶段。

第一，朦胧阶段。中华人民共和国成立前，处于自然经济状态下的少数农户在水源充足的条件下的养殖，受当时生产力水平的约束，稻田水层浅薄、无沟坑结构，单季稻作、养鱼时间短、饵料不足，只养殖小规格的鲤，亩产仅几千克，面积小、不能形成规模，主要供自家食用。

第二，始发阶段。从 20 世纪 50 年代开始，养鱼稻田开始出现鱼沟和鱼溜，其比例不到 1%；养殖鱼种扩大到草、鲤、鲢、鳙四大家鱼，且实行混养，随着水层的加深，鱼苗的规格变大、放养量增多，亩产量也提高到 10kg 以上，全国推广面积达到 1000 多万亩，水稻增产 5%左右。

第三，技术发展阶段。20 世纪 60 年代至 70 年代，由于指导思想的原因，以及化肥和农药的使用增加与养鱼之间产生的矛盾，稻田养鱼严重萎缩，总面积不足 100 万亩，养殖方式有了不少发展，主要表现在耕作制度的改革和鱼类新品种的引进。随着单季改双季和耐淹、抗倒水稻品种的育成，出现了两季连养法、稻田夏养法、稻田冬养法等多种养殖方法，鱼沟、鱼溜的面积也扩大到 3%～5%，养殖的鱼类品种也出现了耐低氧、耐浑浊、食性杂、生长迅速、适应稻田生态环境的罗非鱼，还有鳟、鲅等。与此同时，稻田养鱼和池塘养鱼的配套技术，稻田养鱼为池塘提供大规格鲤、鲫、鲢、鳊、青鱼等。

第四，现代稻田养鱼模式的形成。20 世纪 80 年代以后稻田养鱼技术模式进一步得到发展，首先田间结构的改变，田间设置鱼沟、鱼坑技术应运而生，稻田中鱼沟、鱼坑面积占到 10%左右。田间鱼苗投放量增加、投放鱼饲料量增加，鱼产量和商品率显著提高，亩产可达 30～50kg。

（二）稻田养鱼的优势及特点

稻田养鱼，鱼以浮游生物和田中杂草为食，不但不与水稻争肥，其粪便还是水稻可利用的优质有机肥料；稻田里养鱼，在水中生活或掉入水中的害虫可被鱼捕食，从而减轻水稻受害的程度，减轻化学农药的使用量，减缓空气污染物对农田环境的污染，是生物防治的措施之一；稻田养鱼还能够起到改善农田环境，维持生态平衡的作用。因此，稻养鱼、鱼养稻，稻米之田变成了"鱼米之田"，其优势和特点表现为以下几方面。

第一，稻田养鱼可以促进水稻增产。稻田养鱼是一种内涵式扩大再生产，是对国土资源的进一步挖掘和利用，无需额外占用耕地的条件下生产水产品。大量实践表明，发展稻田养鱼不仅不会影响水稻产量，还会促进水稻增产，养鱼的稻田一般可增加水稻产量 5%～10%，较高的增产 14%～24%。

第二，稻田养鱼可为社会增加水产品供应，丰富人们的"菜篮子"。在江苏、四川、贵州等地，稻田养鱼已成为当地水产养殖的主要方式之一。稻田养鱼这种生产方式能够做到均衡上市，对于稳定水产品供应，平抑市场价格，满足"菜篮子"需求，改善人们膳食结构起到重要作用。尤其是在一些水资源缺乏且交通闭塞的地区，发展稻田养鱼，就地生产，就地销售，可有效地解决这些地区长期"吃鱼难"的问题。

第三，稻田养鱼可以使农民增收。稻田养鱼既增粮又增鱼，稻田可少施化肥、少喷农药，节约劳力，实现增收节支，据研究，一般养鱼稻田每亩可使农户增加收入 220 元，实施高标准的稻鱼工程进行稻田养鱼，每亩可增加 350 元。利用稻田养殖名特优水产品及进行稻-鱼-菇三元复合养殖，每亩稻田增收可超过千元。

第四，稻田养鱼促进了生态环境的优化，增强了抵御自然灾害的能力。稻田养鱼，相应加高加固田埂，开挖沟凼，大幅增加了蓄水能力，有利于防洪抗旱。在一些丘陵地区，实施稻鱼工程，每亩稻田蓄水量可增加 200m^3，大幅增强了抗旱能力。对一些干旱较多的缺水地区，养鱼的稻田由于蓄水量大，可以有效地延缓旱情。稻田养鱼对环境的改善作用还表现为良好的灭虫效果，据试验研究，养鱼的稻田比不养鱼田蚊子幼虫密度低 80%，稻田养的鱼食用了大量的蚊子幼虫和螺类是主因，由此，可降低疟疾、丝虫病及血吸虫病等严重疾病的发病率。

（三）稻田养鱼的模式规范

我国稻田综合种养主要是在传统稻田养鱼的基础上发展演变过来的，稻田养鱼适应性比较广，平原湖区、山区、丘陵岗地等有分布，除了平原高产稻田外，梯田、山垄田、烂泥田（冷浸田）等可养鱼。因此，稻田养鱼的田间工程复杂多样，可因地制宜开挖田间工程。目前，规模化生产上多采用在稻田中挖鱼沟、鱼溜或鱼凼，在进出水口设置鱼栅的方式进行（图 4-1a，b），在冷浸田可采用垄稻沟鱼模式（图 4-1c，d）。

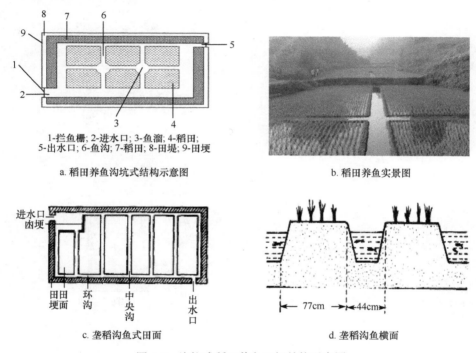

1-拦鱼栅; 2-进水口; 3-鱼溜; 4-稻田;
5-出水口; 6-鱼沟; 7-稻田; 8-田堤; 9-田埂

a. 稻田养鱼沟坑式结构示意图

b. 稻田养鱼实景图

c. 垄稻沟鱼式田面

d. 垄稻沟鱼横面

图 4-1　沟坑式稻田养鱼田间结构示意图

实际生产中有单季稻养鱼、双季稻养鱼，也有冬闲田养鱼，其技术流程见图 4-2。单季稻养鱼，多在中稻田进行，从 5～8 月份，生长期约 110 多天，此时正是鱼的生长旺季，若养水花（草鱼），应于秧苗返青后鱼开口时放入，8 月份可长到 7cm 左右；若养成鱼，应放 10cm 以上的大鱼种。单季稻养鱼应尽量争取早放，延长生长期。双季稻养鱼可把鱼坑挖大，挖深 1～2m，准备第一次割稻时好放鱼进坑继续暂养；第一次放鱼在秧苗插后返青时，把鱼苗放入田坑中，随着加深水位，鱼苗由坑走向沟，由沟走向大田，实行满田放养，一直养到割谷为止，割谷前稻田降低水位，让鱼进鱼坑继续养殖，如果鱼坑不够用，可将鱼转塘养殖；第二次放鱼在割谷后，清整稻田时，要施足基肥，进水插秧，秧苗返青后，投放大规格的罗非鱼及草鱼苗种。冬闲田养鱼，可在秋季稻谷收割后，割稻时，留长茬，只割稻穗，接着灌深水，加高水位 60～150cm，深茬在池水浸泡下，逐渐腐烂，分解为鱼和浮游生物的饵料，就田养殖；在冬闲田里不能放养罗非鱼和淡水鲳，因这两种鱼不耐低温，放入田中会冻死，其他鱼也要加强防寒防意外，冬天温度低时可在避风处水面盖芦席，防风保暖。

图 4-2　稻田养鱼技术流程图

二、稻田养鱼技术要点

（一）稻田选择

养鱼稻田的选择标准为：一是要求土质好，具体指标有保水力强、无污染、无浸水、不漏水、土壤肥沃、呈弱碱性、有机质丰富；二是水源好，具体指标有水质良好无污染、水量充足、有独立的排灌系统（抵御旱涝灾害能力强）；三是光照条件好且附设遮阴条件，选择光照充足的田块，并在鱼沟、鱼凼上方搭建棚架，在夏季降低 35℃ 以上高温对鱼的伤害。另外，还可考虑选择空气新鲜、生态环境好的地区，为进一步建立有机稻鱼体系打基础。

（二）稻田改造

养鱼稻田田间工程建设标准主要体现在以下几个方面，一是完成好田埂的加固和修整，加高、加宽和加固田埂，一般要求田埂高 20cm 以上，捶打、夯实，并在其上安插拦鱼网，有条件的可利用混凝土硬化田埂，形成"禾时种稻、鱼时成塘"的田塘优势，土埂则采用加宽的田埂种植小米草、苏丹草等草食鱼类的青饲料；二是挖好鱼沟、鱼凼，在田埂内侧四周及田中心挖出宽度为 30～60cm、深度为 30～60cm 的环田鱼沟和"十"、"卅"、"#"、"目"等形状鱼沟，鱼沟间相互连通，在各鱼沟交叉点形成鱼溜，在相对两角设置进、排水口，并在进排水口处设置拦鱼栅，下端插入硬土中 30cm，上部比田埂高出 30～40cm，网的宽度比进排水口宽 40～60cm；设置一定面积的鱼凼，占稻田面积的 5%，由田面向下挖深 1.5～2.0m，由田面向上筑埂 30～50cm，每个鱼凼面积最好在 30～200m²，鱼凼位置以田中央或北端为宜，鱼凼是关键性设施，最好用混凝土修筑，确保牢固度和可靠性；还可用遮阳布在鱼溜上方设置高 2m 左右的遮阳棚。三是土壤培肥，一般按每亩均匀施撒 1500kg 左右、经沤制发酵腐熟的农家肥，深耕整地后备用。

（三）稻田消毒

在水稻移栽前对稻田进行清田消毒，一般撒施适量的生石灰或漂白粉，消除有害生物，消灭病原菌。插秧时按鱼沟、鱼凼水体容量计算施用，施用生石灰 200g/m³ 或漂白粉 20g/m³，方法为用水溶解后均匀泼洒，消毒后 7～10 天后方可放鱼。

（四）水稻种植与管理

一是合理栽插密度：在独立的水稻种植区，小田块一般进行人工插秧，栽培方法有点插法和垄植法，常采用宽行距和窄株距的方式，行向多为通风透光性好的东西向，点插法的行距一般为 26～30cm，株距 13～16cm，插足基本苗，每亩常规稻 4 万～5 万、杂交稻 2 万～3 万；垄植法是通过抬高田面做垄后在垄上种植水稻的方法，垄宽 26～106cm 不等，不同垄宽栽插行数不等。垄宽 26cm 插 2 行、52cm 插 4 行、66cm 插 5 行及 106cm 插 8 行。大田块可采用机插秧。二是把控稻田施肥关：施肥原则是施足底肥、控制追肥，以有机肥为主的条件下，可在整田前亩施氮磷钾复合肥 10～20kg，底肥充足的条件下一般无需追肥，即使追肥，最好使用有机肥，常采用少量多次的方法，每次亩施尿素 3～5kg，并且在追肥前应排浅田中水层，促使鱼集中到鱼凼中，等待肥料被稻根或田泥吸收后再恢复深水灌溉。三是科学使用农药防治水稻病虫害：应选择高效微毒品种，螟虫常用阿维菌素等防治，纹枯病和稻瘟病最好用井冈霉素和富士 1 号等防治，严格按说明以常量施用。四是科学管水：有效分蘖期适当浅灌、促进水稻形成较多的有效穗，其他时期可适当灌深水，以利鱼的活动，促使鱼、稻生长两旺。灌浆中后期适时排干田间水分，促进灌浆结实、改善稻米品质。

（五）鱼的放养与管理

（1）合理品种搭配，把好鱼苗种放养。一般在秧苗返青后，选择体重为50～150g、体质健壮的草鱼和鲤等品种的鱼苗，将其置入 3%～5%的食盐水中浸泡消毒 10～15min，捞出后放养在挖制的环田鱼沟和"十"字形鱼沟内，放养密度为7.5～10kg/亩。

（2）科学投放饲料，把好鱼的饲养关。稻田养鱼前期以萍、划、虫等天然饲料为主，后期以商品饲料为主，鲤、草鱼均属杂食性鱼类，人工饲料以米糠、麦麸、豆饼、菜籽饼、小麦等杂粮为主，也可投喂经过发酵的禽畜粪肥（以沼液为好）和青草，具体饲料品种依据鱼的品种和发育生长时期确定。生长前期每隔7～10 天投放一次，生长旺季增加到日投 2 次，上午 8～9 时、下午 4～5 时，投量以食完为标准。

（3）"以防为主、防重于治"，把好鱼病防治关。在鱼种放养时，必须用食盐水浸泡，避免外源病原随鱼体进入养殖稻田，引发鱼病。高温季节，按第 15 天用10～20mg/L 生石灰或 1mg/L 漂白粉沿鱼沟、鱼凼均匀泼洒 1 次，或将上述两种药物交替使用，以杜绝细菌性和寄生虫性鱼病。发现水质转黑或变浓绿，鱼类有狂游、独游、团游现象，食量下降、日出后浮水不下等征兆时，应及时缓缓排水，将鱼逐渐赶到鱼沟、鱼溜内，待鱼沟内的水位同田面相平时，停止排水。捞出几尾病鱼进行初步诊断，对症施药，细菌性疾病如肠炎、烂鳃等病，按鱼沟、鱼溜水量计算，可按每亩用菌毒克 133g，充分溶解后，用水稀释 300～500 倍后全沟（溜）均匀泼洒；寄生虫引起的疾病，施用水虫清 0.2～0.3g/m³，全沟泼洒；施药2～3 天后，向稻田灌水、复原水位。

（六）捕捞收获

捕鱼前一周，先疏通鱼沟，清除淤泥，然后缓慢放水，选择夜间排水，天亮时排干，使鱼全部集中在鱼沟、鱼溜中，使用小网在排水口就能收鱼，气温较高时，选择早、晚凉爽时间捕捞上市。

三、稻田养鱼模式的应用

（一）注意事项

（1）防逃。进排水口、田埂的漏洞、垮塌，大雨时水漫过田埂等都易造成鱼苗的逃逸，因此，养殖鱼类的稻田都要加高加固田埂，扎好进排水口。

（2）防缺氧。在稻鱼共养过程中，要经常加注新水，特别是在高温季节中，要加深水位，防止缺氧浮头，并做好每日巡视田块、检查摄食状况等。

（3）加强水分管理，解决好水稻浅灌、烤田与养鱼的矛盾。插足基本苗，通过有机肥底施以防止无效分蘖发生过快，采用轻烤田即白天排水夜间灌水的方式烤田，确保稻鱼生产双赢。

（4）解决好追施化肥与养鱼的矛盾。一般条件下不主张追施化肥，确需施用化肥保水稻产量时，应做到整体分区分段管理，先将鱼赶到分隔开的一段，薄水条件下追施化肥2天后，将鱼往回赶、交叉进行。

（5）解决稻田施用农药与养鱼的矛盾。虫害可采用灯光诱杀和生物防治相结合，病害采用生物农药预防，或选用高效微毒、无残留、不影响鱼生长发育的农药品种防治；草害则选择放养一定量的草食性鱼种加以解决。

（6）防鸟。前期结合稻田养萍，浮萍起到一定掩体遮挡作用而防鸟害；挖好鱼溜、提升水位，结合搭棚防鸟；安装水流动力驱鸟发声器；安装防鸟网或防鸟带。

（二）主要分布

我国传统稻田养鱼主要分布在西南、中南、东南各省，如四川、云南、贵州、广西、福建、浙江等省（自治区）的丘陵山区，且多为冬闲水田、冷浸田；20世纪90年代逐渐扩展到山东、湖南、河南、陕西、黑龙江等省。养殖的鱼类品种以草鱼、鲤为主，也养殖鲫、鲢、鳙、鲮等品种。

2015年全国稻田养鱼面积2250万亩，水产品亩产69kg，与2010年相比，面积增加25.4%、单产提高10.7%，自2005年开始，农业部先后在13个省（自治区）建立了19个稻鱼综合种养示范点，示范面积100多万亩、辐射面积1000多万亩，示范区水稻亩产量稳定在500kg以上，稻田增效近100.0%，农药平均使用量减少51.7%，化肥使用量平均减少50%以上，其中以四川省推广面积为全国之首，年推广面积超过460万亩。突出表现了五个"促进"，一是促进了粮食生产，提高了水稻产量；二是促进了农渔民增收，减少化肥农药使用，亩节成本30～50元，稻米品质提高带动了销售价格的提高；三是促进了产业扶贫工作的开展；四是促进了生态效益的提高；五是第一、二、三产业的融合发展。就全国稻田养鱼生产来看，总体表现为规模化、组织化程度不高，经营分散。生产面积在10亩以下的农户占15%，10～50亩的占22.0%，50～100亩的占11.0%，100～500亩的占33.0%，500亩以上的仅20.0%。87.5%的农户没有参加合作社或协会。湖南常年稻田养鱼面积220万亩以上，江苏10万亩以上。

（三）典型案例

浙江省德清县推广新型稻田养鱼模式。全县以组织实施"十二五"省重大科技专项"促养增粮模式及其应用体系研究与开发"为抓手，因地制宜、因势利导，不断加大农业科技推广和应用力度，积极探索创新农作制度，切实加快现代"两区"建设步伐。目前，该县涌现出了以稻鱼轮作为代表的种养结合、粮经结合、粮饲牧结合、水产生态养殖、林地复合经营、农业废弃物循环资源化利用等多种新型种养模式，在充分利用土地资源的基础上，既显著提高了农产品的品质，有力促进了农民增收，还有效保护了生态环境，实现了经济效益、生态效益和社会效益"三丰收"。其主要做法如下。

（1）政策扶持拉动。德清县在农业发展中坚持集约化的转型发展、生态化的绿色发展和科技化的创新发展。为大力推广新型种养模式，县政府专门出台了《关于加快农田种养模式创新 促进粮食增产农民增收的实施意见》，每年将从农发基金中安排资金，专项用于引导和扶持农田新型种养模式创新与推广。针对"两区"内新型农作模式发展，计划每年全县安排 150 万元专项资金加以扶持。同时，县政府将农田种养模式创新及其推广应用工作纳入"三农"工作考核，进行年终评定。

（2）技术指导促动。德清县依托浙江大学、浙江省农业科学院等 20 多个高校科研院所建立现代农业产学研联盟，下设粮油、特种水产等 9 个产业分联盟，形成了较为完整的农推联盟体系。实行"1+1+n"农技推广制度，即一个新型种养模式示范基地，聘请一名院校专家和本地专家进行指导，联合开展技术攻关，切实解决新型种养模式生产中的各种技术难题。定期组织召开现场会，及时总结"促养增粮"的试点经验。通过技术专家和农户种养经验的合成提炼，进一步促进种养共生技术的革新，拓宽应用范围。

（3）科技培训驱动。为不断普及推广新型种养模式技术和经验，德清县以"渔业科技入户"、"阳光工程培训"为载体，制定了针对不同区域、不同类型的稻田养鱼模式的需求，开展渔农民专业技术培训和经验交流现场会，加大水产养殖和水稻种植新技术推广力度，让种养大户成为该县新型稻田种养模式的示范带头人。同时，积极组织农业技术人员和种养大户，赴绍兴、江苏等地考察，学习新型稻田种养模式中的各种先进技术和成熟经验。

（4）项目实施推动。作为浙江省稻田养鱼试点县，德清县积极申报各项相关项目，成功申报并圆满完成规模化稻田养鱼示范推广项目。浙江清溪鳖业有限公司的鳖稻共生模式在其他养殖企业中得到了创新，如吴越水产养殖公司和洛舍镇养殖户分别开展了稻虾共生和稻蟹轮作模式的探索尝试，总面积达到了 300 亩。通过项目的实施，进一步推动了稻田养鱼等新型模式的推广。

（5）示范引导带动。为加快种养新模式推广步伐，德清县着力在"两区"内建设一批"稻鳖共生、稻虾共生、先稻后鱼、先虾后稻"等生态型稻田养鱼和瓜稻连作等创新型高效示范基地，至今已建立了 6 个新型稻田种养模式示范基地。在全县的基层干部培训和农技培训中，新型种养模式已作为重要内容列入其中。同时，县农业部门不断总结新型种养模式和种植经验，整理编写了《新型种养模式典型案例》，进一步宣传普及新型种养模式理念和技术。

2012 年，全县粮食播种面积 20 万亩，粮食总产量为 9.38 万 t，比实施种养新型模式前的 2003 年分别增长 27.6%和 27.1%，取得成效。

（1）稳定粮食生产。新型稻田等种养模式的推广应用，提升了稻田综合效益，增加了农民收入，保护和调动农民种粮积极性，缓和了渔进粮退的矛盾，有效稳定粮食播种面积，保障粮食安全。全县已拥有省级现代农业园区 3 个，列入省级现代农业园区创建点 25 个，建成粮食生产功能区面积 3.64 万亩，有 3 个千亩粮食生产功能区被认定为省级粮食生产功能区。2012 年，德清全县粮食播种面积 20 万亩，比实施种养新型模式前的 2003 年增加 4.33 万亩，增幅 27.6%；粮食总产量为 9.38 万 t，比 2003 年增加 2 万 t，增长了 27.1%。

（2）促进提质增收。亩产田鱼 40kg，亩产稻谷 450～500kg，鱼、稻亩产值近 2000 元。有的稻田养鱼施用有机肥、全程不打药，可以获取更多的原生态野稻米，大大提升了养鱼稻田的稻米质量，优质稻米最高售价达每公斤 98 元。

（3）改善生态环境。推广新型种养结合模式，以种促养，以养补种，综合利用，循环发展，改变了过去传统的单一种养模式，提高了土地利用率，大大改善了农田生态环境。以稻鱼种养结合模式为例，由于切断了有害微生物的有效传播，不仅减少了鱼类、水稻病害和草害的流行，同时也减少了化肥与农药的投入量，有效控制农业面源污染，同时也节约了能源和资源，促进了生态循环农业的发展。

（4）提升农田地力。当前德清县二等标准农田面积近 6 万亩，需要县政府投入资金开展农田培肥地力工作。而推广稻鱼种养结合模式，鱼饲料的投入和鱼类粪便的排放，增加了农田有机质的投入量，同时开展农田的水旱轮作，也释放了土壤中自有的养分元素，增加了农田有机质含量和土壤肥力水平，有效提升了该县农田地力质量水平。

第二节　稻虾共作模式

一、稻虾共作模式特点

（一）稻虾共作模式的发展演变

稻虾共作是在稻田中养殖克氏原螯虾（俗称小龙虾）并种植一季中稻，在水稻种植期间，小龙虾与水稻在稻田中同生共长。2001 年，湖北省潜江市农民刘主权率先探索出小龙虾"虾稻连作"模式，即在稻田开挖简易围沟方式放养小龙虾，每亩田每年可收获"一稻一虾"。经过近十年的发展研究，针对只能收获一季虾、养虾和种稻时间冲突、插秧季节小龙虾生长规格不达标等问题，对稻虾模式进行改进和完善，提出了"虾稻共生"的生态种养模式。

所谓"虾稻共生"是指利用稻田种一季中稻，全程养两季虾种养结合的生态高效模式。将稻沟由原来的 1m 宽、0.8m 深小沟，改挖成 4m 宽、1.5m 深大沟，这样一来，每年的 8～9 月中稻收割前投放亲虾，或 9～10 月中稻收割后投放幼虾，第二年的 4 月中旬至 5 月下旬收获成虾，同时补投幼虾，5 月底 6 月初整田、插秧，8～9 月收获亲虾或商品虾，如此循环轮替。从虾稻连作到虾稻共作，由过去一稻一虾变为一稻两虾，不仅有效提高了稻田的综合利用率，而且克服了原有连作模式商品虾规格小、产量低、效益不高的缺点。

（二）稻虾共作的优势及特点

稻虾共作平均一亩田地产 100 多千克小龙虾，按规格不同，虾贩出价 30～60 元/kg，每亩田地小龙虾收益能够达到 3000～6000 元；每亩田能够平均产稻 600kg，每千克售价 3.8 元，每亩田水稻产值能达到 2280 元。一年每亩田稻虾总产值能够达到 5000～8000 元。该模式的综合效益主要体现在农业增效上，实现了"一水两用、一田双收、稳粮增收、一举多赢"，有效提高了农田利用率和产出效益。

（1）提高了土地和水资源的利用率，提高了小龙虾的产量、规格，又提高了稻米的品质。

（2）使用的是无公害农药，使用次数比常规稻田要少，生产的稻米是一种接近天然的生态稻。

（3）稻田养小龙虾需要开挖养殖沟，占一定稻田面积，但是一年只种一季作物，冬季涵养水土保持了地力，再通过选用优良水稻品种、合理密植等方法，保证了水稻的有效分蘖、穗数和正常穴数，水稻产量比同等面积水稻增产许多。

（4）水稻生长过程中为小龙虾提供庇护所和食物，小龙虾产生的排泄物又为水稻生长提供了良好的生物肥，形成了一种优势互补的生物链，使生态环境得到改善，实现生态增值。

（三）稻虾共作的模式规范

稻虾绿色生态种养模式，即在稻田中养殖两季小龙虾并种植一季中稻，在水稻种植期间小龙虾与水稻在稻田中同生共长，为了保证稻虾共同生长，在田间挖掘养殖沟，沟田相通，以保证沟田水体交换、小龙虾进出（图 4-3）。该模式在每年的 8 月下旬至 9 月初，中稻收割前投放亲虾，或 9～10 月中稻收割后投放幼虾，第二年的 4 月中旬至 5 月下旬收获成虾，同时补投幼虾。次年 5 月底、6 月初，整田、插秧，8～9 月收获亲虾或商品虾，如此循环轮替的过程（图 4-4）。

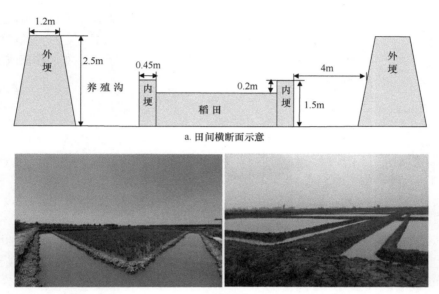

a. 田间横断面示意

b. 田间照片

图 4-3　稻虾共作田间结构示意图

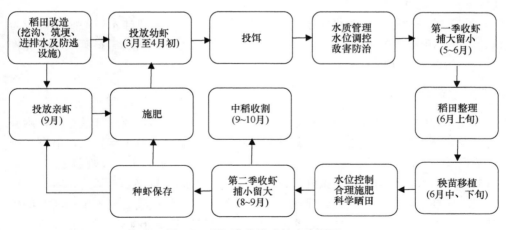

图 4-4　稻虾共作模式技术流程图

二、稻虾共作技术要点

（一）稻田选择

养虾稻田应是生态环境良好，远离污染源；保水性能好，土质最好为壤土；水源充足、排灌方便、不涝不旱；尤其是冬季，要保障稻田能上足水。稻田面积大小均可，5～15 亩有利于精细化管理，15～30 亩为一个单元，便于稻田改造和管理，一般以 30～50 亩为宜。

（二）稻田改造

（1）挖沟。总的原则，围沟面积应控制在稻田面积的 15% 以内。稻田面积达30 亩以上时，按以下标准改造：沿稻田内侧开挖环形虾沟，沟宽 3～4m，坡比 1：1.5，沟深 1～1.5m。稻田面积达 50 亩以上的，还要在田中间开挖"一"或"十"字形田间沟，沟宽 1～2m，沟深 0.8m，坡比 1：1。稻田 30 亩以下时，围沟宽度 2～3m 即可，中间可以不开沟。

（2）筑埂。利用开挖环形沟挖出的泥土加固、加高、加宽田埂。田埂加固时每加一层泥土都要进行夯实。田埂应高于田面 0.6～0.8m，埂底宽 4～5m，顶部宽2～3m。同时，稻田还要筑田间小埂，便于水稻种植管理。

（3）进排水设施。按照高灌低排格局，进排水口设于稻田两端，进水口用 20目的长型网袋过滤进水，防止敌害生物随水流进入。排水口用密眼铁丝网封闭管口，防止小龙虾外逃，保证水灌得进、排得出。

（4）防逃设施。稻田进排水口和田埂上应设防逃网。进排水口的防逃网应为8 孔/cm（相当于 20 目）的网片，田埂上的防逃网可选用防逃塑料膜或水泥瓦作材料，防逃网高 40cm。

（三）种苗投放

在就近的养殖基地或有资质的种苗场选购种虾或虾苗，要求体色鲜亮、附肢齐全、无病无伤、活力强、大小规格整齐。亲虾运输时间越短越好。目前有两种养殖模式。一是投放亲虾养殖模式。每年的 8 月至 9 月底，中稻收割前 15 天往稻田的环形沟和田间沟中投放亲虾，每亩投放 20～30kg。规格 30g 以上，雄性个体宜大于雌性个体。亲虾按雌、雄比 2～3：1 投放。二是投放幼虾养殖模式。如果是第一年养殖，错过了投放亲虾的最佳时机，可以在第二年 4～5 月投放幼虾，每亩投放规格为 2～3cm 的幼虾 1 万尾左右或 3～5cm 的幼虾 0.5 万～0.8 万尾。如果是续养稻田，应在 6 月上旬插秧后立即酌情补投幼虾。投放时将虾筐反复浸入水中 2～3 次，每次 1～2min，使亲虾或虾苗适应水温，温差不超过 2℃。

（四）饲养管理

1. 水草种植

水草既是小龙虾良好的天然植物饵料，又可为小龙虾提供栖息、隐蔽和脱壳场所。适合养殖小龙虾的水草有伊乐藻、轮叶黑藻、菹草、金鱼藻、聚草、苦草等沉水植物，水花生、水葫芦、浮萍等漂浮植物和空心菜等经济蔬菜。

稻田田面可选择移植菹草、伊乐藻等沉水植物和浮萍等漂浮植物，面积分别占 20%；围沟内移植水草可多样化，沉水植物控制在 40%～60%，漂浮植物控制在 20%～30%。

2. 水质管理

水质管理关键要把握好"肥"和"活"两点。一是施肥。小龙虾每年秋冬季繁殖一次，当年 8～10 月份和翌年 3 月份每月施腐熟的农家肥 100～150kg/亩培肥水质，透明度约 25cm 左右，保持水体中浮游生物量，为幼虾提供充足的天然饵料；4 月份以后，水温升高，停止施有机肥，加强投喂和水质监测，透明度 30cm 以上，高温季节保持水质清新有活力。二是pH。小龙虾的养殖水体 pH 维持在 7.5～8.5，有利于小龙虾的脱壳生长，4～8 月每亩用生石灰 5～10kg，化浆全池泼洒。三是投放水生动物。沟内投放一些有益生物，如水蚯蚓（0.3～0.5kg/m²）、田螺（8～10 个/m²），河蚌（3～4 个/m²）等，既可净化水质，又能为小龙虾提供丰富的天然饵料。四是水位与水温。稻田水位控制基本原则是：平时水沿堤，晒田水位低，虾沟为保障，确保不伤虾。具体为：越冬期前的 10～11 月份，稻田水位控制在 20～30cm 为宜，既能够让稻蔸露出水面 10cm 左右，使部分稻蔸再生，又可避免因稻蔸全部淹没水下，导致稻田水质过肥而缺氧，影响龙虾的生长；越冬期间，要适当提高水位进行保温，一般控制在 40～50cm；3 月份，为提高稻田内水温，促使小龙虾尽早出洞觅食，稻田水位一般控制在 30cm 左右；4 月中旬以后，稻田水温已基本稳定在 20℃以上，为使稻田内水温始终稳定在 20～30℃，以利于小龙虾生长，避免提前硬壳老化，稻田水位应逐渐提高至 50～60cm。

3. 饲料投喂

遵循"定时、定点、定质、定量"四定原则和"看天气、看生长、看摄食"三看原则。小龙虾活动范围不大，摄食一般在浅水区域，所以饲料应投在四周的平台上。当夜间观察到有小龙虾出来活动时，就要开始投喂。早春 3 月份以动物性饵料或精料为主，高温季节，以水草和植物性饵料为主。投饲量根据水温、虾的吃食和活动情况来确定。冬天水温低于 12℃，小龙虾进入洞穴越冬，夏天水温高于 31℃，小龙虾进入洞穴避暑，此阶段可不投；水温在 17～31℃时，每半月投放一次鲜嫩的水草，如苲草、金鱼藻等100～150kg/亩。有条件的每周投喂2次鱼糜、绞碎的螺蚌肉1～5kg/亩，一般以虾总重量的2%～5%为宜。每天傍晚投喂一次饲料，如麸皮、豆渣、饼粕或颗粒料等，投喂量为稻田存虾重量的1%～4%；在田边四周设固定的投饲点进行观察，若2～3h吃完，应适当增加投喂量，否则减少其投喂量。另外要经常观察虾的活动情况，当发现大量的虾开始蜕壳或者小龙虾活动异常、有病害发生时，可少投或不投。

4. 防止敌害

放养前用生石灰清除稻田生物，每亩用量75kg；对于鸟类、水禽等，主要办法是进行驱赶。

（五）水稻栽培

1. 品种选择

养虾稻田一般只种一季稻，水稻品种要选择叶片开张角度小，抗病虫害、抗倒伏且耐肥性强的紧穗型品种。

2. 科学施肥

对于养虾一年以上的稻田，由于稻田中已存有大量稻草和小龙虾，腐烂后的稻草和小龙虾粪便为水稻提供了足量的有机肥源，一般不需施肥。而对于第一年养虾稻田，可以在插秧前的10～15天，亩施农家肥200～300kg，45%复合肥40kg，均匀撒在田面并用机器翻耕耙匀。

3. 秧苗移植

筑好稻田田埂后，一般在6月上中旬开始移植，采取浅水栽插，条栽与边行密植相结合的方法。无论是采用抛秧法还是常规栽秧，都要充分发挥宽行稀植和边行优势，移植密度以30cm×15cm为宜，以确保小龙虾生活环境通风透气性能好。

4. 科学晒田

晒田总体要求为轻晒或短期晒，晒田标准：田边开"鸡爪裂"，田中稍紧皮，人立有脚印，稻叶略退淡。稻田晒好后，应及时恢复原水位，以免环沟中的虾因长时间密度过大而产生不利影响。

5. 病虫防治

危害水稻的常见病虫害主要有纹枯病、稻瘟病、稻飞虱、稻蓟马、螟虫等。水稻虫害防治，可通过加强田间管理增强水稻的抗性，并在水稻栽培过程中每15亩配一盏频振杀虫灯对趋光性害虫进行诱杀。在褐稻虱生长的高峰期，将稻田的水位提高 15cm 左右，利用小龙虾把褐稻虱幼虫吃掉。水稻孕穗期用康宽+井冈霉素+吡蚜酮防治一次病虫害，齐穗以后用上述药剂再防治一次。施药时放水让小龙虾落入周围沟中。

小龙虾对许多农药敏感，能不用药坚决不用，确需用药则选用高效低度农药或生物农药，如乐斯本、蚜虫净、扑虱灵、Bt 乳剂、苏云金杆菌、白僵菌、井冈霉素等。施农药时要注意严格把握农药安全使用浓度。施药时要求喷到水稻叶面，喷药宜在下午进行。同时，施药前田间加水至 20cm，喷药后及时换水。严禁使用有机磷类（如敌百虫、辛硫磷等）、菊酯类（如氯氰菊酯、氰戊菊酯等）杀虫剂，在小龙虾的繁殖期间禁止使用阿维菌素、伊维菌素等杀螨剂，以防对受精卵孵化产生不良影响。

（六）虾病防治

小龙虾养殖过程中，常见病害有病毒病、甲壳溃烂病和纤毛虫病。

1. 病毒病

症状：患病个体多为大、中虾；螯足无力，反应迟缓；解剖可见肝胰腺肿大，颜色变深，甚至坏死；空胃，肠拥堵。防治方法：①调整养殖模式，提早捕捞上市；②聚维酮碘或四烷基季铵盐络合碘 0.3～3.5mg/L 全池泼洒；③二氧化氯 0.2～0.5mg/L 全池泼洒；④板蓝根、鱼腥草、大黄煮水拌饲料投喂或用三黄散拌饲料投喂；⑤改善养殖环境，降低养殖密度。

2. 甲壳溃烂病

症状：初期病虾甲壳局部出现颜色较深的斑点，然后斑点边缘溃烂、出现空洞。防治方法：①避免损伤；②投足饲料，防止争斗；③亩用 10～15kg 生石灰兑水全池泼洒，或每立方米用 2～3g 漂白粉全池泼洒。生石灰与漂白粉不能同时使用。

3. 纤毛虫病

症状：纤毛虫附着在成虾、幼虾、幼体和受精卵的体表、附肢、鳃等部位，形成厚厚的一层"毛"。防治方法：①用生石灰清塘，杀灭池中的病原；②用 3%～5%的食盐水浸洗虾体，3～5 天为一个疗程；③用 0.3mg/L 四烷基季铵盐络合碘全池泼洒；④投喂蜕壳专用人工饲料，促进蜕壳，脱掉长有纤毛虫的旧壳。

（七）捕捞收获

1. 成虾捕捞

捕捞时间和工具。 第一季捕捞时间从 4 月中旬开始，到 5 月中下旬结束。第二季捕捞时间从 8 月上旬开始，到 9 月底结束；捕捞工具主要是地笼（2.5～3.0cm 网目）；

捕捞方法。 开始捕捞时，不需排水，直接将虾笼布放于稻田及虾沟之内，隔几天转换一个地方，当捕获量渐少时，可将稻田中水排出，使小龙虾落入虾沟中，再集中于虾沟中放笼，直至捕不到商品小龙虾为止。

2. 亲虾留种

由于小龙虾人工繁殖技术还不完全成熟，目前还存在着买苗难、运输成活率低等问题，为满足稻田养虾的虾种需求，建议在 8～9 月份成虾捕捞期间，前期是捕大留小，后期应捕小留大，目的是留足下一年可以繁殖的亲虾。要求亲虾存田量每亩不少于 15～20kg。

三、稻虾共作模式的应用

（一）注意事项

（1）稻田选择上以低湖田为宜，稻田田间工程必须配套。

（2）稻田小生态至关重要，稻田改造后，第一步施足基肥，再移栽水草，然后根据季节与时间，决定放养种虾或虾苗。

（3）水位调控很重要，早春尽量提前让小龙虾开口摄食，延长生长期；稻谷收割后，尽量提前灌水。

（4）养殖小龙虾一定要做好水草的搭配和管理，保证小龙虾在整个生长阶段都有鲜活的水草。特别是高温季节，注意补充水草。

（5）采用稀眼地笼网起捕，4 月中下旬开始，中稻整田和插秧前，尽量捕大留小，7～9 月尽量捕小留大。根据经验，留足亲本。

（6）养成记录种养殖生产日志的习惯，积累经验、完善技术。

（7）模式的应用还可根据生产条件及市场进行调整，如湖北的稻虾连作模式仍有一定比例，主要是低湖稻田、冷浸稻田要空闲到第二年的 4～6 月份才开始种稻，利用冬闲的这段时间来养殖克氏原螯虾。再如，江苏常采用虾蟹混养、鱼虾混养等模式。

（二）主要分布

小龙虾养殖最大区域主要集中在长江中下游地区，稻虾生态种养目前主要集中在湖北、湖南、江西、安徽、江苏等长江中下游流域。据央广网的报道，全国适合虾稻综合种养面积占现有稻田面积的 15% 左右。而国家统计局 2016 年的数据显示，当年全国水稻播种面积达 $3.016\,24×10^7\,hm^2$，如果按照 15% 的比例计算，适合虾稻综合种养的水稻面积高达 6800 万亩。

由于"稻虾共作"模式效益好，促使全国"稻虾"面积迅速扩大，根据全国水产技术推广总站 2016 年发布的中国小龙虾产业发展报告，全国小龙虾养殖面积超过 900 万亩。其中稻虾综合种养占比高达七成，稻虾共作种养结合的面积大约有 630 万亩，这个数字还在爆发式增长之中。

（三）典型案例

湖北省潜江市是风靡长江中下游稻区的稻虾综合种养模式的发源地，2010 年前不过万亩，2013 年全市稻虾共作面积发展到 10 万亩以上，到 2016 年年底，这一数字激增到 31.6 万亩，2017 年发展到 45 万亩。潜江抓住小龙虾种苗培育、养殖模式、加工出口、品牌培育、龙虾餐饮五个制高点，一举成为"中国小龙虾之乡"、"中国小龙虾加工出口第一市"和"中国稻虾之乡"。目前，潜江正加快构建产业体系、生产体系、经营体系，建设完备的稻虾产业链条，努力使稻虾产业综合产值达到 800 亿元，打造全国稻虾产业第一市。

（1）政策驱动，稻虾共作呈现规模效应。潜江市围绕"培育大产业、建设大基地、争创大品牌、做好大服务、促进大发展"的发展目标，先后出台了《关于大力发展虾稻共作模式，进一步推动小龙虾产业发展的实施意见》、《关于印发2013—2017 年粮食稳定增产行动实施方案的通知》和《关于印发虾乡稻绿色食品原料标准化生产基地建设实施方案的通知》等文件，拿出 400 多万元对发展虾稻共作给予资金扶持，鼓励农民自发建基地、合作组织建基地、龙头企业建基地，不断壮大基地规模。

（2）龙头带动，稻虾共作展现裂变效应。在众多龙头企业的带动下，通过延伸产业链条，产业竞争力和产品附加值不断提高。以湖北省潜江市华山水产食品有限公司为例，这家企业通过精深加工，成为世界上最大的甲壳素生产和销售基地。潜江市现有小龙虾加工企业 13 家，年加工能力 20 万 t，湖北莱克集团、湖北省潜江市华山水产食品有限公司为国家级农业产业化重点龙头企业。全市现有"虾乡稻"大米加工企业 5 家，年加工能力 30 万 t，湖北虾乡食品有限公司、湖北喜颂粮油（集团）有限公司、江汉油田粮油加工厂已通过绿色食品认证，大米加工企业把虾稻共作"优质、生态、无残留"理念融合到品牌宣传、包装设计中，对稻虾共作生产的稻谷加价收购。

（3）品牌塑造，虾稻共作凸显回升效应。随着品牌的塑造和聚集，稻虾共作正在潜江显现回升效益。湖北莱克集团、湖北省潜江市华山水产食品有限公司、湖北虾乡食品有限公司、湖北喜颂粮油（集团）有限公司等一批企业树起品牌，同时带动了相关产业的快速发展。潜江市牢固树立"品牌就是市场"、"品牌就是生产力、竞争力、软实力"的理念，加强了品牌的培育、认定、宣传、保护和推广，不断打造虾稻共作产品品牌的内涵和美誉度，培育了一批国内外市场叫得响、过得硬、占有率高的精品名牌，靠品牌闯市场，向品牌要效益。

（4）标准引领，稻虾产品凸显生态效应。世界小龙虾看中国，中国小龙虾看湖北，湖北小龙虾看潜江。跳跃门槛，盛名天下，标准化种养是核心。农业、质量监督、科技等部门联手开展全程技术服务，力推标准化示范区建设，让稻虾产品生态效应凸显。

第三节　稻蟹共生模式

一、稻蟹共生模式特点

（一）稻蟹共生模式的发展变化

该模式是以稻养蟹、蟹养稻、稻蟹共生的理论为指导，即在稻蟹种养的环境内，蟹能清除稻田中的杂草、吃掉害虫，蟹的排泄物可以肥田、促进水稻生长；水稻可为河蟹的生长提供丰富的天然饵料和良好的栖息条件，互惠互利，形成良性的生态循环。

稻田养蟹在我国的历史比较短，是 20 世纪 80 年代开始发展起来的一种新模式，其发展历程大致可分为 3 个阶段。

第一，兴起阶段。由于参考了稻田养鱼和经验，从一开始就取得了成功，并在之后的 10 多年里迅速发展。首先兴起于江浙一带，随着 1988 年的浙江丽水、江苏盐城的稻田养蟹获得成功，至 20 世纪 90 年代初东北的辽宁，直至以后的黑龙江、江西、河北、四川等省迅速发展起来，1999 年发展到福建山区。这一阶段初步对稻田设施、水稻栽培方式、河蟹生长规律、植物保护及河蟹病害防治等方面提出了因地制宜的方法。特别是在辽宁营口形成了宽 50cm、深 30cm 的边沟蟹溜，水稻重施有机类型的基肥，水稻大垄双行种植模式。

第二，思考阶段。20 世纪 90 年代末至 21 世纪初，总结和分析了当时稻田养蟹生产实践中存在的养蟹稻田环沟越大越好、放养蟹苗种越多越好、过多喂养精饲料及生产模式单一化四大误区，以及蟹种成活率低、成本高、品质差、重养殖轻种植、稻蟹污染不确定等几大主要问题，为后续研究和发展奠定了基础。

第三，新型模式阶段。为了协调种稻养蟹的矛盾，各地加强基础理论研究。在 21 世纪初，随着稻田养蟹规模的不断发展和技术日趋成熟过程中所暴露出的技术难题，国内学者开始针对稻田生态环境、稻蟹的生长发育、水稻的栽培模式、河蟹的放养密度、土壤与放心肥、植物保护等方面开展系统研究。2005～2009 年，辽宁盘山成功总结"大垄双行、早放精养、种养结合、稻蟹双赢"的立体生态种养新技术模式——"盘山模式"，为各地提供了示范。各地纷纷仿效，实现

"1+1=5"，即"水稻+水产=粮食安全+食品安全+生态安全+农民增收+企业增效"。

（二）稻蟹共生的优势及特点

稻蟹共生能确保粮食安全和水产品丰收。首先，稻田土质松软、水质清新、水温适宜、氧气充足，可为河蟹提供丰富饵料的浮游生物生长迅速，茂盛的稻株可为河蟹提供隐蔽和栖息的场所，因此，稻田是河蟹理想的生长环境。其次，稻田养蟹可以改善土壤性质、提高土壤肥力：日平均水温提高 0.5℃，稻田溶氧量增加 2.07mg/L，土壤有机质含量增加 0.5%～2.6%，速效氮、速效磷增加 5%～10%，速效钾增加 5%左右。第三，稻田养蟹可以除草、除虫和抑菌，减少农药使用量：养蟹稻田灭草率可达 90%以上，高峰期飞虱发生率减少 70%以上，由于蟹壳的抑菌作用，稻株发病率下降，稻纵卷叶螟和纹枯病的危害亦减轻。第四，稻田养蟹效益高：研究表明养蟹稻田产量提高 10%以上，并由于稻田养蟹对使用农药的严格控制和以有机肥为主的施肥模式，稻米卫生品质和食味品质均显著提高，最低达到无公害稻米标准，有些还能达到绿色，甚至有机稻米标准，水稻产值显著提高，河蟹的销售同样能提供丰厚的回报。研究表明，规范模式生产条件下，每公顷可生产有机稻 9.5～10.0t、生产河蟹 200～375kg。

（三）稻蟹共生的模式规范

稻田养蟹一般在一季稻进行，4～5 月份放苗，10～11 月份收蟹，目前主要有三种模式。一种以培养蟹种为主，蟹苗经过 4～5 个月的饲养，育成规格为每千克 50～200 只的蟹种，一般每公顷产 225～300kg；第二种是养殖商品蟹为主，蟹种经养殖达到当年上市规格为每只重 125g 以上，一般每公顷产 300～450kg；第三种是以暂养育肥为主，自 7 月份开始陆续放养规格为每只重 50～100g 的大蟹，进行高密度精养催肥，年底可育成规格较大的商品蟹，一般每公顷产 450～750kg。

养蟹稻田不宜过大，一般 5～10 亩，多采用宽沟式，沟面设置一定的坡度，田内可设置蟹岛，以利于蟹活动、觅食，同时注意防逃（图 4-5）。

二、稻蟹共生的技术要点

（一）稻田选择

养蟹稻田需选择土壤肥沃、保水性好、水源充足（有长期流动的河水）、水质清新无污染（含氧量充足）、进排水方便（不会因暴雨等洪灾导致稻田淹没、河蟹逃跑）、地势平坦开阔、交通运输便利的壤土质地块。一般以自然田块为单位，以集中连片规模经营视为宜。

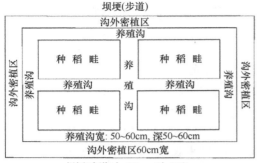
a. 大型田块的养殖沟模式

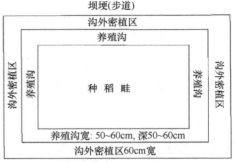
b. 小型田块的养殖沟模式

c. 稻蟹共生养殖沟及防逃墙

d. 稻蟹共生田间养殖沟

图 4-5　稻蟹共生模式田间结构及实景图

（二）稻田改造

（1）田埂。养蟹稻田一般以 10 亩左右为一单元，对田埂进行加高、加宽和加固，田埂高于稻田平面 60cm、宽 50cm，确保不坍塌、不漏水。

（2）蟹沟。蟹沟是河蟹栖息、觅食、生长的主要场所，通常由环沟、田间沟及暂养池 3 部分构成。环沟是在离稻田田埂内侧 0.5～1.5m 处的四周开挖成宽 0.6～1m、深 0.4～0.5m 的环形沟，坡比为 1∶2，面积占大田面积的 10%～15%。田间沟（又称畦沟），宽 0.5m、深 0.4～0.5m，其形状有"十"、"井"字等，与环沟相通，主要为河蟹爬入田间觅食、蜕壳提供通道，一般 10 亩左右单元田块可开田间沟 3～5 条。较小田块可不挖田间沟，让河蟹直接从环形沟进入稻田。暂养池，是沿条形田的一头或两头，与环沟或畦沟相连，建成深 1.2m 以上矩形的池，供春季暂养蟹种、秋季暂养商品蟹使用，面积根据单元田块大小确定。

（3）进排水口。养蟹稻田的进排水口呈对角设置，其水管采用直径为 20～40cm 的水泥管或聚塑管，内外管口必须用防逃网包扎好，网眼大小根据河蟹个体大小确定，管道与田埂之间用水泥浇灌，不留缝隙。将水引入田中时，进排水口要用较密的铁丝网或聚乙烯网布封好，以防河蟹逃跑和敌害生物潜入。

（4）防逃设施。防逃设施通常选用钙塑板或耐老化塑料薄膜（可使用 3 年以上）等坚固耐用、表面光滑的材料。在田埂四周围起高 0.6～0.8m 的钙塑板或其他光滑的材料（塑料薄膜），并用毛竹片固定。一般选用 70cm 的专用塑料布做成防逃墙，塑料布下部沿田埂内侧埋入地下 10～15cm，上端用塑料布卷尼龙绳固定在竹片上，整个塑料墙向内倾斜，拐弯处有弧度。支撑塑料布的竹片间距为南北向 0.6～0.8m、东西向 0.4～0.5m。

（5）蟹种暂养池。暂养池的单元面积以 2～3 亩为宜，占养蟹稻田面积的 10%～20%，要选择水源充足、水质好、进排水方便、交通便利、环境安静的地方。池边的坡比 1∶2～1∶3，池深 1.3m 以上，四周用塑料薄膜围栏。暂养池内要设隐蔽物或移栽水草。在放蟹种前 10～15 天采用干塘法清除池内过多淤泥，同时还须使用溶氧片等底质改良剂，促进池泥中的有机物氧化分解，减少池底有毒物质对河蟹的影响。再按每平方米 0.15kg 生石灰用清水溶解后趁热向全池均匀泼洒消毒。

（三）种苗投放与河蟹饲养管理

（1）蟹种选择。稻田养蟹可采取"一查二看三称重"的办法选购蟹种。"一查"是查清蟹种的来源和产地；"二看"是看蟹种规格是否整齐，附肢是否齐全，爬行是否活跃，性成熟蟹的比例是否过大，特别注意的是不能用性成熟蟹和小蟹做蟹种，否则会造成重大经济损失；"三称重"是采取随机取样的方法称重，一般每只蟹苗重 6～7g。运输蟹种时切忌挤压，严防暴晒及风吹雨淋，以提高成活率。

（2）蟹种投放。蟹种投放前 10 天，向稻养殖沟泼洒生石灰溶液消毒，用量按每平方米 0.15kg 计算。蟹种放养密度一般为 800～1000 只/亩。在投放前，用浓度为 10～20mg/L 的高锰酸钾溶液或 3%～5%的食盐溶液浸泡蟹种苗 5～10min，后从放养稻田中取水喷淋蟹种 3～4 遍，使其逐渐适应养殖田水环境，再将蟹种苗均匀摊开于养殖田四周，让其自行爬入田中，切不可将蟹种一次投入，以免环境变化太大，导致蟹种死亡。蟹种放养时间在插秧后 10 天。

（3）饲养管理。河蟹是杂食性甲壳动物，有贪食习性，在自然条件下以食水草、腐殖质为主，其食性随环境条件的变化而变化。在稻田中养殖河蟹，应适当加喂动物性饵料以弥补天然水域中河蟹摄食动物性饲料不足的缺陷。其生长速度受环境条件，特别是水温和饵料的制约，所以在饵料投喂方法、投喂数量、水质管理、病害和敌害防治等方面应特别注意以下几点。

1）投饵方法。河蟹因其摄食种类与活动方式、时间的特异，应选择动物性饵料、粗饲料、草类搭配使用，同时坚持"定时、定点、定质、定量"的投喂原则。

2）定时投饵。河蟹的摄食强度随水温的变化而变化。当水温上升到 15℃以上时，河蟹摄食能力增加，可每天投喂 1 次。水温在 15℃ 以下时，河蟹活动、摄食减少，可隔日或数日投喂 1 次。因为河蟹有昼伏夜出的活动规律，故投饵应选择在傍晚前后。

3）定点投饵。一般每亩田选择 4～5 个投饵点。投饵点应选在坡度较大、底质较硬的地方，面积约 0.5m²，大多选择田埂下浅水区，以便观察河蟹吃食情况。

4）定质投饵。6～7 月份，动物性精饵相对多投喂一些，主要喂细末状动物性饵料，便于河蟹摄食。8～9 月份是河蟹生长旺季，要适当增加谷类、南瓜、西瓜皮等植物性饲料，同时也搭配一定的动物性饵料。10 月份至 11 月份上旬，是河蟹肥育和积聚蟹黄的重要时期，各种动物性精饵应占 50% 左右。

5）定量投饵。稻田养蟹必须坚持精、青、粗饲料合理搭配，动物性精料占 30%，植物性粗饲料占 30%，草类青料占 40%。具体投饵量为：4、5 月份的投饵量为河蟹体重的 5%，6 月份的投饵量为河蟹体重的 8%，7 月份的投饵量为河蟹体重的 10%，8 月份的投饵量为河蟹体重的 10%，9 月份的投饵量为河蟹体重的 8%，10 月份的投饵量为河蟹体重的 8%（蟹体重计算方法：每月随机取河蟹 20～30 只，称重计算平均重量，以每只均重乘以全田河蟹的总数，即为河蟹当月的总体重）。6～8 月，是河蟹的脱壳旺季，食量大，以青料为主，占总投饵料的 70%～80%，日投料 1～2 次，以晚上投料为主，日投料量占蟹总重量的 5%～7%，青料种类为水草、浮萍、南瓜等。

（4）水质管理。河蟹要求水质 pH 7.4～8.4，水质碱性有利于灭菌、消毒。养蟹稻田要把握好水位，有条件的可保持稻田微流水状态，以刺激河蟹食欲，增加脱壳次数。管水坚持"春浅、夏满、秋勤"的模式，4、5 月份蟹种放养之初，蟹沟内水深通常保持在 0.4～0.5m 即可；6 月中旬可将蟹沟内水深提高到与田面持平；7 月份可将蟹沟内水位提高到 0.5m 以上，田面保持 5～10cm 水深，让河蟹进入稻田觅食，8 月份田面保持 10cm 的水深，为河蟹、水稻生长提供最佳水域条件；9 月底水稻收割前再将水位逐步降至露出田面以增强水稻根系活力，为稻、蟹共生提供一个良好的生态环境。

（5）日常管理。坚持早晚各巡田 1 次，观察扣蟹摄食、活动、蜕壳、水质变化等情况，掌握扣蟹蜕壳规律，执行"五查"管理制。"一查"水位、水质变化情况，定期测量水温、溶氧、pH 等；"二查"河蟹活动摄食情况；"三查"防逃设施完好程度；"四查"田埂、隧道有无破洞、渗漏情况；"五查"病害和敌害侵袭情况。

（6）病害防治。蟹病防治主要是烂肢病、烂鳃病、蜕壳不遂症等。

1）烂肢病。烂肢病是运输和捕捞过程中蟹体受创伤被细菌侵入而引起的病害。主要症状是蟹肢节间呈充水状腐烂，步足易断落，群体中残蟹较多。防治方法：a. 在蟹种下塘（稻田）前，彻底清塘或田间养殖沟消毒，消灭病原；b. 在蟹种运输过程中，避免对蟹体造成损伤；c. 对即将入塘（稻田）的蟹种，进行药浴消毒，做好预防工作，防止创口感染；d. 强化饲养管理，促进伤口愈合，增强河蟹体质，提高抗病、抗逆能力。

2）烂鳃病。具体症状表现为病蟹行动迟缓、鳃腐烂。发病原因是池底水质败坏，饵料中缺乏维生素。主要防治措施：a. 换水；b. 用生石灰消毒水体 3 天；c. 每 100kg 饲料中添加维生素 C 100g，恩诺沙星 50g。

3）蜕壳不遂症。主要症状是河蟹的头、胸甲后缘与腹部交接处出现裂口、不能蜕去旧壳，进而导致死亡。防治方法：a. 加大换水量；b. 投放少量石灰；c. 饵料中添加钙质丰富的物质，如在每次蜕壳前 2～3 天，用"免疫多糖"+"虾蟹多维"+"离子对钙"拌料，补充能量营养和钙质，一般连用 3～5 天，确保部分蜕壳困难的虾蟹顺利蜕壳。

（四）水稻种植与管理

（1）栽插。按常规方法育秧，手插机插均可，水稻栽种模式：常规方法为 30cm 等行距垄作。提倡大垄双行种植，将 30cm 等行距垄作改为大垄双行种植，实行宽窄行相间排列，大行距 40cm、小行距 20cm，株距 12～14cm，改善田间通风透光条件，增加河蟹活动空间，减少水稻病虫害发生概率。

（2）稻田管理。稻田养蟹的水稻病害较少，坚持"以防为主、防治结合"的防病理念。施肥管理上，以底肥为主、追肥为辅（最好全部肥料作底肥施用），肥料种类则以有机肥为主，化肥为辅。根据当地实际情况，以田定产、以产定肥。追肥要做到"少量多次"，杜绝对蟹生长有影响的无机化学肥料。水稻发生病害时，防治药物要有选择性、不能对河蟹有任何影响，农药喷洒在叶面上，用药后要及时换水。施肥与施药期要尽量避开河蟹蜕壳的高峰期。不得施用任何化学除草剂。

（3）虫害防治。养蟹稻田应尽量不使用农药，如确需使用，尽量选用生物农药，如苦参碱、阿克泰、春雷霉素、井冈霉素等，或选择使用低毒、低残留药剂，施药前先灌满水，施药后要及时换水，以避免农药污染造成河蟹死亡。

（五）捕捞销售

河蟹的捕捞一般在 9 月下旬至 10 月上旬开始，视天气情况而定。气温偏高可适当推迟，气温较低可提前。总的原则是宜早不宜迟，以防突然降温，增加捕捞难度。河蟹的捕捞方法：①在蟹沟内用蟹笼进行捕捉；②采取白天加水，夜晚排水，利用河蟹生殖洄游的习性，在出水口张网捕捉；③利用夜晚上滩爬行的习性，徒手捕捉。凡作商品蟹出售的，即可包装起运到市场销售；不能及时销售的河蟹可就地进行暂养。暂养工具主要有网箱、蟹笼等，一般选择水源条件较好的池塘或河道，将装有河蟹的网箱或蟹笼放置其中，投喂精料，精心管理，也可利用稻田中的暂养池进行集中暂养，分次销售。

三、稻蟹共生模式的应用

（一）注意事项

（1）防逃设施建设时，防逃网向内侧稍有倾斜，不留褶痕和缝隙，拐角处成弧形，不留死角，以免蟹依靠褶痕和夹角像叠罗汉一样逃走。

（2）环形沟、田间沟开挖时一定要有坡度，不能使用直立坡，要求下窄上阔，方便蟹进出沟坑。

（3）环形沟不能沿着田埂开挖，应距田埂1～2m。可以充分利用水稻种植的边际效应，也可作为浅水区用作蟹的饵料台。

（4）水稻栽插提倡大垄双行，有利于蟹在田中活动，同时充分利用水稻的边际效应，在环形沟、田间沟边合理密植，弥补田间工程减少的栽插水稻穴数。

（5）蟹种投放不能直接投入水中，要让其自行爬入水中，以免造成蟹种应激死亡。

（6）注意蟹的敌害防治，防止幼蟹被水鸟、老鼠等敌害侵袭，要严加驱赶或捕杀，可以采用人工或使用灭鼠器捕捉。蟹种放养前要全田灭杀敌害生物，进出水口要严防敌害进入。

（二）主要分布

河蟹具有较高的营养价值和药用价值，在我国分布广泛，宜昌的三峡口、福建的九龙江、辽宁的鸭绿江口都有其足迹，目前在我国养殖的主要是其中的两个品系即长江水系和辽河水系。河蟹分布范围很广，北至辽宁，南到福建沿海诸省，尤其是长江中下游地区都能找到野生蟹的踪迹。稻田人工养殖河蟹，主要有两种，一是扣蟹的培育，二是扣蟹至成蟹的养殖。扣蟹稻田培育必须要满足的条件是稻田的气温在全年温度最高月份的平均温度低于30.47℃，因而适宜稻田培育扣蟹的地区除了华中稻作区的部分省市（上海、浙江、江西以及湖南）之外，所有省市的中稻稻田均可养扣蟹，适宜培育扣蟹的稻田总面积为1.715 07×10^7hm²，约合2.57亿亩。扣蟹至成蟹养殖对温度的耐受范围较宽，水温基本上不成为限制因素。扣蟹下田的时间多为2～4月，水温达到5～10℃即可。因此，全国各大稻作区内的双季稻早稻、单季稻中稻以及华南稻作区双季稻晚稻稻田都适合养殖成蟹。适宜养殖成蟹的稻田总面积为2.569 41×10^7hm²，约合3.85亿亩。但是，有实验表明，辽河水系适宜温度较低的西北、东北以及华北北部平原稻作区；而长江水系则适宜温暖的华南、华中、西南以及华北黄淮平原稻作区。

基本上能种稻就可养蟹，稻田养蟹分布也很广，发展比较快的有辽宁、吉林、宁夏、江苏、湖南等省（自治区），目前我国稻田养蟹面积达到 300 多万亩。目前该模式在辽宁、宁夏、吉林等省（自治区）建立核心示范区 7 个，核心示范区面积 13 123 亩，示范推广 39.7 万亩。稻蟹综合种养技术"盘山模式"在中国北方水稻主产区示范推广面积达到了 130 多万亩，其中在辽宁省内盘锦市大洼区、鞍山市台安县、沈阳市法库县、辽阳市辽阳县及丹东市东港市等市县示范推广面积达到 100 万亩。另外，推广到了河南省兰考县，河北省曹妃甸区，黑龙江的佳木斯市和齐齐哈尔市及吉林省九台市、内蒙古通辽市和乌兰浩特市、新疆生产建设兵团、宁夏回族自治区等 20 余个省（自治区）。

（三）典型案例

中国河蟹产业第一县辽宁省盘山县，采取"大垄双行"水稻栽种模式进行稻田养殖大规格成品河蟹实验，不仅解决了河蟹生长后期光照不足的问题，还扩大了河蟹活动空间，又因"大垄双行"通风透光好，水稻产量不但没减反而有增。多年来，盘山县积极整合河蟹产业项目，以水稻、河蟹为主导品种，全面开展稻田养蟹产业技术研发与示范、推广与服务。成功地打造出"大垄双行、早放精养、种养结合、稻蟹双赢"的立体生态种养新技术模式——"盘山模式"。

辽宁省盘山县地处辽东湾北畔，位于辽宁"五点一线"的中心地带。境内海岸线长 49km，内陆淡水水域 24 万亩，稻田 72 万亩，素有"北国水乡、鱼米之都"的美誉。得天独厚的河蟹生长环境，中国领先的稻蟹综合种养新技术发展壮大了当地河蟹产业，使盘山县获得"中国河蟹产业第一县"的称号。"十二五"期间，盘山县进一步加大对河蟹产业开发与建设的力度，力争实现河蟹养殖规模超百万亩，产值 50 亿元，使农业人口人均纯收入提高到 5000 元。"盘山模式"是一种"一地两用、一水两养、一季三收"的高效立体生态种养模式。水稻种植采用大垄双行、边行加密、测土施肥、生物防虫害等技术方法，实现了水稻种植"一行不少、一穴不缺"，使养蟹稻田光照充足、病害减少，减少了农药化肥使用，既保证了水稻产量，又生产出优质水稻；河蟹养殖采用早暂养、早投饵、早入养殖田，河蟹不仅能清除稻田杂草，预防水稻虫害，同时粪便又能提高土壤肥力。通过加大田间工程、稀放精养、测水调控、生态防病等技术措施，不仅提高了河蟹养殖规格，又保证了河蟹质量安全。稻田埂埂上再种上大豆，稻、蟹、豆三位一体，并存共生，组成了一个多元化的复合生态系统，使土地资源得到有效利用。"盘山模式"可实现养蟹稻田水稻亩产量 650kg，亩产值 1950 元，亩利润 1100 元；河蟹亩产量 30kg，亩产值 1800 元，亩利润 1050 元；埂埂豆亩产量 18kg，亩产值 65 元，亩利润 50 元。稻蟹豆综合效益每亩合计 2200 元。与传统养殖模式相比，水稻亩增产 8%，亩增效 400 元，河蟹亩增产 20%，亩增效 350 元，埝埂豆亩增效 50 元，稻蟹豆每亩综合效益提高 800 元。

多年来，盘山县积极整合河蟹产业项目，以水稻、河蟹为主导品种，全面开展稻田养蟹产业技术研发与示范、推广与服务。成功打造出"大垄双行、早放精养、种养结合、稻蟹双赢"的立体生态种养新技术模式。为中国北方水稻主产区的广大农民开辟了一条增收致富的新途径，使河蟹产业成为具有盘山地域特色、农民增收致富的"黄金"产业。盘山县人民政府对"盘山模式"做出重要部署：一是县、乡、村各级政府部门高度重视，全面实施养大蟹工程，加大示范和推广"盘山模式"；二是充分利用好政策，整合捆绑项目，吸纳龙头企业、农民合作组织的参与，培育科技示范户，建立标准化示范园区，按照标准化技术操作规程加强指导与服务；三是实行统一指挥、统筹服务，从技术指导单位→技术指导员→科技示范户，层层落实，责任到人，并签订了目标管理责任状，确保"盘山模式"实现了规范化、规模化的示范与推广。

2016 年在当地政府组织下形成了稻田种养"盘山模式"，它是通过盘山县政府的资源整合能力，挖掘盘山优质稻田地块，采用"稻蟹共生"和"一地四养"无公害种植标准方式，依托辽宁麦壳电子商务有限公司的技术支撑，实现稻田全程追溯、全产业链检测保障，同时通过经济手段改变农户用药增产的错误观念，多方面确保稻米的质量水平，实现农民增收，提高农业效率和竞争力的模式。在稻田种养和流通过程中，实现消费者、政府、平台、农户多方受益。辽宁麦壳电子商务有限公司稻田种养专项资金账户由盘山县政府全程监督，保证整个平台体系的资金安全。该模式创造性地将优质的稻田作为流通产品，消费者通过稻田种养移动平台"土地管家"可种养由盘山县政府全程监督的优质稻田，用手机对自己的稻田进行全程视频监测及管理，同时实现移动互联网"红包"转赠分享。

第四节　稻鳖共生模式

一、稻鳖共生模式特点

"稻鳖共生"模式是以水田（池塘）为基础，以水稻和鳖的优质安全生产为核心，充分发挥稻鳖共生的除草、除虫、驱虫、肥田等的优势，实现无公害或有机的优质农产品生产方式。

（一）稻鳖共生模式的发展变化

浙江清溪鳖业有限公司作为示范基地，从 1999 年起就开始了连续的鳖稻轮作试验，从 2010 年起又进行鳖稻共生试验，通过 50 多种不同模式的试验和对照试验，形成鳖与农作物轮作的一整套生态种养结合模式。2010 年全面推广鳖稻共作模式，积累了较为成熟的经验。

该模式以浙江湖州地区为代表，采用鳖池四周砖砌围墙，池底泥土，机插法种植水稻秧苗，放养规格为每亩放 300 只左右 200～250g/只的中华鳖。按照这种模式种植的水稻产生了较好的效益，亩产水稻 450kg 左右，亩产鳖 120kg，按照现在鳖的市价，单位效益比以前提高近 60%。更重要的是，通过生态养殖，水稻和鳖的发病率下降，产品质量得到提高。目前该模式在湖州德清、长兴、安吉等地得到了推广，从这些典型模式的实施效果看，实施稻田养殖能在水稻稳产或增产的情况下，提高稻田综合效益 50% 以上，减少农药和化肥的使用 30% 以上，并减少了稻田中病虫草害的发生，改善了农村生态环境，提高了稻田可持续利用水平。

（二）稻鳖共生的优势及特点

稻鳖共生具有三大优势。一是鳖的生长发育快，由于稻田环境条件下，鳖的活动、晒盖、摄食范围大，水稻能吸收田中的肥料、净化水环境，利于鳖的生长发育，稻田鳖与池塘鳖比较个体增重提高 20%～30%。二是一种立体生态农业模式，稻鳖共生可以达到养鳖不占地、种稻不治虫，鳖的活动还能清除田里的杂草，养鳖饲料及鳖排出的粪便可为水稻生长提供丰富的营养物质，稻株为鳖提供稳定的晒盖场所，鳖为稻田疏松土壤、捕捉害虫，互惠互利。三是有利于降低生产成本、提高经济效益，充分利用稻田有效水面，在不影响种稻的基础上养鳖，稻田里、水稻叶上的虫、蛙、螺、草籽等是单纯的养鳖池里没有的天然饲料，可减少养鳖饲料的投放成本，鳖对水稻危害严重的稻褐虱具有明显的防治作用，稻鳖共生田为适应鳖活动所采用的宽株稀植，通风透光条件改善，稻纹枯病发生轻或不发生，水稻吸收肥料解决了池塘养鳖水体富营养化导致的鳖病害发生严重的问题，故稻鳖共生可起到互相预防病害、促进生长的作用，稻鳖共生所生产的稻米品质显著提高，稻的商品价值随之提高，从而达到增产、增效、增收的目的。

（三）稻鳖共生的模式规范

目前已形成"稻鳖轮作"和"稻鳖共生"两种模式。稻鳖共生模式是选用不需晒田、抗倒伏、抗病虫害、产量高的优质水稻品种和优质中华鳖苗种，通过插秧技术、池塘水位控制、化肥和药物使用种类和使用量、病虫害防治、鳖养殖过程管理等关键技术有机衔接，实现稻鳖互利共生。目前，已集成了稻田亲鳖种养模式、稻田商品鳖种养模式、稻田稚鳖培育模式等三种模式。稻鳖轮作模式是在不破坏土耕作层的前提下，通过田埂加高等田间工程和水位调节等技术，实现了在原鳖池中开展水稻种植，开展"养一轮鳖，种一季稻"的稻鳖轮作。

稻鳖共生高产高效模式是以高规格田间工程改造为基础，以绿色或有机农产品生产标准为中心，选择适宜的优质水稻和鳖品种，根据当地气候、土壤特点，科学规划、规范操作。稻鳖共生模式稻田不宜过大，一般5～10亩，多采用宽沟式，沟面设置一定的坡度，通常养殖沟占稻田的10%，田内可设通行沟及饵料台，以利于蟹活动、觅食，同时注意防逃。德清县的稻鳖共生模式是每年4月在鳖池里放养幼鳖，幼鳖规格每只250～300g，放养密度每公顷7500～9000只，至10月养成商品鳖起捕，商品鳖体重一般单只能达到500～600g。在5月中下旬至6月上旬插种晚稻，10月底或11月初收割，稻鳖共生期约为5个月左右。晚稻收割后可以继续种植大小麦和油菜，翌年5月底春花作物收获后可再实施稻鳖共生模式。其生产流程见图4-6。

稻鳖、田间工程改造　→　3~6月整地、施肥、育秧、插秧　→　鳖苗投放、水稻返青

田间科学管理、符合绿色
或有机要求

10~11月水稻收获、鳖的捕收　←　规模化生产

图4-6　稻鳖共生生产流程示意图

二、稻鳖共生技术要点

（一）稻田选择

稻田应位于阳光充足、坐北朝南的温暖处，契合鳖喜好晒背和怕冷的特性；被选稻田应为水源充沛、水质清新无污染，水分排灌和养鳖看护方便的地方；选择远离人群喧闹的地方，契合鳖胆小、怕闹的特性；水田土壤以沙壤土最好，不渗漏、保水力强、透气性好；电路畅通，交通方便，便于运输。稻田大小根据各地区具体情况而定，一般以5～10亩为宜。水体pH为中性或弱酸性。

（二）稻田改造

（1）开挖鳖沟、鳖溜。沿着稻田田埂内侧四周开挖"田"形鳖沟，并在稻田四个拐角处各开挖一个鳖溜，为中华鳖提供活动、觅食、避暑防寒的场所。鳖沟、鳖溜的面积占稻田总面积的10%～15%，鳖沟宽1.5m、深0.8～1m，鳖溜长4～6m、宽3～5m、深1.2m。根据稻田实际情况，鳖沟也可挖成"卄"、"口"等形状。如图4-7所示。

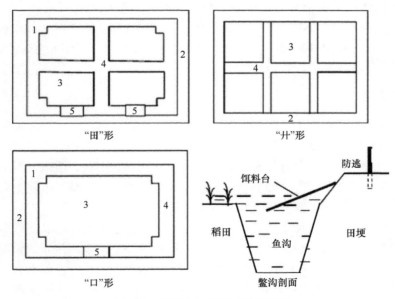

图4-7　稻鳖共生田间结构示意图
1-鳖溜；2-田埂；3-稻田；4-鳖沟；5-机耕道

（2）建造防逃设施。为防止鳖逃逸，养鳖稻田四周应修建防逃墙，可以用砖砌，高0.5m以上，水泥抹平，顶部成"T"形。为减少设施改造成本，利用塑料板或者石棉瓦建造防逃隔离带，方法为将塑料板或石棉瓦埋入田埂泥土中 0.2m，露出地面 0.5m 以上，然后用木桩在每隔 0.9～1m 处固定。为防止中华鳖沿夹角爬出外逃，稻田四角转弯处的防逃隔离带要做成弧形。进、排水口用铁条网封住。

（3）建造栖息、饵料台。根据中华鳖的习性，需在鳖沟中每隔 10cm 左右放置一块木板，作为中华鳖的晒背台和饵料台。木板宽 0.6～0.8m、长 1.5～1.8m，一端固定在埂上，另一端没入水中 15cm 左右。

（三）种苗投放

1. 鳖沟鳖溜消毒及种草

为杀灭鳖沟、鳖溜内的有害生物和净化水质，在中华鳖苗种放养前半个月，鳖沟、鳖溜用生石灰 100kg/亩带水消毒。鳖沟、鳖溜消毒 3～5 天后，向鳖沟、鳖溜内移植水生植物，栽植面积占鳖沟、鳖溜总面积的 30%，为中华鳖提供遮阳躲避的场所以及净化水质。除此以外，在田埂坡上种植丝瓜、佛手瓜、葡萄等藤蔓果蔬，以避免阳光直射和影响中华鳖正常生长。

2. 鳖种放养

早稻插秧结束半个月后，投放鳖种。养殖商品鳖，一般可放养 2 龄中华鳖 300 只/亩。要求选择体质健壮、健康无伤病、活动力强、规格统一的苗种入田，并且在放养前苗种用 15～20mg/L 高锰酸钾溶液浸泡 10～15min。鳖种放在池埂上，由其自行爬入鳖沟、鳖溜。

3. 养殖管理

（1）饵料投喂。人工饲养过程中，中华鳖喜食野杂鱼、切碎的鱼肉等动物性饵料。饵料投喂严格遵守"四定"原则，每天投喂 2 次，投喂时间分别在上午 9～10 时、下午 4～5 时。具体投喂量视当天情况（天气、水温、活饵）而定，一般以 1.5h 左右吃完为宜。种养过程中，可在稻田内投放一些田螺、鱼虾类活饵供鳖食用，以利于提高中华鳖的品质，节省饵料成本。

（2）水质调控。根据水稻和中华鳖不同生长期的不同生长需求，适当升降水位，一般水位保持在 10～15cm。高温季节，在保证不影响水稻生长的情况下，保证水位在 20cm 以上，并且适当增加水生植物的栽植面积。

鱼沟每隔 15 天用生石灰泼洒一次，用量为 50g/m^3，在生石灰泼洒 7～10 天后，再泼洒微生态制剂来改善水质，或定期加注新水，保证每次换水 20～30cm。另外，为净化水质和提高渔产力，也可套养适量鲢、鳙等。

（3）病害防治。严格按照"预防为主、防治结合"的原则进行病害防治。平时应定期进行鳖沟消毒，每天清洗饵料台。每 20 天按 20kg 饵料添加大蒜素 50g

的量投喂或者将中草药铁苋菜、马齿苋、地锦草等拌入饲料中投喂，以预防疾病发生和增强中华鳖体质。高温季节，每 5 天用生石灰水泼洒鱼沟一次，每半个月换水一次，每月用敌百虫、灭虫灵等渔用杀虫剂消毒一次。

4. 收获与捕捞

水稻成熟后，可将稻田水位降低至离沟面 10cm，把鳖驱赶进沟、溜，先行将水稻收刈，然后再将田灌水至淹没田面，继续养鳖。根据市场销售情况适时捕捞上市。捕捞方式一般为干池徒手捕捉。

5. 越冬管理

当年没有起捕上市的养殖田，鳖需要越冬。入冬前一段时间内，增加投喂蛋白质含量高的动物性饵料，保证越冬鳖积蓄足够的能量。水温降至 15℃ 以下时，排干田水，在鳖沟、鳖溜底部铺设 20cm 厚的泥沙，然后注入新水，为中华鳖提供拟自然的越冬环境。越冬期间，保持鳖沟水位在 0.8m 以上，用草帘铺设在鳖沟上，防止水面结冰。一般水体氨氮含量不得高于 0.02mg/L，定期进行水体消毒和加注新水，保证每次加注新水量不高于 10%，水温差不超过 2℃，以防中华鳖"感冒"致病，严禁惊扰、捕捉等操作。

（四）水稻种植与管理

根据品种生育期特性，合理安排播种期，将早稻和晚稻插秧时间分别安排在 4 月中旬和 7 月中下旬，实行宽行窄株条栽，栽植密度为（30～40）cm×（12～15）cm，稻种选择为抗病害、抗倒伏、耐肥性强的早、晚稻。水稻施肥以腐熟有机肥为主，早稻收割结束后，需进行二次施肥供晚稻生长发育需求，可均匀施加腐熟的农家肥 500kg/亩，同时将中华鳖集中在鳖沟、鳖溜中喂养，至晚稻插秧结束半个月后方可放其进入稻田。

（五）晒田施肥

水稻生长期间需要进行晒田。在顺应水稻生长需求和不影响中华鳖生长的前提下，采取轻晒的办法：将水位降至田面露出水面，使田块中间不陷脚，田边表土不裂缝和发白，以见水稻浮根泛白为标准。晒田结束之后，立即将水位提高到原水位。需要注意的是，晒田前要清理鱼沟，并调换新水，以保证鱼沟通畅，水质清新。施肥原则为基肥为主、追肥为辅，农家肥为主、化肥为辅。种养前一定要施足底肥，但为保证田间养料充分，种养期间需进行适量追肥。每 15～20 天追肥一次，每次每亩施 10kg 腐熟的农家粪，保持透明度 20～30cm，田水呈黄绿色。

三、稻鳖共生模式的应用

（一）注意事项

（1）插秧前 15 天，在稻田和鳖沟中均匀施加腐熟的农家肥 500～1000kg/亩，然后灌水泡田，准备插秧。

（2）实行机械化作业的水稻田要在环形沟上修建机耕通道，方便机械进出，鳖沟由管涵连接。

（3）在早稻收割至晚稻插秧这段时间，由于二次施肥，为防止水质过肥，每天加注新水深 20～30cm。

（二）主要分布

中华鳖是喜温的暖狭温性动物，其对水温的耐受范围是 20～35℃，最适水温为 27～33℃，生态幅狭窄，易受到低温的限制。中华鳖的放苗时间多为 4 月下旬至 5 月上旬。因此，中华鳖稻田养殖必须要满足的条件是单季稻中稻稻田的气温在 5 月份的平均温度达到 20℃以上。适宜稻鳖养殖的地区是华南、华中、华北稻作区的所有中稻稻田以及西南的云南省中稻稻田。目前，适宜稻田养鳖的稻田总面积为 $1.471\ 18×10^7 hm^2$，约合 2.7 亿亩。

由于该模式是通过水稻和中华鳖共作和轮作，使中华鳖的排泄物成为水稻肥料，鳖还能吃掉部分稻田中的病害，种植的水稻又能吸肥清淤、改良池塘底泥，使水稻和鳖病虫害明显减少，从而减少农药和化肥的使用，实现了水稻增产，起到了稳粮养鳖增收的作用，提高稻田效益。目前该模式在浙江、湖北、福建等省建立核心示范区 5 个，核心示范区面积 1740 亩，示范推广 18 952 亩。

（三）典型案例

德清稻鳖共生模式，实现亩产效益过万。水稻只管种，不用管，不打一次农药，不施一点肥料，亩产仍能超千斤。在德清，这种种在鳖塘里的水稻，已经成功实现了"稻鳖共生"。除去各类成本，3600 多亩鳖塘种上 2000 多亩水稻后，每亩可净赚 1 万多元，真正实现"千斤粮、万元钱"目标。

德清新港现代农业综合区的"清溪花鳖"养殖基地是浙江清溪鳖业有限公司省级稻田养鱼示范点，主要以鳖稻轮作、鳖稻共生模式生产清溪香米和清溪花鳖、乌鳖。该公司自 1999 年开始稻鳖轮作试验，经过十余年的探索，形成鳖与农作物轮作的一整套生态种养结合模式。2010 年全面推广鳖稻轮作模式，2011 年开展鳖稻共生生态养殖模式。由于鳖和水稻在同一块田里共生，因此不宜在稻田施化肥农药，也不用给鳖喂饲料，只让鳖吃食稻田里的虫、蛙、杂草等，而鳖的粪便又是水稻很好的肥料，真正实现稻鳖共赢，稻鳖共生模式增加经济效益30%以上。这种水稻味道好，市场价可以达 36 元/kg，这种鳖也打响知名度，成为德清新港省级综合区内研发的水产新品种——清溪乌鳖。按平均净产大米 300～350kg/亩、鳖 150kg/亩计算，一年下来亩产值可达 2 万元。2015 年这一生态养殖模式让亩产值达到 28 399 元，其中商品鳖亩产值 23 107 元，水稻 5292 元。

第五节　稻鳅共生模式

一、稻鳅共生模式特点

稻鳅共生是将泥鳅与水稻结合在同一生态系统内，充分利用泥鳅生命力强、底栖杂食性、耐低氧等生物学特性，发挥泥鳅在稻田中的除草、除虫、造肥、增加水体溶解氧等功用，使两者共生互利，相得益彰。该模式生产操作简便易行、宜于推广，在水稻生长旺期泥鳅不需投饵，且能够有效减少水稻病虫害的发生，减少农药的使用，从而提高水稻产量和稻米品质，具有管理方便、产量高、见效快、环保节能的特点。

（一）稻鳅共生模式的发展变化

泥鳅在鱼类分类学上属鲤形目鳅科泥鳅属。本属在世界上有十多种，常见的有真泥鳅、沙鳅、粗鳞扁鳅、红泥鳅等。其中真泥鳅生长较快，经济价值较高，是唯一可以进行稻田养殖的种类。泥鳅属小型杂食性鱼类，广泛分布于日本、朝鲜、中国和东南亚诸国。在我国除青藏高原外，各地河川、沟渠、水田、池塘、湖泊及水库等天然水域中均有分布，尤其是在长江和珠江流域中、下游地区分布更广，产量更高，是我国主要经济鱼类之一。

泥鳅在国内外一直比较畅销，尤以日本和我国港澳地区最受欢迎。在日本，普遍认为泥鳅是高蛋白、低脂肪的夏令滋补佳品。过去供应国内外市场的商品泥鳅，主要依靠捕捉野生泥鳅。近年来，由于环境污染，泥鳅的产卵繁殖环境及天然饵料资源遭到严重破坏，导致天然泥鳅资源锐减，已远远不能满足市场需要。泥鳅的养殖业因此得到迅速发展，我国的台湾、江苏、浙江、湖南、湖北、广东及上海等省（直辖市），在捕捞野生泥鳅蓄养出口的基础上，开展了泥鳅人工繁殖和养殖的研究，取得了一定经验，其中稻田养鳅是最广泛的养殖方法之一。由于泥鳅的苗种及饵料比较容易解决，养殖方法简单，经济效益也较好。加上我国内陆水域资源丰富，特别是稻田面积广阔，自然条件优越，所以，发展泥鳅的稻田养殖，是当前农村一项有广阔发展前景的新兴产业。

（二）稻鳅共生的优势及特点

稻鳅共生是秉承生态农业原理，挖掘稻田生产潜能和物质的循环利用，将种植水稻与养殖泥鳅有机地结合在同一生态环境中。通过泥鳅在稻田中进行水层对流及物质交换，增加底层水中的溶氧，排泄物能及时补充肥料，促进水稻的生长，提高稻米产量和质量，达到稻鳅共生互惠互利的作用。

实践证明稻田是泥鳅的最适生产环境，具良好生态效益。泥鳅营底栖生活，放在稻田中饲养，可以起到松土、促进水稻生长的作用。同时它可吃掉部分螟虫卵及褐稻虱，控制水稻的病虫害。泥鳅的上下游动还能加速水层对流、物质交换，成鳅能充分摄取水中的适用饵料和杂草，减少饵料的投喂。泥鳅的新陈代谢为水稻的光合作用提供了二氧化碳，而水稻吸收泥鳅的排泄物和剩余饵料补充所需肥料，有利于生长，两者间形成了有效的生态互补。

与水稻单作相比，稻鳅共生种养模式使土壤的化学性质得到明显改善。在一次性施肥的情况下，土壤 pH 降低更多，趋向中性；有机质下降减缓；碱解氮含量有所增加，但增幅较小，土壤速效磷减少更快，吸收得更多。同时，稻鳅共生种养模式下水稻长势更好，分蘖率、有效穗数和千粒重显著提高是水稻增产的重要原因。从土壤的化学性质变化也可以看出，稻田养殖泥鳅对土壤肥力的影响不可小觑，可促进水稻生长，减少人工施肥，达到环境效益和经济效益的"双丰收"。

"水稻+泥鳅"的生态种养模式既提高了稻米品质，又增加了水产品的经济产出。稻鳅生态种养不使用化肥、农药，通过覆膜保水除草、"天网"防鸟、生态防虫灭虫等农业创新手段，不仅生产出来的优质大米供不应求，没想到连废弃的秸秆也成了抢手货。种养田块中放养的"鳗鳅"是台湾选育的优良品种，规格是本地泥鳅的 4～5 倍，口感可与鳗鱼媲美，因而售价极高。按目前市场批发价 70 元/kg 概算，此稻鳅生态种养模式的亩均效益能达到 1 万元以上。

（三）稻鳅共生的模式规范

稻鳅共生有外购泥鳅苗种和稻田原位秋季繁殖鳅苗两种模式。外购泥鳅苗种通常在 4～5 月投放外购泥鳅苗种，至当年 8～9 月起捕商品泥鳅；稻田原位秋季繁殖鳅苗可在当年 8 月从原稻田养殖的商品泥鳅中选留，进行稻田原位秋季繁殖鳅苗，越冬后继续养殖至翌年 8 月份起捕商品泥鳅，稻田原位秋季繁殖鳅苗模式操作简便，省去了苗种购买费用，仅增加了催产药品费和孵化用具费，养殖商品泥鳅经济效益优势明显。

养鳅稻田不宜过大，一般 1～3 亩，多采用沟坑式，设置回形沟，沟壁要陡，同时注意防逃、防鸟（图 4-8）。

农田改造　　　　　　　　　　　　培水放苗

水稻种植　　　　　　　　　　　　稻鳅收获

图 4-8　稻鳅共生生产田间示意图

二、稻鳅共生技术要点

（一）稻田选择

选择水质良好、排灌方便、日照充足、温暖通风和田埂坚实不漏水，能保持一定水位的较低洼稻田进行养鳅最为适宜。土质要求微酸性、黏土、腐殖质丰富为好。田块大小一般以 1～3 亩为宜，水稻品种以生长期长的单季晚稻为宜。

（二）稻田改造

放养前，要加高、加固田埂。田埂的高度和宽度应根据需要而定，一般埂高 50cm，宽 30cm。田埂至少要高出水面 30cm，且斜面要陡，堤埂要夯实，以防裂缝渗水倒塌。堤埂内侧最好用木板或水泥板挡住，底部要埋入地下 20～30cm。稻田要开挖围沟和田间沟。围沟一般宽 2～3m，深 50cm，田间沟宽 1～1.5m，深 30cm，沟的面积占整个稻田面积的 10% 左右。另外，田角留出 2m 以上的机耕道，便于拖拉机进田耕耘。田埂内壁衬一层聚乙烯网片或尼龙薄膜，底部埋入土中 20～30cm，上端可覆盖在埂面上。田埂要求整齐平直、坚实，高出埂面 50～60cm。开挖鱼沟、鱼窝是稻田养鱼的一项重要措施，鱼沟与鱼窝相连，可开挖成"十"字沟、"田"字沟等。当水稻浅灌、追肥、治虫时，泥鳅有栖息场所。盛夏时，泥鳅可入沟窝避暑；秋冬季，便于捕鱼操作。一般鱼沟宽30～50cm、深30～50cm。每个鱼窝4～6m^2，深30～50cm。形状为方形、圆形、长方形。鱼窝最好选择在便于投喂管理的位置，如田块的横埂边或进出水口处。鱼沟和鱼窝的面积占稻田面积的5%～7%。

防逃、防敌害设施。稻田的进、排水口采用密目铁丝网或尼龙网做成拦鱼栅，防止敌害生物进入及泥鳅逃逸。稻田四周用高约50cm的尼龙网围成侧网，下端埋入地下30cm，防止蛇、鼠等敌害生物进入。鸟害严重区域进行泥鳅养殖时还应架设天网，可用热镀锌钢管在田埂上打桩，桩高出地面2.5m。在钢管顶端用钢丝经纬型把钢管全部拉挺，四周做好扳线，然后盖上天网，网目13目。天网与侧网连接扎实，不留空隙，防止鱼鹰、白鹭、夜鹭等天敌的侵害。

（三）鳅的放养

1. 种苗放养

泥鳅品种可选用当地野生种或引进的品种（如台湾鳗鳅要考虑适应性问题，是否适合所有地区）。放养前2～3周，每亩用100kg生石灰消毒，1周后，注入30～40cm新水。同时，每亩施入经腐熟发酵的有机肥200～300kg，并在肥料上覆盖少量稻草和泥土，培养水质，为泥鳅种下塘后提供丰富的饵料生物。放养规格要求全长在3cm以上，最好是5cm以上，这样可当年养成商品鳅。

放养时间可根据本地的气候特点，一般在5月上旬至6月中旬放养为宜，此时水温已达到20℃以上，泥鳅放养后可正常摄食。放养密度要根据养殖户的管理水平、稻田条件及苗种规格确定。一般3～5cm的鳅种，每亩放养1万～2万尾。鳅种放养前，要用3%～4%食盐水或20～30mg/L的高锰酸钾浸泡10～15min。

2. 鱼鳅日常管理

（1）泥鳅投喂。泥鳅属于杂食性小型经济鱼类，随着气温、水温的升高，泥鳅的活动量和摄食量逐渐增加，应加强饵料的投喂，主要投喂全价膨化饲料，饵料应均匀地投在环沟内，注意观察泥鳅的摄食情况，投喂量要根据摄食情况及时进行调整。投喂采取"四定"原则，定时：每天投喂2次，分别是上午9时左右和下午5时左右；定点：饵料投喂在固定的饵料台上；定质：保证投喂的饵料不受潮、不变质、不霉变等；定量：根据泥鳅的不同生长阶段和天气、水温变化进行投喂，在一定时期内投喂量相对稳定，投饵量为泥鳅总重量的6%～8%，以泥鳅在1～2h内吃完为宜。

（2）水体调控。在栽种秧苗15天内保持浅水位，这样有利于提高水温和地温，促进稻苗长根和分蘖。随着温度的逐渐升高，秧苗也进入生长旺盛期，此时可以逐步提高水位，当水稻茎蘖数达到计划穗数时可保持稻田水位在 10～20cm。在夏季高温季节还要采取加注新水排出老水的办法，一般每月换水 3～4 次，换水量为 10～15cm。每 15 天泼洒光合细菌、芽孢杆菌、EM 菌液等微生态制剂和底改类产品进行水质底质调控，以改善水体水质，同时，使用二氧化氯类消毒产品定期对水体进行消毒。

（3）病害防治。放养泥鳅苗前 10 天，每亩用生石灰 20kg 制成石灰乳全田遍洒消毒，养殖过程中每隔 1 个月用漂白粉 1mg/kg 遍洒 1 次。稻田养殖泥鳅主要有两种病。一是车轮虫病。由车轮虫寄生所致，泥鳅患此病后摄食减少，离群独游，严重时虫体密布，如不及时治疗，轻则影响生长，重则引起死亡。流行季节为 5～8 月份。防治方法：一是在放养前用生石灰彻底清田消毒；二是用 0.7ppm[①]硫酸铜和硫酸亚铁（两者比例为 5：2）合剂全田泼洒。二是肠炎病，病鳅肛门红肿、挤压有黄色黏液溢出，肠内无食物或后段肠有少量食物和消化废物，肠壁充血呈红色，严重时呈紫红色。水温 25～30℃时是发病高峰期，死亡率高达 90%以上。防治方法是用大蒜素 5g 拌入 4kg 饲料中投喂，连喂 3 天；或每 100kg 泥鳅每天用干粉状地锦草、马齿苋、辣蓼各 500g、食盐 200g 拌饲料投喂，分上、下午 2 次投喂，连喂 3 天。此外，泥鳅病害还有水霉病、腐鳍病、赤皮病等。

3. 捕捞收获

泥鳅一般经过 4～6 个月的养殖，可适时捕捞商品鳅上市销售。捕捞时通常采用诱饵篓捕法，即在鱼篓中放入泥鳅喜食的饵料，如炒香的麦麸、米糠、动物内脏、红蚯蚓等，待大量泥鳅进入篓中时起篓即可。捕捞时可以捕大留小，小规格的泥鳅可以作为种苗，转入第二年养殖。

（四）水稻栽培管理

一般种植一季中稻，6 月上旬移栽，按正常的种植管理，全程不施农药杀虫，而采用杀虫灯诱杀。如为双季稻田，在早稻收割后，将泥鳅引入鱼沟或鱼窝中暂养，待晚稻插秧后再放养。

施肥原则如下：①以基肥为主、追肥为辅。基肥占全年施肥量的 70%～80%，追肥占全年施肥量的 20%～30%。②以施有机肥为主、化肥为辅。有机肥可作基肥也可作追肥，化肥以作追肥为宜，化肥每次用量不得超过安全用量，如每次用量硫酸铵为 5～10kg/亩、尿素为 5～10kg/亩、硝酸铵为 3～5kg/亩、过磷酸钙为 5～10kg/亩、硝酸钾为 4～6kg/亩。③有机肥与化肥混合使用。混合使用能取长补短、增进肥效和增加产量。如将钙镁磷肥和有机肥按 1：10 的比例混合，沤制 1 个月以上，能促进钙镁磷肥溶解。

---

① 1ppm=$1×10^{-6}$。

病虫害防治。为保障水稻及泥鳅达到有机食品或绿色食品的标准，可在稻田中安装太阳能杀虫灯，可有效杀灭稻田中的有害飞虫，避免使用有毒农药，如果病虫害严重发生，必须防治时应选用高效低毒农药，用药时适当加深水位；同时，农药不能直接喷入田水中，而应尽量喷在稻叶上。

三、稻鳅共生模式的应用

（一）注意事项

（1）防逃。泥鳅的逃逸能力较强，进排水口、田埂的漏洞、垮塌，大雨时水漫过田埂等都易造成泥鳅的逃逸，因此，养殖泥鳅的稻田都要加高加固田埂，扎好进排水口。

（2）防敌害。"地膜"、"天网"技术的运用，有效提高了泥鳅养殖的成活率和回捕率，在泥鳅养殖防逃及防鸟的关键技术上得到了创新突破。

（3）防缺氧。在稻鳅共养过程中，要经常加注新水，特别是在高温季节，要加深水位，防止缺氧浮头，并做好每日巡视田块、检查摄食状况等。

（二）主要分布

目前该模式在浙江、湖南、安徽、四川等省建立核心示范区 4 个，核心示范区面积 270 亩，示范推广 13 130 亩。典型模式如下。

浙江地区的稻鳅共生模式。2011 年以来，浙江省已成功地在金华、嘉兴、温州、杭州、绍兴等地推广稻鳅共生模式，面积超过 3000 亩，亩均效益达到 5584元，最高亩效益超过 1 万元。

湖北天门稻鳅共生模式。技术要点是在每块稻田的四周，空出宽 80 多厘米、深 40 多厘米的沟渠，设置进排水管，布置防鸟网片。投放 5cm 左右的泥鳅苗种，鳅苗需经食盐浸洗、水温调节、选点投放、平水入沟等技术处理。亩产稻谷 500kg左右，亩收泥鳅 80～140kg，按绿色食品的每千克大米 30 元、泥鳅 40 元计算，亩产值近 2 万元，比单一普通种植稻谷亩增收 1 万多元。2013 年，天门被全国水产技术推广总站列入全国稻田综合种养示范区，将主推稻鳅共生养殖。

（三）典型案例

浙江省衢州市开化县桐村镇不是重点粮食生产功能区，考虑到开化山区农田土质普遍偏弱酸性，以黏性土壤为主，受周边山林影响腐殖质较多，比较适宜泥鳅生长。开化县桐村镇严村村民邹念红流转荒芜土地 60 亩，选择在该地区开展稻鳅共生新型养殖模式（以主要获取水产品的经济效益为主），有效利用山区荒芜土地资源，拓宽养殖空间，发展特色生态渔业。

邹念红根据原先田块开挖，共开挖 25 块田，合计 60 亩，一般每块田面积都在 2～3 亩。该基地总投资 25 万元左右（基建部分），主要建设内容为农田开挖、水稻种植垄土堆积，埋设进排水管，田埂四周铺设防逃网片，搭建杀虫灯等。主要技术特点与一般的稻鳅共生模式相仿，通过有效发掘物种间相互循环利用的机理，取得稻谷、水产品同步增产的良好经济生态效益。

稻田是新耕的荒芜农田，种植的水稻选择甬优 15 号，扦插密度为 8000 株/亩左右，放养泥鳅为台湾鳗鳅水花，密度为 21.7 万尾/亩。收获的台湾鳗鳅分三批次由饲料经销商收购，规格约 25 尾/kg，累计收购 3600kg，起捕时间为 9 月 30 日后。稻谷收割采用人工收割方式，收割时间为 10 月 15 日后。

经初步测算，60 亩稻鳅共生田，共收获台湾鳗鳅 3600kg（其中部分泥鳅未捕获），稻谷 28 800kg，总产值 374 400 元，总成本 237 754 元（养殖塘及配套设施以 9.5%的折旧率计算），总毛利 136 646 元，亩利润 2277.43 元。

经过 60 亩稻鳅共生的新模式尝试，实践证明，稻鳅共生是解决"政府要粮、百姓要钱"的一条新路，也是保障现代农业发展的创新之举。该模式累计取得产值 37.4 万元，亩产值 0.6 万元，实现利润 13.6 万元，亩利润 0.23 万元，比传统的种植业效益高出 4～5 倍。同时该模式还有很大的改进空间。

（1）采用先栽水稻后放养泥鳅的方式，既可以促进水稻保苗与生长发育，又可以避免种田、施肥等作业对泥鳅的伤害，提高成活率；

（2）放养的泥鳅水花成活率极低，不足 2%（有部分未捕获），建议选择规格大些的苗种，一般为 150～250 尾/kg 为宜；

（3）所有养殖田架设防鸟、防虫网，可以减少鸟害、虫害等，减少农药使用次数，提高稻米品质；

（4）该模式下种植的稻谷，质优价高，售价可达 8 元/kg，如加工成大米出售价格可达 12 元/kg，可适当提高优质稻米的生产比例，提高综合效益。

第六节　稻鳝共生模式

一、稻鳝共生模式特点

稻鳝共生是将普通水稻种植田按一定的要求进行改造，使之成为水稻种植和鳝鱼养殖一体化的稻田综合种养生态系统，既可确保粮食生产，还可以满足人们对味美、营养丰富鳝肉日益增长的需求，促进农民增产增收的生产方式。

（一）稻鳝共生模式的发展变化

黄鳝，俗称鳝鱼、长鱼、罗鳝、无鳞公子等，分类学上属合鳃目合鳃科黄鳝亚科黄鳝属。黄鳝肉质爽滑、味道鲜美、营养丰富、药用价值高，是深受国内外消费者喜爱的美味佳肴和滋补保健食品，我国江浙一带素有"无鳝不成席"的说法，无锡的"脆鳝"更是闻名全国。

自古以来，黄鳝也产自稻田，稻田是黄鳝很喜欢的生活场所，稻田的生态环境适合黄鳝生长。黄鳝是一种底栖生活鱼类，对环境适应能力极强，所以在各种淡水水域几乎都能生存。喜栖于腐殖质多的水底淤泥中，甚至在水质偏酸的环境中也能很好生活，常钻入泥底、田埂、堤岸、乱石缝中洞里穴居。洞穴很深，洞长约为鱼体全长的一倍，结构较复杂，有一个甚至多个洞口。黄鳝昼伏夜出，白天静卧于洞内，夜出活动。黄鳝是一种以动物食物为主的杂食性鱼类。主要摄食各种水、陆生昆虫及幼虫，如摇蚊幼虫，飞蛾，水、陆生蚯蚓等，也捕食蝌蚪、幼蛙、螺、蚌肉及小型鱼、虾类。此外，兼食有机碎屑与藻类。饥饿缺食时，捕食比自身小的黄鳝和鳝卵，也食部分麸皮、熟麦粒、蔬菜等植物。鳝苗前期以摄食水中红虫为主，后期则以较大的虫为主。幼鳝与成鳝的食谱基本相同。黄鳝对植物性饵料大都是迫食性的，效果不好。但鱼苗取食某种饵料的习惯一旦形成，就很难改变。因此，在饲育黄鳝的开始阶段，必须做好各种饵料的驯饲工作，为人工饲养打好基础。

黄鳝药食同源，有很高的滋补营养价值。国内外对黄鳝的需求量不断上升，其价格也越来越高。20 世纪 80 年代我国每年出口黄鳝 800t，90 年代逐渐上升至 1000t，最高达 2000t。近几年供不应求，货源不足。去年日本市场黄鳝的价格比鳗鱼还贵。随着人们生活水平的提高，国内对黄鳝的需求量不断增加，价格也在较大幅度上涨。全国的鳝鱼价格由前几年的 20~40 元/kg，涨到现在的 30~100 元/kg，最高达 140 元/kg。

长期以来，黄鳝主要以捕捞天然资源供应市场。但随着国内外市场的扩大，野生资源逐渐减少，据有关资料显示，我国黄鳝的自然资源已从 20 世纪 60 年代的平均水平 90kg/hm^2 降至目前的不足 1.5kg/hm^2，不少地区已濒临绝迹。进行人工养殖则是解决供需矛盾、保护自然资源的必由之路。

我国自 20 世纪 80 年代开始，在小土池、水泥池利用季节差价进行围养，90 年代后，涌现出稻田养殖、流水养殖、流水鳝蚓合养等，1994 年开始在湖南常德、浙江湖州、江苏滆湖等地出现网箱养殖，取得了较好的经济效益。但网箱养殖成本较高，而利用稻鳝共生，既可发挥稻田的生态优势，为鳝鱼提供天然饵科、充足的水源、生息的泥地、荫闭的水面，促其速生快长，又可利用鳝鱼在泥中钻洞、窜行，在水面捕虫、排粪的习性，为稻田松土、除虫、增肥，促进水稻生长，以达到一地两用、优势互补、种养结合、稻鱼双增的目的，是实现农业增收、农民致富的又一条途径。

（二）稻鳝共生的优势及特点

（1）稻田养殖黄鳝可以同水稻之间起到相互促进的作用。一方面黄鳝为水稻生长起到松土通气作用，另一方面是黄鳝的粪便给水稻提供了良好肥料，而水稻也为黄鳝提供了遮阴作用的良好栖息环境，稻田养殖黄鳝，粮食不但不会减产，还会相应的增产。

（2）普通稻田养殖黄鳝投资成本低，甚至比网箱养殖更低。稻田养黄鳝只需要一些塑料薄膜或尼龙网，一亩地材料投资最多一二百元。

（3）稻田养殖黄鳝技术易掌握。其养殖方法比水泥池法简单、比网箱养殖法方便。

（4）稻田自然资源丰富，生产效益高。稻田养殖相对于水泥池和网箱来说单位面积产量虽低，但在粮食不减产的前提下，增加了额外的黄鳝收入，养鳝所得收入比种田高出了 5～6 倍。

（三）稻鳝共生的模式规范

稻田养殖黄鳝有稻田沟坑养鳝和稻田网箱养鳝两种模式（图 4-9）。稻田网箱养鳝可采用宽沟式，网箱设置在宽沟内；稻田沟坑养鳝对田间要求不高，主要是沟坑式，做到沟浅坑深、沟坑相通，沟只挖 25cm 深、40cm 宽即可，坑可不需太大，深 60cm 以内即可用以喂食，保水防旱，稻田面积也不宜过大，一般1～3 亩；在低洼冷浸田多采用垄稻沟鱼式养殖工程，简言之即是在垄上种稻，沟中养鳝。

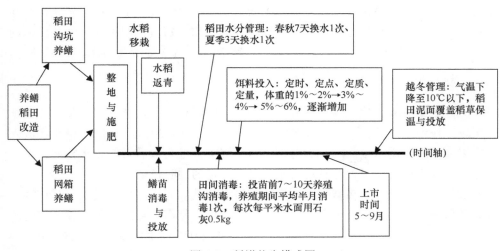

图 4-9　稻鳝共生模式图

二、稻鳝共生技术要点

（一）稻田选择

水质清新无污染，水量充沛，排灌方便，田埂坚实不漏水，以保持一定水位的较低洼稻田为好。

（二）稻田改造

修筑田间工程及防逃设施：加高加宽田埂，田埂高 70cm，底宽 60cm，顶宽 45cm，在田埂上用塑料薄膜或纱网做防逃设施，膜或网高出埂面 20cm，埋入地下 10cm。

（1）稻田网箱养鳝田块改造。设置在稻田中的网箱为长方形或正方形，面积 10～20m²，高度 1～2m。制作网箱的网片必须具备三个条件：一是牢固耐用，抗老化耐拉力强，能用 3 年；二是网布不跳纱，不泄纱；三是网目小，以黄鳝尾尖无法插入网眼为宜。网箱设置在进水口处，排列整齐。网箱总面积不超过稻田总面积的 1/3。放箱方法：先排干田水，按网箱形状和大小挖泥，深 40～50cm，把网箱平放，网箱四角用木桩支起张开，再把挖起的泥土回填入网箱中，垒成泥埂或平铺，这时网箱内的泥面和田面基本持平，泥面以上网箱高出 60～80cm。非网箱区的稻田按常规耕作。

（2）稻田坑池养鳝田块的改造。为方便管理，养鳝坑池一般挖在稻田四周或四角处，每个坑池面积 15m² 左右，坑深 80cm，坑池埂高 20cm，池的四壁及底部用红砖或石块相互衔接围砌，以水泥砌嵌接缝，坑底铺满 30cm 厚的肥泥，两端铺设管径 10cm 的进出水口，管口用铁丝网作拦塞，每亩稻田用于建坑池的面积约 80m²，不超过 120m²。坑池间以沟连通，沟宽 30cm、深 35cm，坑沟在插秧前建好。

（三）黄鳝的放养管理

（1）黄鳝放养。挑选规格整齐、无病无伤的鳝种放养，选择体色黄色并夹杂有大斑点作养殖品种较佳，生长较快，放养规格为 5～20cm。运回的鳝苗在放入池中以前，应先用 3%～4%的食盐浸洗 4～5min，既可以有效防止水霉病，又可消除鳝苗体表的寄生虫，并且对寄生虫具有一定的预防作用。

（2）苗种放养。禾苗栽插（网箱中亦按常规栽插）成活后，投入黄鳝苗种。可就地选购笼捕无病无伤无药害，且体呈深黄有大黑斑的黄鳝苗种。放养密度：每平方米网箱放尾重 50g 的苗种 40～80 尾。放养前用 3%的食盐水浸洗消毒。

（3）饲养管理：①水质管理：保持田中水质清新，适时加注新水，一般春秋季 7 天换水 1 次，夏季 3 天换水 1 次。确保做到水质"肥而不腐、活而不疏、嫩而不老、爽而不寡"。②饵料管理：鳝种放养后 3 天内不投饲，以使鳝种体内食物全部消化成为空腹，使其处于饥饿状态，然后在晚上投喂黄鳝喜食的蚯蚓和切碎的小杂鱼或动物内脏，投饲量为体重的 1%～2%。等到吃食正常后，可在引食饲料中掺入蚕蛹、蝇蛆、鱼粉、米糠、瓜皮等饲喂，投饲量视吃食情况逐渐增加到体重的 3%～4%，在水温 26～28℃黄鳝生长最适温度时，投饲量可增加到体重的6%～7%。③病害管理：病害的防治在养殖业中具有非常重要的地位。不仅苗种在放养前要消毒，养殖沟在鳝苗投入前 7～10 天，每平方米需用生石灰 0.3kg 清塘消毒，平时每半个月用 15mg/L 的生石灰溶液消毒，做好预防工作。鳝种在捕捞、运输和放养过程中要尽量避免擦伤，以防细菌侵入发生赤皮病，症状为：体表出血、发炎，以腹部和两侧最为明显，呈块状，需内服药和外用药消毒结合治疗。预防方法：鳝种放养时严格消毒，坚持经常巡田，检查各项设施是否有损坏，特别在雨天要对进、排水孔及堤坝进行严格检查，防止黄鳝逃逸。

（4）越冬管理。进入冬季，当水温降至 10℃以下，就可排干池水，在泥面上盖一层稻草，厚 5～10cm，保持土壤内的温度和湿度，让黄鳝越冬，注意预防鼠、鸟、黄鼠狼等为害。

（5）捕捉收获。春季前后，黄鳝的市场价是 5～9 月份的 2～4 倍，这时挖泥捕捉销售，可获丰厚的利润。稻田中设置网箱养鳝，稻谷可增产 5%～15%，每平方米网箱黄鳝净利 50～200 元。

（四）水稻种植与管理

合理施肥和喷洒农药。①施肥原则。重施基肥、巧施追肥，有机肥为主、化肥为辅。栽插禾苗翻耕稻田时施足基肥，每亩用量：腐熟人畜粪 600～1200kg，或尿素 20～25kg，或碳酸氢铵 25kg。巧施追肥，每亩每次用量：腐熟人畜粪 200～400kg，或尿素 4～8kg，或硫酸铵 8～12kg，或过磷酸钙 4～8kg。施追肥时要根据稻田水质、水温高低，灵活掌握用量，每次切莫过量，以免毒害黄鳝。无机追肥最好化水泼洒。②喷洒农药。先诊断所防治病虫害的种类，再选择高效低毒农药。每次用药量不能过大，按常规用量不会对鳝造成危害。用粉剂药应在早上带露水匀撒，水剂农药必须兑水并在露水干后喷洒到叶面上，固体农药也须化水喷洒，尽量减少药物散入水中。气温高，农药毒性会增强，应注意危害。喷药前增加稻田水深达 10cm 以上。可用边喷药边换水的方法最为安全。为防药物对黄鳝产生毒害，也可先做试验，再全面用药。

水分管理的调节。根据水稻各生育期的需水特点兼顾鳝鱼的生活习性采取苗期、分蘖期稻田水深保持在 6～10cm，分蘖后期至拔节孕穗前轻微搁田一次，拔节孕穗始至乳熟期保持水深 6cm，往后灌跑马水与搁田交替进行，搁田期内围沟和厢沟水深要控制在 15cm 左右，并经常更换新水。

三、稻鳝共生模式的应用

(一)注意事项

(1)防逃。黄鳝既怕干,也怕淹,会打洞。因此,在稻田四周应用黄鳝钻不动的硬质材料插入田埂下避免逃跑,也可用厚塑料薄膜、蛇皮袋埋入田埂内侧夯实防逃。黄鳝体滑喜逃,特别是缺乏饲料或雷雨天、水质恶化时,易大量逃逸。逃逸时,头向上沿水浅处迅速游动或整个身体窜出,若周围有砖墙或水泥块时,能用尾向上钩住然后跃出。若池堤有洞或下水道、排水孔,则黄鳝更易逃逸,严重时逃得精光。所以养黄鳝自始至终要十分重视防逃工作。

(2)选种。选择种苗时,要选择健壮无伤的黄鳝。用钩钓来的黄鳝,咽喉部有内伤或体表有损伤,易生水霉病,有的不吃食,成活率低,均不能作鳝种,体色发白无光泽、瘦弱的黄鳝也不能作鳝种。最好选体色发黄并杂有大斑点的黄鳝,生长快,而体色青黄的黄鳝生长一般,体色灰、斑点细密的黄鳝生长慢,一般也不易选作鳝种。鳝种的大小规格最好是 30~50 尾/kg。而且切记不能大小混养。

(3)培育。可在稻田中央建起一个 $10m^2$ 左右的蚯蚓池,池底一层稻草、豆秆等,再铺上一层污泥,等水浸泡 2~3 天后再施以鸡粪、猪粪,进行水蚯蚓接种。插秧后,放入 1.2 万尾鳝苗。头天晚上给稻田断水,这样水蚯蚓池缺氧,水蚯蚓在池面上形成蚓团,黄鳝可自行取食,平时搭配投喂一些植物性饲料如豆饼、麦麸、米粒等,加上稻田里有着丰富的天然饵料,黄鳝的生长良好。

(4)饲养管理。①投饲要定时定量,每天投喂量约为黄鳝体重的 5%~8%,人工投饲可因地制宜,如蚕蛹、小鱼、小虾、猪下水等均可做饵料,食物缺乏时可用植物性饲料,如米饭、麦麸等。喂食一般在下午 6~7 时为宜,因黄鳝白天亮光下喜潜伏。次日捞去吃剩的食物,以免腐烂败坏水质。②保持水质清新:高温季节增加换水次数,及时清除残饵。下暴雨时要及时排水,以免败坏水质,另一方面也避免鳝池漫水造成黄鳝逃跑。养鳝池的水质不宜太肥,一般天气水深不低于 10cm,高温季节不低于 20cm,夏季可搭凉棚遮阴,以利于生长。③注意及时分池,避免大小鳝苗在同一水域饲养而造成成鳝摄食幼鳝,因为黄鳝在饲料不足或缺乏时有自相残食的习性。④注意农田施药:尽量采用高效低毒农药,并严格控制安全用量。施药前可适当加深田水,施药时,喷嘴应横向或朝上,尽量将药喷在稻叶上。粉剂药宜在早晨露水未干时喷施,水剂应在露水干后施用,注意下雨前不宜施药,坚持多巡塘观察。⑤防暑保温。黄鳝怕冷、怕热,水温为 5~30℃时能生存,23~28℃是最适生存水温,高于 32℃要入洞避暑,低于 5℃就钻洞越冬,越冬温度低时,可在田里放一层稻草或者加深养殖水域、增加保温效果。

(5)放养鳝苗要求无病无伤、体格健壮。

（6）养鳝田应套养 5% 的泥鳅，通过其上下窜动起到增氧作用，防止黄鳝相互缠绕、得发烧病。

（7）注意水位调节和流动。保持稳定水位，维持黄鳝稳定的生存环境，促进生长；保持水体微循环状态，增加水体溶氧量，以利稻和鳝的生长。

（二）主要分布

黄鳝自然分布除了在我国北方的黑龙江，华西的青海、西藏、新疆以及华南的南海诸岛等地区很少以外，全国其他地区均有分布，特别以长江中下游地区的湖泊、水库、池沼、沟渠和稻田分布密度大，其群体产量高。南方各省水温较暖，产量也较高。近期随着水产业的发展，促生人工引鳝养殖，目前黄鳝已广泛分布于我国各地淡水水域。

在 20 世纪 80 年代初，曾有湖南、湖北、四川、山东、安徽等地区，出现不少养鳝个体户，养殖规模不大，但总体产量较高；但后来大都偃旗息鼓，或改养其他鱼类。究其原因，主要是黄鳝的苗种批量生产，配套饵料和病害防治等技术问题亟待解决。随着市场和生产的推动，许多科研及生产单位、大专院校对黄鳝生物学特性和人工养殖技术开展了大量的工作，为黄鳝人工养殖开辟了新前景。特别在长江流域和珠江流域盛产黄鳝的地区，生产者利用各种形式饲养或暂养黄鳝，如稻田、网箱、水泥池、池塘及农村的坑凼、庭院等，虽然较大规模养殖的目前不多，但这些不拘形式饲养的水体，却星罗棋布般在农村及城郊发展，其面积和产量相当可观。目前在我国黄鳝的养殖业随着市场消费的需求，农副水产品结构的调整已开始向集约化、规模化、商品化的方向发展，大幅推动了稻田养殖黄鳝这种经济效益高的种养结合生产方式的发展。

（三）典型案例

浙江德清泰丰生态农业开发有限公司是南太湖明珠、鱼米之乡、文化之邦的湖州的一个民营企业。公司在德清县武康镇双燕村长永畈建设鳝稻共生基地共 1360 亩，由稻鳝共生区和黄鳝种苗培育区组成，经过前期的规划筹备，已经初见雏形。公司董事长谢土根根据多年养鳝经验，实行鳝池种稻，先在低湖田养殖黄鳝两年，待土壤结构改变，再种两年稻谷，分区实行稻鳝轮作。经过 4 年轮作后，实施稻鳝共作，如此一来，无论是黄鳝，还是稻米，其产生的效益显著提高。稻米的品质改善，成为无公害绿色产品，而黄鳝，经过种苗的培育后，其繁育不受季节限制，效益也显著增加。谢土根认识到"养鳝肥田，种稻吸肥，通过动植物共生，不仅病虫害减少，而且鳝稻共生区域种植水稻不需机耕、不施肥，仅用少量农药治虫，节工降本"。

既想养出健康的黄鳝，又不想让池塘闲着，是谢土根最初的想法，让黄鳝和水稻共生，鳝稻共生与稻鳝轮作有"异曲同工"之妙。黄鳝种苗的培育是稻鳝共生的一大"重头戏"，无论是基地老板，还是养殖场上的工人，都下足了工夫，发现其关键是稻鳝轮作，更新网箱鱼苗环境。养殖池里大小一致的网箱共600多只，已经投放了近5000kg黄鳝种苗进行培育。因为黄鳝的饲养要求较高，每天，工人们除了要对黄鳝种苗进行喂食外，还要进行网箱内水草清理等工作。健康鳝鱼种苗的繁育大大带动了周边稻鳝共作的发展。

市场上黄鳝种苗多为野生。谢土根与浙江大学进行合作，开发黄鳝仿生态苗种繁育及养成技术，有望填补国内黄鳝种苗人工培育的空白。谢土根介绍，自己繁育黄鳝种苗好处较多。一般情况，从外地购买的黄鳝种苗，只有7~8月可以投放商品鳝，而与浙大合作的种苗，可以不受季节限制，随时可以投放，达到增加产量、提高效益的目的。谢土根计划，用5年时间把1000多亩全部培育成黄鳝种苗基地，总投资2000多万元。培育成功后，可以进行黄鳝和水稻间的共生。届时，仅通过黄鳝种苗销售，可达到亩产2万~3万元，如果再加上稻谷，效益将更好。

第七节　稻螺共生模式

一、稻螺共生模式特点

（一）稻螺共生模式的发展变化

田螺是盛产于我国的大型淡水螺，是我国传统的水产品，它肉质鲜嫩、可口、风味独特，并含有丰富的蛋白质、脂肪和磷、钙、铁元素以及维生素等，是一种深受消费者欢迎的营养食品。田螺的人工养殖一直没有引起人们的重视，市场供应基本上依赖于野生资源。此外，田螺还具有明目和利尿功能。近年来，随着田螺天然产量的减少，田螺市场前景看好。我国有很多学者对田螺的池塘养殖技术、稻田养殖技术进行了试验、总结，对田螺的生活习性、养殖技术、综合利用等方面进行了深入研究，田螺适应性强，我国从南至北皆可进行田螺的增、养殖。目前田螺国内价格虽然偏低，但在国际市场上行情看好，已达5美元/kg，加上野生资源枯竭，人工养殖前景看好。

稻田养螺简单易行，王烈华（2005）认为稻田形状没有严格要求，面积可大可小，用于养殖田螺的稻田只需无污染、水源充足、水质清新（溶氧在5mg/L以上）、水质良好、遇旱不干、遇涝不淹、土质肥沃、无冷浸、背风向阳、保水性能好、进排水方便，水源丰富的半山区，尤其是水库输水涵洞下游的稻田更适宜养田螺。

近年来由于野生田螺的过度捕捞，食用田螺资源逐渐匮乏，不能满足人们对田螺食用的增长需求。在 20 世纪 90 年代末至 21 世纪初，全国各地借鉴其他如稻鱼等稻田综合种养模式的成功经验，结合水稻和田螺的生长发育习性，逐渐发展成为现今的稻螺共生的无公害、绿色或有机种养生态模式。

（二）稻螺共生的优势及特点

稻螺混养不仅可以净化水质，还可以增加收入，后续增加鱼苗投放时，起到增加水体溶氧量的作用。稻鱼螺在稻田共生共存，形成一条生态循环链，有效促进田螺增产提质。

（1）田螺具有除草的作用。田螺常以泥土中的微生物和腐殖质及水中浮游植物、幼嫩水生植物、青苔等为食。喜食水田里的杂草和水面浮游植物。

（2）增肥。田螺排泄物可增加土壤有机肥、节省施肥量。养螺的稻田土质泛黑肥沃，质地明显改善。

（3）增强水稻抗逆性。稻田养螺可以大量施用或不施用无机肥料，水稻植株健壮挺拔，增强了对病虫害及不良环境的抗性。

（4）增加效益。稻螺共育、互利共生，稻螺共生田平均亩增效 1500 元左右，市场行情好时，可增收 2000 元以上。

（三）稻螺共生的模式规范

稻螺共生模式简单易行，传统粗放的稻田养螺有平板式稻螺混养，为充分发挥稻螺共生优势，提高养殖产量，现多采用沟坑式养殖，开挖田沟和集螺坑，一是为了田螺遇到炎热或寒冬天气可以避热避冷；二是收割水稻干田时可以集螺，要求做到沟沟相连，沟坑相通，沟底面向坑倾斜，沟只挖 30cm 深、40cm 宽即可，集螺坑长方形或正方形，也不要太大，其蓄水深 60～80cm 以内即可，用以喂食、保水防旱，稻田面积也不宜过大，一般 1～3 亩。其生产模式见图 4-10。

二、稻螺共生技术要点

（一）稻田选择

选择水源充足、无污染、排灌方便、保水力强、土质肥沃的田块作为养殖田。

（二）稻田改造

首次进行养螺的稻田在开挖稻田前，按每亩用 50kg 生石灰化浆全田均匀泼洒消毒，同时每亩稻田施用发酵后的猪牛粪 300～500kg。

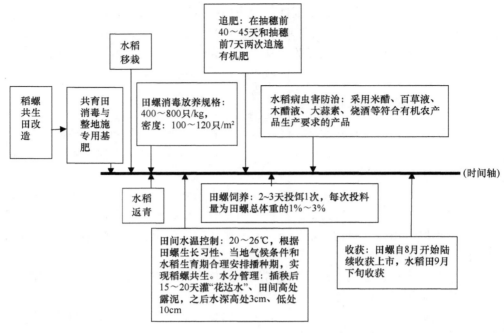

图 4-10　稻螺共生生产模式示意图

　　稻田排干积水后，翻耕后开挖集螺沟和集螺坑。沿田埂四周开挖一条宽 1~
1.5m、深 40~50cm 的环形水沟为集螺沟，若田块面积较大，可挖几道工作行或
十字沟，其宽 50~60cm、深 20~30cm，并将田埂加固加高至 50cm，夯打结实，
以防渗漏倒塌。集螺坑为长方形或正方形，蓄水深 60~80cm，一般靠近田埂边布
置。根据田块的大小可设集螺坑一个或多个，总面积占整个稻田面积的 1/10 左右。

　　在田块的对角分别设置一进、排水口，并在进、排水口装上防逃网。防逃网
需埋入土下 15cm 处，以防止田螺从网底逃逸。平时保持水位 10~20cm。

（三）田螺放养

1. 品种选择

　　放养的品种以个体大、生长快、肉质好的中华圆田螺为佳。

2. 种螺收集

　　用于繁殖的亲螺可到稻田、池塘或沟渠收集，应选择适宜比例的雌雄亲螺；
雌螺个体大而圆，头部左右两触角大小相同且向前方伸展；雄螺个体小而长，
头部右触角较左触角粗而短，末端向右内方向弯曲，其弯曲部即为生殖器。繁
殖亲螺的选择标准是：螺色清淡、壳薄、体圆、个大、螺壳无破损、介壳口圆

片盖完整等。

3. 仔螺繁育

每年 4、5、10 月为田螺的生殖季节，一般每胎可产仔螺 20～30 个，多者可达 40～60 个，一年中可产 150 个以上，产后经 2～3 周，仔螺重达 0.025g，即可开始摄食，一般经过一年的饲养即可繁殖后代。

4. 放养时间

一般在单季稻栽插前放养，放养位置以集螺沟为主。

5. 放养规格与数量

放养幼螺，规格 5g 左右，亩放种 25 000～30 000 只，计重量 125～150kg。放养螺种，规格 10～15g，亩放种 30～50kg。

6. 投饵施肥

田螺的食性杂，饲料有天然饵料和人工饲料两大类。天然饵料主要是水中的底栖动物、昆虫、有机物或水生植物的幼嫩茎叶等。但在高密度养殖条件下，天然饵料不能满足田螺的生长需要，必须适时补充投放人工肥料和饲料。如施一定的粪肥，以培肥水质，提供足够的活饵料（浮游生物）；同时，投喂一定数量的饼粕类、糠麸类、瓜果蔬菜、鱼虾及动物废弃物等人工饲料。

投喂方法是：每 2～3 天投喂一次，每次投喂量为田螺总重量的 1%～3%。蔬菜瓜果、鱼虾或动物内脏等投喂前要剁碎，再用麸皮、米糠、豆饼等饲料拌匀后投喂，饼粕类固体饲料要先用水浸泡变软，以便田螺能舐食。田螺喜夜间活动，晚上摄食旺盛，投饵应在傍晚，每次投喂的位置不宜重叠。田螺的适宜生长温度为 15～30℃，最适温度是 20～28℃，除冬眠期外，其他时间都应投饵，但投喂量可根据水质、水温以及田螺的摄食情况灵活掌握，当水温低于 15℃ 或高于 30℃ 时不需要投饵。

7. 水质管理

田螺与鱼类和其他贝类一样，不能直接呼吸空气中的氧气，而是靠鳃呼吸水中的溶解氧气，且耗氧量又高，当水中的溶氧在 3.5mg/L 时，就会较严重影响其摄食，低于 1.5mg/L 或水温超过 40℃ 时，就会窒息死亡。所以，养殖田螺的水质要溶氧充足。

在田螺生长繁殖季节，要经常注入新水，调节水质，特别是夏季水温升高，采取微流水养殖效果最好。春秋季节则以半流水式养殖为好，冬眠期可每周换水 1～2次。平常稻田水深保持 25～30cm，冬季田螺钻入泥土中，水深 10～20cm 即可。

8. 防逃

田螺有逆流的习惯，常群集入水口或滴水处，溯水流而逃往他处，或顺水辗转逃逸，有时甚至于小孔内拥群聚集，以逐渐扩大孔洞，再顺水流溜走。因此，要坚持早晚巡田，查补堵漏，特别要注意进、出水口处的防逃网栅，发现孔隙，要及时修补，严防田螺逃跑。

9. 病害预防

生产中，田螺除缺钙软厣、螺壳生长不良和蚂蟥病危害外，一般无其他疾病。经常向稻田中泼洒生石灰，可以消除缺钙症；发现蚂蟥则用浸过猪血的草把诱捕清除。

10. 起捕上市

起捕时，可以采取捕大留小的办法，将达到上市规格的田螺捕捞上市，小的继续饲养。一般可带水捕捉，也可以诱饵或流水诱其群集而行，然后用抄网捕之。同时，注意留足次年养殖需要的螺种，以备来年繁殖仔螺。

（四）水稻种植与管理

养螺稻田宜栽插矮秆抗倒伏水稻品种，可选用高产、优质、耐肥、抗病、抗倒伏、生育期适中的一季晚稻品种。水稻栽插方法与常规一季稻田的操作规程基本相同，田间管理上应慎重使用化肥、农药。

1. 稻田施肥

养螺稻田由于常投饵施肥，加之田螺的排泄物，土质肥沃，基本能满足水稻生长发育所需要的养分，一般不需为水稻另施肥。确需施肥，可以有机肥为主，巧施化肥，如用尿素控制在每亩 10kg 以下，过磷酸钙每亩 15kg 以下，做到量少次多，严禁用碳酸氢铵。要防止高温施肥，也不宜大量施用有机肥，以免污染水质，影响田螺生长。

有机模式中，基肥在秋收后每 $1000m^2$ 施酵素 2kg、米糠 2kg、鲜鸡粪 300kg、牛粪或猪粪 400～500kg，在翌年 3～5 月浅耙 2 次，插秧前每 $1000m^2$ 施米糠 250kg；追肥，在抽穗前 40～50 天施米糠 20kg、鸡粪 $20kg/1000m^2$，抽穗前 7 天施米糠 20kg、鸡粪 $10kg/1000m^2$。

2. 稻田用药

养田螺的稻田由于生物防治和生态的作用，水稻一般很少发病和虫害，水稻一般无需用药。如确需用药，应选用多菌灵、井冈霉素等高效低毒农药。施药时最好采用微雾施用，尽量将药物喷洒在水稻茎叶上，避免农药落入水中。同时，可暂时加深水层，以稀释落入水中药物的浓度，缓解对田螺的影响。

有机生产模式中，防治稻瘟病和纹枯病，采用 300～500 倍米醋、百草液、钙和木醋液混合液防治；防治螟虫和飞虱，采用 150～200 倍米醋、百草液、大蒜素、烧酒和木醋液混合液防治。

三、稻螺共生模式的应用

（一）注意事项

（1）加强日常管理，早晚应巡视各 1 次。天气变化剧烈时，要勤检查进出水口的栅栏、密网，及时发现问题，防止田螺逃逸、防晒和预防疾病。

（2）稻田养螺要尽量避免在养螺田内施用农药，严禁农药、化肥污染的水源流入稻田。需要留心观察水质，一旦发现水质有污染应立即排除，重新注入新水。

（3）稻田养螺最好保持微流水，田水深度 10～20cm，防止干水漏水，如需短时间干水晒田促进水稻分蘖，可以缓慢排水将田螺引入沟和坑中饲养。

（4）田螺的敌害生物主要有鸭、水鸟和老鼠，尤其是要防止鸭进入稻田中。另外，养殖田螺的稻田不宜放养青、鲤、罗非鱼、鲫等鱼类，它们也摄食田螺。

（5）避开炎热酷暑投入田螺苗。

（二）主要分布

田螺在动物分类学上属软体动物门腹足纲田螺科，圆田螺属是田螺科的 9 个属之一，常见的经济价值较高的种类有中华圆田螺、中国圆田螺、胀肚圆田螺、长螺旋圆田螺和乌苏里圆田螺。其中中华圆田螺分布于我国华北、黄河平原和长江流域，它个体大，生长快，最适合人工养殖。田螺喜栖息于冬暖夏凉、土质柔软肥沃、饵料丰富的水体，最适生长温度为 20～28℃，水温 15℃ 以下时掘穴隐藏冬眠，水温 30℃ 以上时会钻入泥中避暑。稻田养螺在全国以两广、福建、江西、浙江和湖南等地推广面积较大，其他稻区亦有不同程度的推广应用。

（三）典型案例

广西壮族自治区梧州市龙圩区广平镇，全镇 10 多个合作社，发展 500 多亩稻田养螺。龙圩区佰宝养殖农民专业合作社负责人柳杰有介绍说，每亩稻田放养 100～250kg 田螺，稻、鱼和田螺在稻田里共生共存，形成一条生态循环链，有效促进田螺增产提质。去年，广平镇佰宝养殖专业合作社 120 亩田螺亩产达到 1000kg 以上，每亩产值达 12 000 元以上。今年发展螺、稻综合养种生态养殖示范基地，规模为 200 亩。在田螺稳产提质的前提下，螺池（田）种植水稻亩产量可达 100～400kg。除了广平镇佰宝养殖农民合作社，龙圩区还发展了广平镇兴业水产畜牧养殖合作社等 4 家田螺养殖合作社，带动 260 多户农户（其中贫困户 74 户）增收致富。今年，该区大力推广稻田养螺综合种养生态养殖模式，计划在广平镇城坦村、龙圩镇寨中村、大坡镇胜洲村等地建设示范基地，探索总结出适合龙圩区实际的稻田养螺综合种养新模式，引领带动全区螺、稻综合种养面积不断扩大。

2016 年，龙圩区通过"合作社+农户"模式，引导贫困户通过土地、资金、劳务入股合作社发展田螺养殖，带动贫困户增收。䗖金村村民聂明林是佰宝田螺养殖农民专业合作社的社员，他把自家的一亩六分①土地流转给合作社，还参加合作社稻螺养殖基地田间管理、田螺采收等工作以增加收入，顺利实现脱贫。龙圩区通过技术培训推广、出台相关扶持政策，发展了 5 家稻田综合养螺合作社，不断推广壮大稻螺养殖产业，积极探索无公害、生态绿色的健康养殖新模式。

稻螺共生共养，田螺亩产量可以从单一养螺的 1000～1500kg/亩提高到 1150～1250kg/亩，亩增产 8%～15%。每亩还可以收获稻谷 350kg。2017 年，广平镇佰宝养殖农民专业合作社卖出种螺三批次共 2.5 万 kg，8 月中旬售出一批商品螺约 1.5 万多千克。截至目前，龙圩区 5 家稻田综合养螺合作社通过发展稻螺种养产业，带动农户 563 户。广平镇䗖金村第一书记李栋计划将更多地鼓励村民以及贫困户，通过免费向合作社得到螺种的支持，鼓励、引导、带动他们参与到养螺中，把特色产业和贫困户脱贫致富、精准扶贫更紧密地联系在一起。

梧州市农委、龙圩区政府计划进一步打造全区首创的稻螺共生、生态循环的稻渔新模式，既实现一水两用，水稻提质、田螺增效，又解决土地丢荒、谁来种田的难题，努力把稻螺种养做成一、二、三产业融合起发展的大产业。

第八节　稻蛙共生模式

一、稻蛙共生模式特点

稻蛙共生同样利用了与稻田养鱼、养鸭一样的生态原理，是对稻田种养生态系统的补充和发展。一方面是在大力提倡生态农业的大好形势下发展生态农业，并利用现有的养殖技术，进行大胆的尝试；一方面是对应当地的消费者需求，人们越来越青睐无公害、绿色的产品，南方人有食蛙的习惯，有很大的消费市场和潜力。

（一）稻蛙共生模式的发展变化

青蛙本是自然界广泛存在的物种，自然资源丰富，在 20 世纪 70 年代末以前，我国农业生产过程中使用化肥农药类生产资料还不普遍，田野特别是稻田里，遍地蛙鸣声是极其自然的现象。随着我国工业生产的发展，种植农作物使用化肥农

---

① 1 分≈66.67m²。

药的量呈几何级数、快速增长，由于科学种田落实不到位，过量使用化肥农药的现象比比皆是，加之青蛙本是一种营养极其丰富的美味佳肴，受经济利益的驱使，野生青蛙被人为捕食的现象普遍存在，以致自然田野里青蛙濒临绝种的地步，听闻田野蛙鸣声已成为一种奢侈。稻蛙共生是一种既能满足当前人们消费需求和市场需要，又能恢复田园蛙种群和数量的行之有效的方法，它顺应了现代农业大力提倡生态农业的发展趋势。近年来，随着人们生活水平不断提高，食品安全性日益受到重视，人们越来越关注饮食营养、安全和健康。绿色健康、无污染、安全、优质、营养的农产品具有强大的市场潜力。稻-蛙生态种养模式作为绿色经济的发展模式，有利于提高农产品品质和促进居民饮食结构优化，具备较大的市场前景和较强的发展优势，各地的稻蛙共生生产模式发展迅速。

通过广大技术人员的研究、生产者的不断总结和探索，形成许多值得借鉴的高产高效生产模式。在政府相关部门的组织协调下，加强栽培、植保、土肥、养殖等农业技术部门的紧密合作，不断总结，联手制定出区域性稻-蛙生态种养模式技术规程和具体的、经认证的稻蛙生产技术规程，使之在理论上形成体系，推进稻-蛙生态种养模式产业化、规模化和规范化发展。结合科技特派员及精准扶贫等项目，加强和开展技术指导，开展相关科技人员送科技下乡入户，通过现场指导农民改造稻田、投放苗种及生产管理，推进稻-蛙生态种养标准化发展，提高稻-蛙种养综合效益水平。通过培育和树立典型，发挥典型引路和带动作用，提高广大种植户和养殖户稻田生态种养积极性。加强政策扶持和组织引导，争取政府出台鼓励扶持政策，推行"政府主导、部门引导、稳步推进、规模发展"的发展模式，推进稻-蛙生态种养规模化发展。

（二）稻蛙共生的优势及特点

在稻田养鱼可取得除草、保肥、灭蚊和改良土壤等作用的启示下，通过深化改革，把蛙类引进稻田圈养，除保持了稻谷增产、鱼增收的势头外，又实现了稻谷和稻草生产的无公害目标；同时为市场提供大量高品质蛙肉。近几年来，经国内大量实践证明，稻蛙共生防治水稻病虫害的作用优于施用农药的效果。

"蛙声兆丰年"，蛙与农业生产的丰歉，有着密切的关系，自古以来，人们就知道蛙是一种出色的捕虫"能手"，是稻作的天然"植保员"，是保护庄稼免受昆虫危害的优秀"卫士"。蛙能大量捕食大螟、二化螟、三化螟、稻纵卷叶螟、稻螟蛉、稻苞虫、稻飞虱、稻叶蝉、稻蓟马、稻瘿蚊、稻椿象、稻蝗、粘虫、蚱蜢、蝼蛄、蟋蟀、尺蠖、蚜虫、斜纹夜蛾、荔枝椿象、金龟子、金花虫、象鼻虫、叩头虫、天黄曲条跳蝉、黄守瓜、白蚁等害虫。所以，保护蛙类，繁殖蛙类，以蛙治虫，是我国南方稻作区开展生物防治的主要内容，是与病虫害作斗争的有效措施之一。这项措施既符合"预防为主"的植保方针，又简便易行，并能减少环境污染。值得大力提倡和推广。同时，蛙又是一种肉质细嫩、味道鲜美、营养丰富的高蛋白食品，深受人们欢迎。

（1）稻蛙共生首先是利用青蛙捕食害虫的习性，蛙捕食害虫的能力与鸭子相比有很大的优势。蛙类捕食的水稻害虫有大螟、二化螟、三化螟、稻飞虱、稻叶蝉、稻蝗等，并且蛙类食量大，如一只黑斑蛙每天能吃70～90只稻叶蝉和稻飞虱，泽蛙一天最多可吃266只稻叶蝉。

（2）能为城乡群众提供肉质鲜美、营养丰富的高级滋补品。

（3）以蛙养稻，稻蛙共生，少施化肥，不使用农药，进而达到水稻增产增收且提高农产品品质，实现无公害、绿色或有机生产的目的。

（4）通常养殖的为虎纹蛙，俗称"田鸡"，属国家二级保护动物，由于滥捕，虎纹蛙濒临灭绝，发展稻蛙共生可以保护虎纹蛙物种，维持其生物多样性。

（5）以稻蛙共生为核心形成产业开发，对其他相关产业的发展创新具有重要的推动作用。稻蛙共生是促进降本增效、稳粮增收，实现"一地双收"的高效生态种养模式。

（三）稻蛙共生的模式规范

稻蛙共生只需一次性放养然后收获，技术上较为简单，容易掌握，对田间设施要求也比较简单，可采用平板式，也可采用沟坑式，关键是注意设置防逃设施。通常是用围栏设备将稻田圈围起来，然后引入一定数量的蛙种，稻田内有水稻为蛙类遮阴，水深较浅，为蛙类良好的栖息场所。稻蛙共生高效种养应坚持绿色防控为基准，以有机生产模式为目标，充分利用自然资源、实现高产高效。规范实行从品种选择、田间工程改造、科学种养和管理，达到农业可持续发展的目的，集体模式图见图4-11。

二、稻蛙共生技术要点

（一）稻田选择

一般适合养鱼的稻田，都可以用来养蛙，或发展稻-蛙-鱼立体开发。具体要求环境安静、水源充足，排灌方便，便于围栏改造。水质符合淡水养殖用水水质标准，不能有生活污水、农田废水等污染水源流入。

（二）稻田改造

选好稻田后，要规划布局。通常安排70%～80%的面积种植水稻，10%的面积种植芋头或其他果蔬等陆地经济作物（提供陆栖场地），其余10%～20%的面积用于建设水沟和坑凼，这样可以为蛙创造良好的栖息和生活环境。

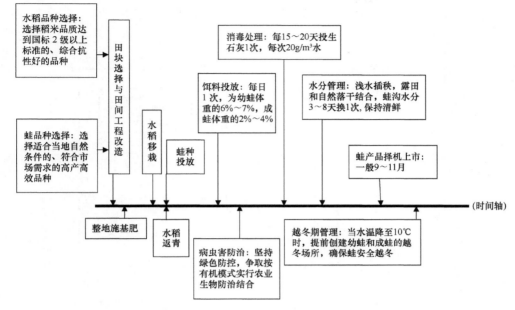

图 4-11 稻蛙共生规范操作示意图

　　首先要加固田埂，田埂夯实，在临水的一面垫水泥薄板或倒三合土墙，使之牢固，不易塌陷；并加宽、加高，要求埂面宽度 50～60cm，高度以能保持大田蓄水深度 10cm 以上。其次是开挖沟、坑。选择进水一角开挖 1～3 个保护坑，坑深 40～50cm，坑与坑之间沿着堤埂开挖水沟。

　　围栏建在田埂上，可用毛竹片、聚乙烯网片、石棉瓦等材料制作。其中聚乙烯网片造价低廉，建造方便，透水、透风性能好，不易被大风雨吹倒冲垮，是首选的防逃材料。一般围栏高约 0.8～1.2m，地下埋入 10cm 左右，网片用木桩或竹桩支持，网片靠下部围 40cm 高的黑色塑料膜。稻田的进、出水口安拦蛙栅，采用竹篾或铁丝网等材料编成。通常构建"11"字形蛙沟稻田田间工程（图 4-12）。

　　（1）开挖蛙沟 在稻田的两边各开挖一条长与蛙田相等、宽 1.0m、深 0.5～0.6m 的"11"字形蛙沟，面积占稻田的 8%～10%。

　　（2）加高加固田埂 开挖蛙沟的土用于蛙田四周筑田埂，加高至 0.4～0.5m、面宽 0.3～0.5m。

　　（3）防逃设施 在蛙田四周打木桩，用水泥瓦或聚乙烯网片围栏，高 0.8～1.0m，埋入土中 10cm。

　　（4）进排水口 每块蛙田分别开挖进出水口各 1 或 2 个，同时用铁丝网或聚乙烯网片做成拦蛙栅。

　　（5）遮阳棚 在每条蛙沟的上方，平挂遮阳网遮阳，宽 1.5～2.0m，长与蛙沟相同。夏季在埂堤上种黄豆等作物，豆株可遮阳，利于青蛙避热。

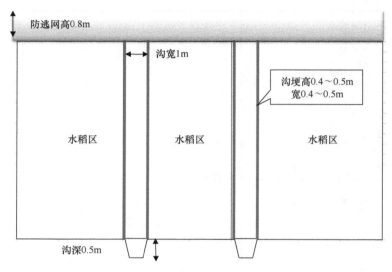

图 4-12 "11"字形稻蛙田间工程平面示意图

（三）蛙的放养和管理

1. 幼蛙放养

放养前 10～15 天，植好水稻。水稻要选高产、抗病、抗倒伏推广品种，水稻栽插按当地水稻栽培技术规范进行。幼蛙下田时，用食盐水或高锰酸钾溶液浸洗 5～10min。选择规格整齐健壮无病的幼蛙，一般每亩稻田投放规格 30～50g 幼蛙 1000～2000 只。稻田中不宜直接放养蝌蚪。在放养的同时，也可放养草鱼、鲤、鲫、泥鳅等鱼类，实现稻-蛙-鱼综合养殖，一举两得，既为蛙提供鲜活饵料，又可获得一定数量的鲜鱼。

2. 饲料与投喂

稻田内虽有一定的饵料生物，但仍无法满足蛙日渐增大的食物需要，必须人工增投饵料。可采用灯光诱虫或捕捉，培养蚯蚓、小鱼虾供蛙采食，也可选用投喂人工配合饲料投喂。

（1）诱食驯食。刚投入的小蛙，由于稻田食物缺乏，需要人工投喂一些饵料，采用活饵带动法和直接驯食法。投喂适口饵料诱导其形成定时、定位吃食习惯，如用灯光诱虫、放小鱼虾、蚯蚓、粪虫等，掺入蛙类专用料，通过鱼虾、粪虫、蚯蚓活动和幼蛙采食、活动等，带动水的波动，使浮于水面的配合饵料产生动感，让幼蛙误认为活饵从而吞食。在投喂上做到定时、定点、定质、定量，直接投在饵料台上，投喂时间在上午 7 时和傍晚 7 时左右。一般日投饲料量：幼蛙为体重的 6%～7%，成蛙为体重的 2%～4%。但要根据具体情况而定，不同类型的蛙品种每日投饵次数和投饵不尽相同，应考虑当地条件和选养的品种确定。如美国青蛙，每天分别于上午 10 时、下午 4 时投喂 2 次，一般投饲量在幼蛙阶段约为体重的 3%～2%、成蛙阶段约为体重的 2%～1%。

（2）安装诱虫灯。在饵料台的上方 15～20cm 处，可以悬挂一盏黑光灯，夏季晚上 8 时至夜间 12 时，可开灯诱虫。因稻田天然饵料相对较多，饲料可少投喂或不投喂。

3. 水质调控

直播或移栽前 10 天，将稻田及蛙沟内注入少量水，按全田面积 100kg/亩用量泼洒生石灰消毒。养殖期间，适时加注新水，保持蛙沟中水深 0.4～0.5m，并且水质清新。蛙沟内每 15～20 天泼洒 1 次生石灰，每次用量按 $20g/m^3$ 水体施用，以调节酸碱度，同时进行消毒。

4. 疾病预防

坚持"以防为主、防治结合"的原则。养殖期间适时加注新水，保证饲料新鲜无污染。做好蛙沟消毒工作。巡田时，发现残饵与病、死蛙，要及时清除。

5. 日常管理

平时应注意防逃、防盗、防止敌害侵入。稻蛙共生防逃和防敌害工作也十分重要，除在放养前做好可靠的防逃设施外，在养蛙过程中对防逃和敌害的检查一刻也不能松懈，发现围栏破损或田埂漏洞应及时修补。对严重危害蛙类的敌害，如蛇、鼠、鸟类等要做好防范措施，稻田上空架设防鸟网，一旦发现及时捕杀或驱赶。此外，要做好稻田排灌工作，保持大田水深 2～10cm，水质要清新，防止邻近农田的化肥、农药水流入。晒田时，土壤保持湿润，做好防暑和防洪工作。

6. 收获与捕捞

水稻成熟后，可将稻田水位降低至离沟面 10cm，先行将水稻收割，然后再将水灌至淹没田面 10cm，继续饲养蛙、鱼。根据市场销售情况适时将蛙、鱼捕捞上市。

（四）水稻种植与管理

在 6 月上、中旬，水稻秧苗返青成活后，投放蛙种。9 月份开始捕捉上市。11 月上旬收割水稻后排干稻田和蛙沟中的水进行捕捉。翌年，稻田免耕进行下一轮种养。

（1）施肥。由于蛙、鱼的粪便、残饵起到了肥水作用，整个养殖过程不需要采取施肥措施，如确需施肥的，按照稻田养鱼技术要求施肥，坚持"以施基肥为主，多用有机肥，少用化肥"的原则。施足基肥，直播或移栽前10～15天翻耕大田时，一般按400～450kg/亩用量施商品有机肥，添加5～10kg/亩的尿素。如蛙种放养密度低，饲料投喂量过少时，可适量在田间施用复合肥作追肥。

（2）水分管理与除草。插秧后1～7天，保持田面浅水层在1cm以内；插秧后8～10天，实行排水露田，而后保持浅水层1～3cm，间歇灌溉；插秧后20～27天进行深水控蘖，将田面水层加到10～15cm，保持7～10天，加水至收割前10天保持水层15～20cm。收割前10天，将水位缓慢降至田露出，自然落干。搁田期间，蛙沟保持满水。除草以整地灭茬除草为主，以水分管理、防草灭草为辅，杂草较多时采用人工拔草的方法根除。

（3）病虫害防治。一般情况下，稻、蛙共生田水稻病虫害明显减少，水稻可少施或不施农药。确需防治时，应采用绿色防控措施综合防治水稻病虫害，如农药，也要选用对口、高效、低毒、低残留的生物农药，严禁使用对蛙类高毒的农药品种。施药时可适当加深田水，在施药时边进水、边出水，以减少水中的农药浓度。最好采用生物农药，以有机稻生产为目的的高效种养结合模式。

三、稻蛙共生模式的应用

（一）注意事项

（1）养蛙稻田并不一定要在同一平面，如山区就可以利用相邻、上下的田块围成一组，开展稻蛙共生。实行机械化作业的田块蛙沟中应预留机耕道。

（2）夏季稻蛙共生应注意遮阴防晒，可在蛙沟、蛙坑上方搭建阴棚或栽种藤类瓜果，以利蛙遮阴度夏。

（3）稻蛙共生特别要注意防止鸟害，经常驱赶鸟类，有条件的在稻田上方架设防鸟网。

（4）每个池塘放养的蛙类规格应保持一致，以免幼蛙自相残杀；在6～7月应保持水体清爽，特别是雨季时，避免浊水流入池中；每2～3天清除食后残饵和粪便，以预防蛙类易发的肠炎病；捕获商品蛙时应在蛙池四周布设尼龙网，避免蛙受惊撞池壁受伤，最好在夜间捕捉。

（二）主要分布

目前常作食用蛙类养殖的主要种类有古巴牛蛙、美国青蛙、中国的黑斑蛙、虎纹蛙、沼蛙和棘胸蛙，除棘胸蛙要求特殊一些外，其他蛙类的稻田养殖方法非常相似，适应性也比较广，人工及稻田养殖在长江以南的各省市都有。

（三）典型案例

青蛙肉质鲜美，营养丰富，在餐桌上受到广大群众的青睐。但是野生青蛙是国家二级保护动物，且含有一定的寄生虫，对人也不够健康，因此，广大餐饮店只能以美蛙代替，口感就大为逊色。但泸州泸县玉蟾街道龙华村 3 组陈彬却将一只只绿色美味的人工养殖青蛙送到餐桌上，饱了群众的口腹之欲。

2009 年，陈彬发现人工养殖的青蛙已成为市民餐桌上稀缺的美食，便瞄准商机，从浙江引进蛙种，回乡发展青蛙养殖。"野生青蛙靠捕食移动昆虫而生存，不会吃静物，人工养殖青蛙喂养的是静止的饲料，难点在于对野生青蛙进行驯化和饲养技术上的改进。"陈彬说，为此，他花了 5 年时间研究，在实践中不断探索。后来，他终于攻克了技术难题，通过人工驯化让种蛙学会吃静食，种蛙也将这个功能传递给了后代。同时，由于青蛙的视力不是特别好，存在盲区，陈彬针对性地设计了弹性喂食台，只要青蛙跳上台，饲料就会弹起来成为运动食物，很容易被青蛙发现、捕食。攻克技术难题后，陈彬获得了林业部门颁发的特种养殖许可证，成立了泸县利园亿蛙水产养殖场。

青蛙饲养成本低，幼苗期需喂牛奶，之后喂专业配方的高蛋白饲料，每斤青蛙只需 2 斤饲料。加上人工工资和日常开支，每斤青蛙成本约在 10～12 元。而每斤青蛙的市场价在 25～32 元，亩利润在 4 万～6 万元。

目前陈彬稻田养的青蛙供不应求，重庆和四川内江、泸州等地商家都上门订购。养蛙场已投入资金 100 余万元，如今养殖面积已发展到 20 余亩，年产量可达 2.5 万～3 万 kg，年产值可达 180 万元。陈彬也被当地人称为"青蛙王子"。

看到陈彬的青蛙养殖场生意红火，前来参观学习的村民络绎不绝。"我看了陈彬的青蛙养殖场，听了他的介绍，感觉这个项目很值得在我们村发展。"玉蟾村村支书刘良俊说，玉蟾村已决定带领村民和陈彬合作发展青蛙养殖项目。陈彬稻田绿色养蛙是在稻田里投放蛙苗，稻田不喷农药不施肥，青蛙采用自然养殖和人工喂养相结合的方式进行养殖，实现种田和养蛙两不误，目前养殖场的种蛙繁殖量增多，已能满足 100 多亩田的养殖需求。

接下来，陈彬计划带动邻里乡亲共同养殖，一起增收致富。计划由村民投入养殖资金和提供稻田，自己提供技术和蛙苗，并按市场价或高于市场价的价格收购村民养殖的青蛙，解决村民的销售问题。同时高价收购村民蛙田里种出的稻谷，开发绿色新产品——"蛙稻米"，让利润达到最大化，从而达到致富增收的目的。

第九节　稻鸭共作模式

一、稻鸭共作模式特点

稻鸭共作是利用役用鸭旺盛的杂食性，吃掉稻田内的杂草和害虫，利用鸭不间断的活动刺激水稻生长，产生中耕浑水效果，同时鸭的粪便作为肥料，鸭为水稻除虫、除草、施肥、刺激、松土，而稻田为鸭提供劳作、生活、休息的场所以及充足的水、丰富的食物，两者相互依赖，相互作用，相得益彰。稻鸭共作是一项省工、节本、增产、增效、安全的生态型复合种养模式。

（一）稻鸭共作模式的发展变化

在距今约 800 年前，中国农民就发现水田里有野鸭捕食杂草和害虫的现象，并因此开始了稻田养鸭的历史。因此，中国是稻田养鸭较早的国家之一。稻田养鸭具有防虫除草、减少农药污染、中耕浑水、刺激水稻生长等作用，而鸭子的排泄物又是水稻的优良有机肥，使水稻健壮生育，具有明显的省肥省药省工、节本增收和保护环境的多重功效，可促进水稻增产，提高稻米品质质量，确保稻米安全，实现稻田增值、农民增收、减少环境污染，有利于保护农业生态环境和生物多样性，有利于畜牧业的可持续发展。稻田养鸭是一项很好的水稻生态种养模式及有机稻米生产的技术措施。

我国的稻田养鸭，从方式、规模以及与水稻生长的关系来看，可划分为流动放牧、区域巡牧和稻鸭共作三个阶段。

（1）流动放牧阶段：从明代开始直至 20 世纪 70 年代初。其特点是水稻收后编群游牧，每群千羽左右，由一人持杆赶入收割后的稻田，拣食遗落在稻田中的谷粒，按各处水稻收获迟早预定路线，鸭群野营群居。

（2）区域巡牧阶段：从 20 世纪 70 年代至 80 年代中期。其特点是鸭子白天在一定范围内的稻田轮回放牧，夜间赶回家圈养。

（3）稻鸭共栖共作阶段：20 世纪 90 年代，湖南、四川、江苏等地先后提出了"稻鸭共栖共作"养鸭法。它是利用肉用鸭旺盛的杂食性吃掉稻田内的杂草和害虫，鸭不间断的活动，刺激水稻生长，产生中耕浑水效果，同时鸭粪可作为肥料。而稻田又为鸭提供劳作、生活和休息的场所及丰富的食物，两者相互信赖，相互作用，相得益彰，稻米和无公害鸭肉供人食用。特点是鸭昼夜栖息于稻田，与稻共生共长，露宿饲养，利用鸭早、晚及夜间取食的生活习性促进鸭的快速生长。

（二）稻鸭共作的优势及特点

稻鸭共作模式利用鸭子在田间活动、采食，在稻田有限的空间里生产无公害、安全的大米和鸭肉的方式是一种种养复合、生态型的综合农业技术，与中国传统稻田养鸭的最大区别在于传统的稻田养鸭技术的目的是鸭，稻鸭共作技术的最终目的是水稻。为了生产无公害或有机稻米，鸭是劳作的活动器，代替了除草剂、杀虫剂、化肥以及各种耕作机械，同时还生产无公害或有机鸭肉。将雏鸭放入稻田后，直到水稻抽穗为止，无论白天和夜晚，鸭一直生活在稻田里，稻和鸭构成一个相互依赖、共同生长的复合生态农业体系。

1. 鸭可为稻田增加肥料

（1）除草保肥。由于鸭的灭草作用，减少了杂草对土壤肥力的消耗。

（2）鸭的排泄物增肥。稻田养鸭的饲料，摄食后 30%～40% 的能量用于鸭生长，剩余以鸭粪的形式返还到稻田，成为水稻生长所需的优质肥料，富含有机质、氮、磷和钾。

（3）松土促肥。鸭在活动中对土壤的翻动，增加了水与空气的接触，提高的田间水分含氧量，增加了土壤的通气性，土壤有机质分解加速、供肥能力增强。

2. 减轻水稻病虫为害程度

（1）直接捕食水稻害虫、减轻为害。

（2）剥食稻基部带病叶鞘、叶片，减少田间水稻病原基数。

（3）稻田养鸭过程需深灌水，可阻碍水稻病菌菌核的萌发，减轻病害发生。

（4）提高稻株抗性、减轻病害发生。

3. 防除杂草

（1）直接吞食杂草。

（2）鸭在活动中踩踏使杂草入泥腐烂，嘴拱使杂草漂浮，一方面鸭可直接吞食，另一方面杂草漂浮于水面死亡。

（3）鸭活动可起到中耕灭草的作用。

（4）稻田灌深水可以抑制杂草滋生。

4. 改善稻田通风透光状态

一方面，稻鸭共作中要求水稻扩行种植，以方便鸭的活动，故田间通风透光条件好。另一方面，由于鸭对稻株基部病、老叶片和株行间杂草的吞食，改善了田间通风透光条件。鸭尾分泌的脂肪类物质与泥一起涂布于稻株基部，可抑制无效分蘖，促进水稻茎秆粗壮，从而改善田间通风透光条件。

（三）稻鸭共作的模式规范

相对传统的稻田养鸭，稻鸭共作是在田间设置鸭舍、围网（图 4-13），保证鸭子全天候生活在田间，强化稻鸭共作关系。稻鸭共作可在双季稻、早稻、晚稻、中稻及再生稻稻田进行，从而形成双季稻、一季稻、再生稻养鸭等不同模式，根据生产情况可养殖一批或两批鸭子，在水稻生产（整田、插秧、收获）操作期间可将鸭子赶入鸭舍或围网区。图4-14、图4-15是中稻稻田养鸭模式示意图和模式图。

a. 田中鸭舍　　　　　　b. 田边鸭舍　　　　　　c. 防逃围网

图 4-13　稻鸭共作田间鸭舍、围网实景图

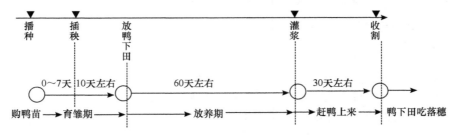

图 4-14　中稻稻田养鸭模式示意图（章家恩等，2002）

二、稻鸭共作技术要点

（一）稻田选择

（1）位置选择。稻田应选择远离公路、工厂、居民集聚地等喧闹区，以免鸭受惊后乱窜，踩伤禾苗。

（2）水源条件。选择水源充足、排灌方便、旱季不涸、大雨不淹、水质清新无污染、中性或偏碱性（pH 6.8～8.2）的稻田，既利于水稻的生长，也利于鸭的生长。

（3）土壤条件。保水性强，中性或微碱性壤土或黏土，高度熟化、高肥力，灌水后能起浆、干涸后不板结。

（4）田块面积。围栏种养田面积以 400～600m^2 为好，1000m^2 以上应采用隔离网分隔（图4-14）。非围栏种养田，面积不限。

<table>
<tr><td>总体目标</td><td colspan="18">养鸭育成率 90%以上，水稻亩产量与常规栽培持平或略增，品质达到无公害标准，亩节本增效 150 元以上。</td></tr>
<tr><td>特征图</td><td colspan="18">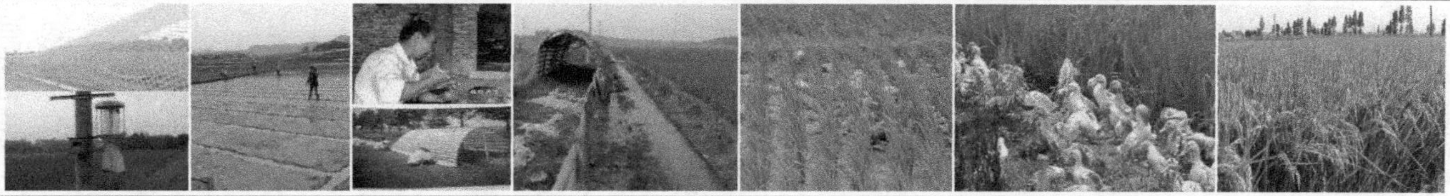</td></tr>
<tr><td>月</td><td colspan="3">4</td><td colspan="3">5</td><td colspan="3">6</td><td colspan="3">7</td><td colspan="3">8</td><td colspan="3">9</td></tr>
<tr><td>旬</td><td>上旬</td><td>中旬</td><td>下旬</td><td>上旬</td><td>中旬</td><td>下旬</td><td>上旬</td><td>中旬</td><td>下旬</td><td>上旬</td><td>中旬</td><td>下旬</td><td>上旬</td><td>中旬</td><td>下旬</td><td>上旬</td><td>中旬</td><td>下旬</td></tr>
<tr><td>阶段</td><td colspan="3">准备阶段</td><td colspan="6">分育阶段</td><td colspan="5">共育阶段</td><td colspan="4">后期阶段</td></tr>
<tr><td>生育期</td><td colspan="3"></td><td colspan="6">苗期至移栽返青期</td><td colspan="5">大田分蘖期至齐穗期</td><td colspan="4">灌浆期至成熟期</td></tr>
<tr><td>主攻目标</td><td colspan="3">确定规模，落实物资。</td><td colspan="6">培育壮秧，提高雏鸭成活率。</td><td colspan="5">群体协调，稻鸭两壮。</td><td colspan="4">根系不早衰，茎秆青壮，叶青籽黄。</td></tr>
<tr><td>中稻稻鸭共作关键技术</td><td colspan="3">1. 品种选择。水稻选择优质、抗倒、抗病品种，如两优培九、丰两优 1 号等；鸭品种选择绍兴鸭及其配套系、金定鸭、荆江麻鸭、杂交野鸭等。
2. 选择地点。选水源充足，排灌方便，田边有水沟，无污染，符合无公害生产的稻田。
3. 确定规模。10 亩左右稻田为一单元，每亩 12 只鸭左右，并根据规模落实稻种和鸭苗数量、种源及时间。
4. 落实配套设施。准备围网、竹杆、频振灯、鸭棚、育雏场地等设施：围网网眼孔径以两指（2cm×2cm）为宜；频振灯按 50～60 亩一盏准备；鸭棚按每平方米养鸭 10 只备足物资。
5. 繁殖好绿萍。</td><td colspan="6">1. 安装好设施。放鸭之前搭好鸭棚，建好围网，围网高度 60cm 左右，安装频振灯。
2. 水稻管理：
①适时播种，培育壮秧。
②开好丰产沟，施足底肥，注重施用沼气肥、有机肥。
③适时移栽，规格插植，插足基本苗。
④早施返青分蘖肥。
3. 养鸭管理：
①浸种前 5～7 天，种蛋入孵，水稻插秧前一周购回 1 日龄鸭苗。
②雏鸭饲养密度，每平方米 25～30 只。
③育雏温度：3 日龄前 28～30℃；4～6 日龄 26～28℃；7～12 日龄 24～26℃。
④雏鸭出壳 20～24h 后先“开水”，“开水”后半小时“开食”。
⑤喂料：小型蛋鸭及役鸭第一天 2.5g，以后每天每只增加 2.5～3.0g。10 日龄前喂料 6～7 次/天，其中晚上 1～2 次；10～15 日龄喂料 5～6 次/天，其中晚上一次。每次喂料吹哨，建立条件反射。
⑥育雏分群：40～50 只为一小群。
⑦保持饲养器具清洁，鸭舍干燥，温度均匀，防止雏鸭“打堆”。
⑧预防细菌性疾病：每 100kg 饲料中拌入 5～7g 土霉素，连用 3～4 天，停药 2 天，间断用药。前三天饮水中加入 50～70ppm 恩诺沙星。
⑨免疫：1 日龄接种鸭肝炎（若种鸭已接种，则 7～10 日龄接种），7 日龄接种浆膜炎，10 日龄接种禽流感，15 日龄接种鸭瘟。
⑩驯水：雏鸭 4 日龄下水，4～5 日龄一次下水 10min，羽毛不能全打湿，一次驯水时间 2h 内，6 日龄后自由下水。</td><td colspan="5">1. 水稻管理
①水稻移栽返青后及时放萍。
②选用锐劲特等无公害农药防治稻纵卷叶螟、螟虫等。
③大田分蘖期，稻田保持浅水层，水深以 5cm 为宜。
④适时适度晒田，以落干搁田为主。
⑤酌情补施穗肥。
⑥破口前 7～10 天喷施井冈霉素、破口期喷施三唑硐预防穗期综合症状。
2. 养鸭管理
①水稻移栽后 5～7 天，放鸭入田。
②补料：15～25 日龄小鸭补配合料，每只每天补料 50g；25 日龄后，补喂混合饲料或杂谷，每只每天补料 50～70g，每天定时分早晚两次补料，早补日补量的 1/3，晚补日补量的 2/3。
③防病：25～30 日龄接种禽霍乱菌苗。
④驱虫：50 日龄左右驱虫一次。
⑤注意防天敌和中暑。
⑥暴风雨前及时将鸭群收回鸭棚。
⑦经常巡查围网，清点鸭数，根据稻田饵料与鸭群生长发育状况调整补料数量与质量，及时妥善处理死鸭。
⑧肉鸭出田前 15 天，每只鸭每天补料 130g，并提高补料能量，以利催肥。</td><td colspan="4">1. 水稻齐穗后鸭子及时出田，肉鸭适时上市，蛋鸭挑出体轻个小的关养，增加喂料量，促进发育整齐。
2. 水稻干湿交替管水，收获前 7 天不要断水。
3. 注意防治病虫害。
4. 及时收获，机收机脱，提高稻谷外观品质。</td></tr>
<tr><td>双季稻田“稻鸭共作”注意事项</td><td colspan="18">1. 主要技术参照中稻稻鸭共作技术执行。
2. 早稻稻鸭共作应注意：①采用强氯精浸种，防治恶苗病；②早期气温低杂草生长慢，稻田饵料少，可降低鸭了放养数量，每亩 10 只左右为宜；③早稻共育期短，作为肉鸭上市前在山田后仍要集中催肥，或集中圈养作为晚稻役鸭。
3. 双晚稻鸭共作应注意：①用早稻田共育鸭作为役鸭的晚稻田，应适当推迟鸭子进田时间，以移栽后 15 天左右进田为宜，每亩放养量不超过 10 只；②放养雏鸭的晚稻田，应在晚稻浸种前 10 天种蛋入孵，大田移栽后 5～7 天放入 20 龄以上的鸭苗；③注意鸭棚遮阴，降温防暑；④遇暴风雨时，及时收鸭入棚，防风防雨。</td></tr>
</table>

图 4-15　“稻鸭共作”技术模式图

（5）使用围栏的目的和材料。围栏的作用一是防止鸭逃脱和稻田鸭混群，不利于鸭的生长及鸭对稻田的作用下降。二是固定田块面积和单位面积内的鸭数量，以便有效控制稻田杂草和病虫害。三是鸭的活动量，有利于提高鸭的成活率、减少鸭的病害、提高鸭的育肥效果。四是有效避免敌害窜入对鸭群的惊扰。

（二）稻田改造

1. 加高、加固田埂和平整田面

加高、加固田埂有利于适当提高稻田灌水层，发挥鸭的役用效果，加高、加固有利于水稻生长，也有利于鸭子的活动。

2. 排灌系统的建设

排灌渠道建设是稻鸭共作田间工程建设的重要组成部分，要根据灌排方便、及时的需求，做到涵、闸、渠、路等整体规划、综合治理，做到灌得进、排得出、旱涝保收。

3. 鸭舍搭建

通常在田块中央或一端砌1个供鸭休息或躲避风雨的栖息埂或鸭舍（图4-14）。

（1）施工时间。必须在插秧前、稻田未灌水时砌好，否则不利于修建及损伤秧苗。同时选址应为未翻耕的坚固稻田或田埂。

（2）工程设计与施工。设计总原则是：方便鸭的自由出入及人对鸭的投食和管理，能挡风、避雨、遮阳，保持一定的干燥度。还要考虑到鸭的安全，要求地势较稻田水面高出10～20cm。

田边鸭舍。选择稻田的某一边的拐角处修建，小田块，舍高1m左右，棚体由3面构成，棚面朝向稻田方向，两侧依田埂呈"人"字形拉开，棚顶采用石棉瓦、塑料布、油布、稻草等铺盖，棚壁用木板、油布、塑料布、废旧铁皮、石棉瓦等围成。棚底由内向外的方向从高到低，与稻田衔接处呈弧形，地面垫上砖头、木板或竹夹板，防潮湿。鸭舍与稻田水面间隔0.5～1m，按每只鸭子0.09m²、每亩稻田12只鸭子计算，需鸭舍1.1m²栖息面积，棚外1m²活动面积，共约2m²。大田块，鸭舍较大，其棚高应相应升高。

田中鸭舍。设计的目的是防范天敌侵害和人为偷窃。可不用棚壁、四大皆空，靠立柱支撑棚顶。要求鸭棚地基牢固、不渗水，常将土面垫高夯实后修建，棚顶用石棉瓦、水泥瓦等较重材料，由4～5根支柱支撑，支柱入土壤0.5m，棚顶与支柱间用铁丝扎牢，栖息埂呈双埂一沟形，由中间捞泥向两边垒埂，埂高出水面20～25cm，埂宽33cm，沟宽65cm，沟深50cm，栖息埂长以每只鸭25cm计，每亩养鸭12只，需栖息埂3m左右长。

（3）挖建水坑。水坑是缓解鸭群在稻田里栖息生长与水稻施肥、用药、晒田矛盾的重要措施，是预防稻田旱涝灾害和保障鸭群饮水、洗浴的重要措施。可选择在插秧前或预留空间在插秧后挖建。水坑，需挖坑深 1m、宽 2m、总面积占稻田面积 9%及以上的面积，水坑形状可以是方形、圆形等，坡比 1∶0.5～1∶1，坑四周加筑围口埂，围埂高出水面 10～20cm，围埂上留进出水口。

（4）搭建遮阴棚。鸭耐寒不耐热，稻田水浅，夏季极端高温至 39℃以上时，田间应有遮阴设施，以防鸭子受热害。常在水坑西南一端建遮阴棚，在棚的一侧种植丝瓜、南瓜、冬瓜、扁豆等藤蔓作物较好，也可用竹木搭建骨架后覆盖茅草或稻草等，小田块棚高 1.5m，棚面积占水坑面积的 1/5～1/3 为宜。

（5）稻田田面改造。一般田块采用平板式稻田养鸭法，要求田面高低落差不过寸[①]。湖区的烂泥田或丘陵山区的冷浸田宜采用垄稻沟鸭方式。具体做法是挖一沟宽 44cm、沟深 33cm、垄面 77cm，垄上种植水稻 4 行（图 4-16）。

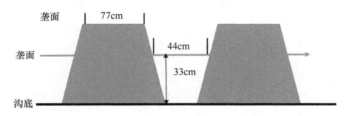

图 4-16 垄稻沟鸭横切面示意图

（三）鸭子管理技术要点

1. 养殖方式

提倡采用围网式养殖，即用尼龙网将鸭子圈定在一定范围的稻田内活动。以 2700～4000m² 为一活动区域，在田的四周用三指尼龙网围成防逃圈，围网高 60cm，每隔 1.5～2m 竖一支撑杆，并在田的一角按 10 只鸭/m² 的标准建立鸭舍，舍顶需遮盖，以避日晒雨淋，三面作挡，并可在外墙加盖一层稻草，以便防寒保暖，但必须通风透气，舍底用木板或竹板平铺，并适当倾斜，以便排水和清除鸭粪便。

2. 品种选择

选择吉安红毛鸭、巢湖鸭、绍鸭等生命力旺盛、适应性广、耐粗饲、抗逆性好的中小型优良鸭种，要求雏鸭达到绒毛整洁、毛色正常、大小均匀、眼大有神、行动活泼、脐带愈合良好、体躯呈蛋形、体膘丰满、尾端不下垂的标准。

[①] 1 寸≈3.3cm。

3. 放养密度

以每亩稻田 15 只左右为宜。

4. 雏鸭期管理技术

（1）雏鸭投喂。第一次喂食在第一次放入水中后 2h 左右进行，可用米饭或碎米，也可用全价小鸭饲料进行饲喂。食槽旁应设有饮水处，让雏鸭边吃食边饮水。雏鸭到 3～5 日龄，要开始补喂浮萍、莴苣等青饲料和淡鱼粉、蚯蚓等动物性饲料。青饲料要求新鲜、品质好，切碎后拌食或单独喂给。喂到每只鸭 100g 以上后可放入大田。

（2）雏鸭保温。幼雏可放入垫有稻草的箩筐，在背风保暖的室内饲养，室内气温低于 20℃时，用大灯泡或红外线灯取暖，上面架膜保温，地面用谷壳、稻草等物铺垫并勤换。经常注意观察防止鸭子温度过低导致扎堆压死，同时又要防止温度过高导致鸭脱水死亡。

5. 鸭子下田饲养管理

（1）下田鸭子选择。雏鸭孵出 15～20 天，体重 100g 以上，水稻抛秧 15 天、移栽 12 天以上，可放入大田（成鸭应推迟 2～3 天）。最好每群放养 5%～10%大 1～2 周龄的幼鸭，以起预警和领头作用。

（2）下田鸭子饲养。应根据鸭子的食量及稻田的食物丰度调节饲喂量，平均每天每只鸭用 50～100g 稻谷等饲料补饲，注意定时定点饲喂，鸭子放入田间 20 天左右，可将预先繁殖好的绿萍放入稻田。

6. 后期管理

（1）收鸭上岸。水稻齐穗期收鸭上岸，以防鸭吃稻穗。为方便收鸭，平时应养成鸭子听声集拢的习惯。收回的鸭子可收回家中或围于田间舍内续养或放养。

（2）放鸭回田。围于田间舍内的鸭子在水稻收割后，及时回田放鸭，让鸭子啄食失落于水田中的谷子等。

（四）水稻种植与管理

水稻实施绿色生产，稻田要求符合 NY/T391—2000 环境标准。还应尽量选择具有独立的生态小流域、防治污染隔离条件较好的区域，稻田地势应相对平坦、排灌方便、旱涝保收、不易受水旱灾害、土传病害较少，而且集中连片。

1. 品种选择

选用的品种必须通过国家或地方审定并在当地示范成功，米质达到 GB/T17891

中三级米标准以上，品种综合抗性好，特别是对当地易发的主要病虫害的抗性强；种子质量符合 GB4404.1 的要求；做到定期更换品种。

2. 播种育秧

（1）育秧方式。双季早稻和一季稻宜采用旱床育秧或塑盘育秧，双季晚稻宜采用湿润育秧。

（2）种子处理。播种前晒种 1～2 天，清水选种后，再用 3% 中生菌素可湿性粉剂 300～400 倍液或 4% 抗霉菌素 120 水剂 200 倍液或 1% 石灰水浸种进行种子消毒，种子消毒与间隙浸种相结合，先预浸 8～12h，提起晾干后再用药剂间隙浸种 12～24h 进行种子消毒，然后洗净再用清水浸种 8～12h，再催芽播种或直接播种。提倡用沼液浸种或用生物种衣剂包衣。

（3）播种期。双季早稻一般当日平均温度稳定通过 10℃时，即可抢晴播种并盖膜保温，旱床育秧可提早 3～5 天；一季稻根据品种生育期以使其抽穗期避开 7 月中旬至 8 月中旬的高温季节为原则来安排播种期；双季晚稻根据品种生育期以确保在秋季寒露风来临前安全齐穗为原则来安排播种期。

（4）播种量。每亩大田杂交稻用种量为：双季早稻 1.5～2.0kg，一季稻和双季晚稻 1.0～1.5kg；常规稻为：双季早稻 3.0～5.0kg，一季稻和双季晚稻 2.0～3.0kg。秧田面积湿润育秧的秧本田比为 1：8，旱床育秧为 1：40，塑盘育秧双季稻为 561 孔的塑盘 45～50 片、434 孔塑盘 65～70 片，提倡 353 孔塑盘 90～100 片。一季稻为 434 孔塑盘 50～60 片。

（5）秧田管理。选择土壤肥沃、排灌方便、病虫危害轻的田地做秧田，施肥以有机基肥为主，少施或不施追肥，一般每亩秧田施足腐熟的农家肥或绿肥 1000～1500kg 作基肥，其他肥料施用应符合《绿色食品　肥料使用准则》（NY/T 394）的要求。秧田病虫草等有害生物的防治应坚持预防为主，农业、生物、物理技术综合防治的原则，在上述措施达不到防治效果时，可采用化学防治，但应符合《绿色食品　农药使用准则》（NY/T 393）的要求。

3. 移（抛）栽

（1）移（抛）栽期。双季早稻当日平均温度稳定通过 15℃时，叶龄达到 3.5～4.0 时就可移（抛）栽，一季稻当叶龄达到 3.5～4.0 时移（抛）栽，双季晚稻在前茬收获后立即移栽。

（2）移（抛）栽密度。移栽稻采用宽行窄株的种植方式。一般双季早稻每亩插足 2.2 万～2.4 万蔸，每蔸杂交稻插 2 粒谷苗，常规稻插 4～5 粒谷苗；一季稻插足 1.2 万～1.5 万蔸，杂交稻每蔸插 1 粒谷苗，常规稻每蔸插 2～3 粒谷苗；双季晚稻插足 2.0 万～2.2 万蔸，杂交稻每蔸插 1～2 粒谷苗，常规稻每蔸插 3～4 粒谷苗。基本苗一般较非稻鸭共作的稻田多 10%左右。

（3）移（抛）栽质量。要求薄水移（抛）栽，大风大雨天不栽禾，一季晚稻和双季晚稻晴天应在下午 4 时后栽插，并且做到浅栽、匀栽。

4. 大田施肥

（1）施肥的原则。坚持以有机肥为主、化肥为辅的原则，其中有机氮占总施氮量的 50%以上，提倡与猪-沼-稻模式结合。一般建一个 8m² 的沼气池，常年存栏 4～5 头猪，所产生的沼渣和沼液可满足 2700～3300m² 稻田的养分需求。

（2）施肥量。稻鸭共作模式较非稻鸭共作的稻田施肥量可减少 5%～10%。大田双季早、晚稻每季亩施氮（N）8～10kg，磷（P$_2$O$_5$）3～5kg，钾（K$_2$O）7～8kg，一季稻亩施氮（N）12～14kg，磷（P$_2$O$_5$）5～7kg，钾（K$_2$O）8～10kg。

（3）施肥方法。施肥方法以基肥为主，追肥为辅，结合根外追肥。有机肥和磷肥全部作基肥，氮肥和钾肥预留总施肥量的 30%～35%作追肥，在栽（抛）后 5～7 天和孕穗期分次施用，也可采用一次性全层施肥，将全部肥料作基肥深施；可用沼肥作追肥，在返青后和孕穗期分两次追施，每亩大田每次施 750kg；始穗期和灌浆初期用磷酸二氢钾或氨基酸类叶面肥加天然芸苔素进行叶面喷施或用 50%的沼液进行根外追肥 1～2 次。

5. 大田灌溉

移（抛）栽期保持薄水，扎根返青后坚持浅水勤灌，水深以鸭脚刚好能踩到表土为宜，以后随着鸭子的长大可适当加深水层，抽穗起鸭后，干湿交替壮籽，收获前 5～7 天断水。当苗数达到计划穗数的 90%时开始晒田，可采用分片晒田的方法，即在一片田中间拉一尼龙网，其中一半保持水层，将鸭子赶过去，另一半晒田，晒好后灌水又将鸭子赶过来，再晒另一半，依此多次；或每亩大田在补饲棚边挖一个深 0.5m 以上，大小 2m² 左右的水池，并开几条宽 30～40cm，深 30cm 的丰产沟，晒田期保持沟里有 3～5cm 水层，以利鸭子活动；或将鸭子赶到田边的河、塘内过渡 3～5 天。在水源充足而晒田不方便的地方，也可不晒田，而采用灌深水的办法来控制无效分蘖，即当苗数达到计划穗数的 90%时，开始灌深水 10～15cm，水深以灌到最顶部完全叶的叶枕为宜，以后随着水稻长高逐步加深水层，直到无效分蘖终止期。

6. 有害生物防治

坚持"以防为主，综合防治"的植保方针。优先采用农业、生物、物理等措施，在上述措施不能满足植保工作需要的情况下，才采用化学措施。

三、稻鸭共作模式的应用

（一）注意事项

1. 育雏阶段

养殖户要十分注意温度、湿度的掌握，免疫程序全部到位，并喂给全价配合饲料，雏鸭育成率很高。1 月龄以后，主要以稻田放养为主，夜间适当补喂精料。经精心饲养，会取得很好的效果。

2. 放鸭初期

水稻插秧后，将稻田四周围起来，防止黄鼠狼、猫、狗等进入。并在稻田一角为鸭修建一个简易的栖息场所，以防强光和暴雨等侵袭。

3. 鸭种选择

为避免鸭吃秧苗和压苗，一般可选用体型较小的鸭进行稻田养殖。有条件的可选择野鸭和家鸭的杂交种，养殖效果较好。

4. 放养时间

插秧 1～2 周秧苗成活后，即可将 1～2 周龄的雏鸭放入稻田养殖，无论白天和夜晚，鸭一直生活在稻田中。另由于鸭子喜食稻穗，所以在水稻抽穗时应及时将鸭从稻田里收回。

5. 放养密度

早期栽秧时每亩稻田放养 6～7 只雏鸭，后期一般每亩稻田放养 7～13 只。

6. 灌水深度

稻田里水体深度以鸭脚刚好能触到泥土为宜，使鸭在活动过程中充分踩踏泥土，随着鸭的生长，稻田内水体逐渐加深。

7. 补充投喂

为了给鸭提供辅助营养，加快鸭的生长速度，一般每天使用辅助饲料喂鸭 1 次，辅料以碎米、米糠、小麦为主，或者用玉米加鱼粉的混合饲料投喂，也可用鸭的配合饲料。

（二）主要分布

稻田养鸭在中国已有悠久的历史，是中国传统农业的精华，我国古代劳动人民在长期的生产实践中早就发现稻田养鸭有着除虫、除草、中耕松土等作用。我国四川、重庆及南方部分省区，在 20 世纪 80 年代末 90 年代初也曾经开展过稻鸭共栖、露宿养殖的工作，一度曾发展到 15 万～20 万亩的面积，但系统研究、理论阐述与日本稻鸭共作相比，还有一定差距。1999 年，日本农林水产省公布了日本政府认可的 12 项环保型、持续农业项目，稻鸭共作被列为其中，日本政府还承诺对从事稻鸭共作的农户提供长达 12 年的无息贷款，并以比普遍稻米高 20%～30%的价格收购稻鸭共作稻米。亚洲韩国、越南、菲律宾、马来西亚、印度、印度尼西亚等国广泛实施稻鸭共作。

21 世纪以来，我国广泛认识稻鸭共作的意义和作用，进行了相关技术研究，开展大面积示范推广。从整体来看，南方各省水稻产区均有稻田养鸭模式实践，其中以两湖、两广、江浙、安徽、江西、四川等省区面积较大，2003 年湖北省发展到 120 多万亩，湖南省推广面积达 240 万亩。

（三）典型案例

安徽省望江县稻鸭产业。望江县合成圩气候宜人，农业生产条件十分优越，稻、鸭产品在全省乃至周边省、市均享有一定的知名度，常年水稻种植面积（包括复种面积）基本稳定在 70 万亩左右，产量在 30 万 t 以上，鸭子饲养量达 500 万只以上。

为推进合成圩现代农业和新农村示范区建设，打造示范区生态品牌，促进示范区农民增收，县委、县政府积极拓展现代农业开发新思路，高度重视稻鸭共作技术的示范推广工作，并以工业化的理念，推进农业产业化经营。在示范区指挥部统一部署和县农委、财政、人事、科技、农业综合开发、畜牧、农技等部门及示范区华阳、雷池两乡镇政府的共同努力下，在合成圩"稻鸭共作"生态产业协会和相关企业的积极参与下，从 2006 年开始在合成圩现代农业和新农村示范区建立了以"稻鸭共作"技术为重点的标准化稻鸭共作示范基地，现已发展到 11 500 亩，养鸭 23 万只。

"稻鸭共作"技术是一项复合、生态型农业技术，在安徽省农业科学院等科研院所支持下，望江县通过多项生态农业实用新技术的推广、合成，大幅度降低了农业生产成本，节约了农药、化肥、除草剂的施用量及养鸭饲料成本，减少了有害化学物质残留，大幅度提高了农畜产品品质和农田综合效益。示范区稻丰鸭肥、产品优质、农民增收、企业增效，经济、社会、生态效益十分显著。据近三年对示范区出田鸭销售情况和水稻测产统计，示范基地亩均增收达 207 元，实施农户共增收 238 万元，基地建设不仅取得了较好的经济效益，得到示范区群众的积极拥护和参与，同时也得到了各级领导、专家及有关部门的高度重视和关注。

合成圩"稻鸭共作"示范基地是望江县按照农业产业化经营模式建设，以发展"生态米"、"生态鸭"为目标的现代生态农业标准化生产示范基地，由合成圩

"稻鸭共作"生态产业协会具体承建，县畜牧、农技部门担任技术指导，为确保技术使用规范，示范基地建设严格按照制定的《稻鸭共作生产技术规程》规范实施，并实行"十个统一"，即统一优质稻、鸭品种，统一水稻栽插期，统一提供鸭苗，统一建棚，统一围网，统一育雏，统一技术指导，统一防疫，统一回收加工产品，统一品牌包装。

稻鸭共作产业化链初步形成。望江县组织农产品加工企业广泛参加有影响的产品展销会、博览会、订货会等，不断开拓产品市场。目前，安徽省联河米业有限公司通过应用稻鸭共作技术生产的大米获得中国绿色食品标志，产品远销国内各大超市。该公司引进现代化生产线进行大米深加工，开发的全价植物蛋白饮料——米乳已上市。合成圩稻鸭共作专业合作社生产的共生鸭肉及鸭蛋已多次通过国家农产品质量检测机构的检测。共生鸭通过中国有机食品认证，共生鸭及鸭蛋等产品远销上海、山东、浙江等省（直辖市），备受客商青睐。

第十节　稻田复合种养模式

稻田种养除了前面所述以水稻和主要水产动物共生的模式外，常引进一些次要物种，形成混养、复合种养，甚至构成立体生态工程模式。混养，如草鱼、鲤和泥鳅混养；复合种养，如稻-萍-鱼、稻-萍-鸭、稻-虾-菜、稻-蟹-菜、稻-鱼-蛙模式等；立体生态工程，如湖北省潜江的"四水农业"，即水稻、水产（稻虾共作）、水生蔬菜（养殖沟种水芹、茭白）、水果（田埂种葡萄）。通过增加一些次要物种，提高稻田生物多样性，丰富稻田生态系统的食物营养关系、延长食物链，构成复合种养系统，有效地提高了水稻和主要养殖动物的生产效益。

一、稻田复合种养模式特点

生态工程是指应用生态系统中物质循环原理，结合系统工程的最优化方法设计的分层多级利用物质的生产工艺系统。稻田复合种养模式则是利用稻田生态系统中生物群落内不同物种共生、物质与能量多级利用、环境自净和物质循环再生等原理与系统工程的优化方法相结合，达到资源多层次和循环利用目的的生态工程模式。目前稻田复合种养模式主要是利用生物多样性、利用稻田时空资源、利用稻田生物植物营养关系等来组建模式。

（一）增加生物多样性

稻田湿地生物多样性丰富，正是多物种共栖提高了稻田生态系统的稳定性，作为人工调控的稻田复合生态工程，人们的主要目的还是种好稻、养好鱼，增加一些次要物种虽是为了有益于水稻和水产动物，从而提高生产效益，其实质还是得益于生物多样性。如稻虾共作模式中，种草很关键，稻田种植轮叶黑藻、伊乐藻、挺水植物等，一是可以压制青苔，二是可以作为虾的食物。如在稻田养鳖模式中，常向鳖沟、鳖溜内移植水生植物，而且要保持较大面积，一是为中华鳖提供遮阳躲避的场所，二是可以净化水质。除此以外，在田埂坡上种植丝瓜、佛手瓜、葡萄等藤蔓果蔬，以避免阳光直射和影响中华鳖正常生长；稻蛙共生模式也常在田埂、蛙沟种植黄豆、慈姑等阔叶植物，利于青蛙遮阳、避热。

（二）利用时间和空间

稻田湿地资源丰富，除了周年接受光温资源外，还有丰富的生物及动植物残体资源，稻田复合种养模式可充分利用其时间和空间。例如，稻菌模式是利用稻田空间和环境培养食用菌，水稻与蘑菇、黑木耳、香菇、羊肚菌等食用菌复种在生产季节安排上，温度要求上和营养需求上都能满足各自要求且能相辅相成，利用中、低温型食用菌与水稻复种轮作的增效原理是温度互补，充分利用土地资源和光温资源。例如，鱼塘种稻，鱼塘种植水稻不仅可以有效利用水面光温资源，而且水稻吸收和利用水中过剩的氮肥和磷肥，净化水质，同时为鱼类提供庇护和饵料，同时水稻种植期间不需要使用农药防虫，残留于池塘的水稻秸秆可以直接饲喂草鱼等鱼种，促进秸秆循环利用。再如田埂、沟凼的利用，稻田种养的鱼沟、鱼凼占地面积不小，其中水面和沟边、土埂均可种植茭白、莲藕、菱角、慈姑、水芹、水草、香根草等植物，不仅可以遮阴，还可净化水质、控制有害生物，为养殖动物提供安全舒适的生长环境。

（三）改进食物营养关系

相对自然湿地生态系统，稻田种养系统的生物多样性和食物营养关系肯定要简单得多，为了提高生物系统多样性、稳定性及食物链、食物网的复杂性，人们常在稻田引进多种生物，实行多物种共栖，模拟自然生态系统。如多种鱼类混养，稻田养草鱼常混搭养殖鲢、鳙、鲤、鲫等；如稻田立体种养，除较为常见的稻萍鱼、稻鱼鸭外，还有稻笋鱼、稻藕鱼、稻芋鱼及小区域的稻、鱼、果、菜、畜、禽立体组合形式等；如多种养殖动物混养，稻-虾-鳖、稻-鱼-虾、稻-鱼-蟹等；这些复合种养系统可填补空白生态位，完善食物链、食物网结构，图 4-17 是稻-鱼-蛙模式的食物营养关系，显然它进一步提高了稻田的生态效益和经济效益。

二、稻-萍-鱼模式

稻-萍-鱼立体种养模式是充分发挥水田资源效益，形成"鱼吃萍除草、鱼排

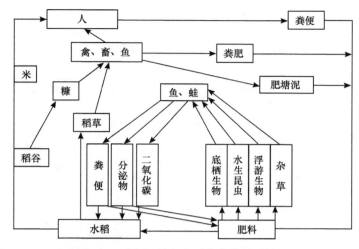

图 4-17　稻-鱼-蛙复合系统营养关系简图

泄物肥稻、稻护鱼肥鱼、萍肥田助稻"优势的立体种养模式。该模式在我国起始于 20 世纪 80 年代初，发展推广于 20 世纪 90 年代，21 世纪后进一步完善并扩大推广应用。

（一）稻-萍-鱼模式的优势

（1）稻护鱼肥鱼。水稻的根、茎秆、叶、花、种子等稻体残枝约有 25%留于田中，是微生物、硅藻繁殖的物质来源，也为鱼直接或间接提供饵料。特别是水稻抽穗开花授粉后，颖花上 6 个雄蕊及花粉掉落田中，是鱼喜食的饵料，故有"禾花香，鱼儿肥"的说法。稻田水深在 5～20cm，由于水浅，水的交换量大，温差变化亦大，春季易升温，最高水温达 34℃，最低水温也有 22℃，比临近池塘水温要高 2.5℃左右，有利鱼生长。稻田施用农家肥及化肥，除一部分被水稻吸收利用外，大部分被田中生物利用，杂草、浮游生物、有机腐屑及细菌大量产生，为鱼提供了大量饵料。稻萍鱼田中的鱼很少发病，主要因为稻田的水质清新，含氧量高，放养密度稀，且鱼类摄食多数为天然饵料，鱼体健壮，抗病力强，同时病原体少。稻田水中细菌数为 4100 个/ml，鱼塘池水中为 8800 个/ml，比稻田高了近 1.15 倍，其中池塘的致病菌比稻田的绝对数高 1.6 倍。

（2）养萍喂鱼肥田增氧。红萍有固氮、富钾的功能。它生长繁殖速度快，每天产量可增殖 1 倍，蛋白质含量高，是食草性鱼类的好饵料。稻萍鱼田，由于水稻、萍及浮游植物的光合作用，放出大量氧气，同时稻田水浅，地势开阔，大气中的氧气易溶解于水中，使稻田水中溶氧量增。因此，稻萍鱼田鱼新陈代谢旺盛，饵料利用率高，生长快。另外，萍是优质有机肥料及猪、家禽饲料，家禽家畜所产粪便还能为稻田提供优质有机肥（图 4-18）。

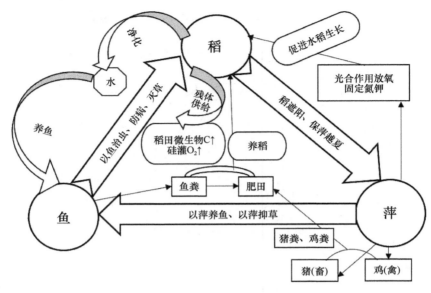

图 4-18 稻-萍-鱼共生互利图解

（3）养鱼具有控萍、除草、松土、增肥的作用。鱼吃萍、杂草，除消化 30%~40%外，还有 60%~70%以粪便形式排泄回田中，起到积肥增肥作用。每亩稻田生产的鲜鱼共计可排粪便 453.6kg，草鱼粪含氮 1.1%、磷酸 0.43%，这相当于给稻田施纯氮 4.99kg、磷酸 1.95kg。养鱼田比非养鱼田有机质可增加 0.4 倍、全氮增 0.5 倍、速效钾增 0.6 倍、速效磷增 1.3 倍。稻田中杂草与水稻争空间争肥，成为水稻的竞争者，养鱼后鱼吃草，大幅减轻了杂草对稻田的养分消耗，具有除草保肥作用。草鱼日食草为体重的 30%~50%，一龄鲤一昼夜可摄食杂草（种子）25g，较好地消灭和抑制了杂草。在水稻齐穗期，养鱼田杂草量 0.095kg/m²，对照田为 0.2725kg/m²，每亩养鱼田比不养鱼稻田减少杂草 133.4kg。水稻土在淹水的情况下，有机质分解比较慢，腐质程度高，肥效较长，养分损失少，但长期淹水，土壤还原性加强，产生多种有机酸和硫化氢等有害物质，影响水稻根系呼吸及养分吸收。稻田养鱼养萍之后，由于鱼觅食翻钻，导致水与空气不断接触，可增加田水和土壤中的氧气含量，提高土壤通气性，促进有机质分解，使养分均衡分布，加快养分渗透，有利于稻根的吸收利用，促进水稻生长健壮、提高产量。

（4）灭虫、减病保收。鱼能够吃掉稻田中各种农业害虫，如稻飞虱、叶蝉、稻螟、食根金花虫、稻象鼻虫等。稻萍鱼田比对照田稻飞虱减少 8.3%、三化螟减少 3.76%。鱼摄食稻的基部枯黄叶，对稻病害具有直接的防治作用，间接地可增加水稻群体通风透光性能，提高稻株生长健壮程度，增强抗病性。

（二）稻-萍-鱼模式的关键技术

1. 做好田间工程

稻-萍-鱼模式的田间工程与稻田养鱼相近，但可适当扩大沟凼面积，通常采用宽沟式。田块选择要保证排灌方便，水源充足，旱涝保收，水体稳定，关键是开好三级沟系，即主沟、网状沟和畦沟。主沟是在鱼坑口沿田埂开一条宽 0.8m、深 0.4～0.5m 的大型主沟，并围小田埂与大田隔离；网状沟是根据田块大小每 6～8m 开"十"或"井"字形沟，沟宽 0.4～0.5m，深 0.3～0.4m，鱼沟占大田面积 4%～5%。坑沟串通灌溉，水先进坑后经沟流出可自成单独灌溉体系。

2. 种好稻

（1）品种选择。结合萍、鱼的养殖，选择产量高、植株高大、茎秆粗壮、较大穗型、较耐深水灌溉的优质稻品种。

（2）培育大苗壮秧。按稀播壮秧标准育秧，要求每亩秧田播种量控制在 10kg 以下，秧龄长 30～35 天，秧苗高 30cm 左右，秧苗单株带分蘖 2～5 个，叶片青秀、挺拔，无病虫害，白根多、生长势强、移栽植伤小。

（3）宽窄行畦栽模式种植水稻。整平田后待泥浆沉实，再按畦宽 1.2m、畦沟宽 0.3m 和深 0.3m 整畦，畦面插秧按宽窄行 3 对 6 行的规格，即宽行 30cm、窄行 20cm，株距 14～15cm，每亩栽秧 1.7 万～2.0 万穴，插足基本苗，杂交稻每穴插 2 粒谷苗、常规稻插 4 粒谷苗。

（4）科学施肥。原则上以减少施肥次数、推广全层施肥、以有机基肥为主、追肥为辅的施肥方案，避免鱼、萍受肥害。

3. 养好鱼

（1）稻萍鱼模式适合名特优经济鱼种。改单一放养鲤、草鱼为多鱼种、名特优经济鱼种，选择食植物性和杂食性强的鱼类，如草鱼、罗非鱼、鲢、鲫和鲤，经济鱼有泥鳅、黄鳝、胡子鲇等。

（2）加大鱼种投放量。一般在整田完成或插秧返青后，投放鱼苗。按每亩投放 12～20cm 长草鱼 120 尾、5～10cm 长鲤鱼种 300 尾或罗非鱼 400 尾。

（3）搞好田间和鱼种的消毒。整田时按每亩用生石灰 25kg 加水溶解后，均匀撒施田面和沟坑进行消毒处理，待 7 天左右再投放鱼种，鱼种投放前要用 2%食盐水在田头浸泡 3～5min 后再放入水田。

（4）改自然生长为人工投饵料辅助饲养，提高鱼的产量和品质。由于可增大鱼的放养量，加上夏季高温条件下，萍的生长缓慢，必须增投鱼饲料才能满足鱼的正常生长对食物的需求，确保产量。所投饵料通常有嫩草、菜叶、豆饼、米糠、菜籽饼和人工配合饲料等。

4. 养好萍

（1）选择优良萍种。主要优良萍种有细绿萍、卡洲萍、小叶萍、红萍等。

（2）养好越冬萍母，保证春放有足够萍种。选择多萍种混养，使鱼在大田饲养期间有较均衡的萍饵料供应。

（3）控制大田萍量，及时捞萍、捣萍。如卡洲萍等品种生长迅速，要求气候适宜的春季，生长速度快，要求每隔3～4天捞萍1次，供作家畜家禽饲料，或捞起青贮或晒干贮藏，备作夏季萍慢长期，可作鱼的补充饵料，否则因田间萍量过大，影响到水稻和鱼的生长。夏季7～9月，受高温气候影响，萍生长速度慢，甚至威胁到安全越夏，应建造遮阴棚架、种植瓜类，降温遮阳，保护萍有一定的生长速度，确保安全越夏。

三、稻-虾-蟹模式

稻-虾-蟹是将水稻种植与虾、蟹混养有机结合在一起，达到高效益目的的稻田综合种养技术。

（一）稻-虾-蟹模式的优势

（1）虾蟹混养具有投资少，周转快、效益高、风险小、易节制等优点。

（2）采用稻虾蟹综合种养具有生物互利作用。利用虾蟹呼吸出的二氧化碳及排泄物促进水稻生长，同时虾蟹还能为水稻起到除虫除草的作用；而水稻又为虾蟹生长提供良好的生态环境，不仅起到遮阳、水质调控作用，还可起到增加栖息空间、减少互相残食、增加密度和产量的作用。

（3）符合国家"两减一增"的农业战略目标。稻虾蟹综合种养，稻、虾和蟹均不不易发病，无公害的绿色食品生产易于实现。该模式基本上可做到水稻不施肥、不施药、不除草，虾、蟹、鱼只使用平时防病的常规药。产品的市场价格高，效益明显提高。

（二）稻-虾-蟹模式的关键技术

1. 田间工程建设

稻-虾-蟹模式要求水源充足，水质良好，排灌方便，交通便利，保水性能好的稻田，面积10～20亩为宜。田间工程与稻虾、稻蟹模式类似，主要是宽沟式，重点防止虾、蟹外逃。

2. 水稻种植

（1）水稻应选择生长期较长、秆硬、耐肥、抗倒伏、抗病害的良种。采取宽行密株，宽行通风透光好，有利于稻虾蟹生长。

（2）田要及早平整滩面，全田高低落差最好不超过 5cm。根据土壤肥力状况决定是否选用有机肥作底肥，水稻移栽期一般选择在 6 月中、下旬进行为好，行距 30cm，株距 13～16cm，每穴栽插苗数为：杂交籼稻 2 苗、常规籼稻 3～4 苗、常规粳稻 4～5 苗。

3. 虾蟹放养

（1）清塘施肥。放苗前 10～15 天，用生石灰 75kg/亩，加水溶化成石灰乳后泼洒于环沟中。放苗前 5～7 天，施发酵好的有机肥 200～400kg/亩。按田面部分使用总肥量 2/3、环沟内使用 1/3 的比例分配。

（2）苗种放养。选择规格 1cm 的虾苗，虾苗放养密度按每亩虾苗 2000 尾进行，虾苗要求体形肥壮，形态完整、无损伤与畸形、反应敏捷、逆水能力强、体色正常。扣蟹规格 150 只/kg，放养扣蟹密度为 800～1000 只/亩，扣蟹要求规格整齐、附肢齐全、体质健壮。放养前苗种应消毒，用药符合《无公害食品 渔用药物使用准则》（NY 5071）。消毒方法：扣蟹用 3%食盐水溶液，浸泡 5～8min。虾苗用 20～30mg/L 聚维酮碘（含有效碘 1%），浸泡 10～20min。同时剔除病苗、伤残苗。操作时水温温差控制在 3℃以内。

蟹苗常在 4～6 月下塘，用一围网暂养在环沟内，待秧苗栽插成活发棵后，撤去围网并加水，让蟹进入稻田生长育肥；虾种放养一般在插秧完后马上进行。

（3）饵料与投喂。以投喂配合饵料为主，配合饵料符合《无公害食品 渔用配合饲料安全限量》（NY 5072）规定；饵料原料符合相关的质量安全标准。虾苗放养初期，虾苗个体小，10～15 天内无须投饵，扣蟹放养后应及时投饵，日投饵量占体重 8%～10%，养殖中后期随虾蟹个体增大，应加大投饵量，日投喂量占体重 5%～8%。此外投喂量的多少应根据季节、天气、水质和虾蟹的摄食强度进行调整。每天投喂 2 次，6 时、18 时各投喂一次。上午投喂量占 30%，下午占 70%。每次投喂持续时间 20～40min。

（4）水质管理。前期以加水为主，高温季节水位可加深到 1.5m 左右，无固定的换水模式，应实行生态养殖，如饲料控制得当，水质不易恶化，一般换水量及换水次数均比常规虾蟹养殖少。水稻生长初期灌注浅水，稻秧分蘖后期加高水位。高温季节，每 7～10 天加注新水。每次换水 15～20cm。水稻于 10 月底至 11 月初稻谷成熟后收割时，可适当降低水位，水稻收割后可提高水位进入越冬。

（5）病害防治。坚持预防为主、防治结合的原则。河蟹病害主要由细菌和寄生虫引发，泼洒常规性消毒剂即可治愈。白对虾病害主要以病毒性红体病危害严重，该病只能以预防为主。一般每10~15天泼洒二溴海因、溴氯海因等常规消毒剂。虾蟹病害预防一般采用每隔15~20天，每亩养殖沟用10~15kg生石灰溶化后泼洒，既可起到消毒、防病作用，又能补充虾蟹生长所需的钙质。在敌害防治方面，除彻底清塘消毒外，发现敌害要及时消灭。水稻种植后，如无特殊情况，可不施肥、不施药、不除草。

（6）日常管理。坚持每天早晚巡田一次，一查水质状况，二查虾蟹摄食情况，三查防逃设施完好程度，四查病敌害侵袭状况。发现异常，及时采取相应的对策。8、9月份洪水汛期，要做好防洪、防风等工作。做好日常管理工作记录，以便查询处置。

四、鱼塘种稻模式

鱼塘种稻即在池塘养鱼的同时种植水稻，通过鱼塘种植的水稻吸收和利用水中过剩的氮肥和磷肥，净化水质，减少施肥量或不额外为水稻施肥；池塘环境能隔绝稻螟虫、稻飞虱等害虫，因此，水稻种植期间不需要使用农药防虫；残留于鱼塘的水稻秸秆可以直接饲喂草鱼等鱼种，减少养鱼的饲料投放量，促进秸秆循环利用。鱼塘种稻促进鱼（虾、蟹等）稻共生，既能提高经济生态效益，又能实现稻谷增产。该模式不仅可以扩大水稻种植面积、提高稻谷产量，还创新了水稻种植理念和方式。

（一）池塘种稻养鱼的发展

2012年我国池塘养殖面积已达到256.69万hm^2，水产品产量达1866.4万t，占淡水养殖总产量的70.6%。为了提高产量，我国鱼塘养殖普遍采用高放养密度、高投饲量的集约化精养模式。在精养鱼塘，以饵料、肥料等形式投入的氮磷养分仅有约1/3被水产动物同化吸收，剩余养分大多以残饵和鱼虾排泄物等形式残留在养殖水体和底泥中，不仅导致塘内水质恶化，影响鱼虾生长，而且养殖尾水的排出也加剧了周边水体的富营养化。第一次全国污染源普查公报数据显示，我国水产养殖业排放的总氮和总磷分别达到8.21万t和1.56万t。因此，如何修复养殖水体水质是鱼塘养殖可持续发展的关键问题之一。鱼塘种稻无疑是解决这一问题的有效措施之一，该模式在我国试验研究始于20世纪80年代中后期，而真正系统试验研究与示范推广是2010年后的近几年间，首先源于中国水稻研究所的科研团队研发出一种适于在深水种植的水稻品种，且与浙江大学共同改良培育后在浙江、江苏、湖北、湖南、广东、广西、安徽、江西等8个水产养殖大省（自治区）展开鱼塘示范养殖和推广，逐渐发展形成一种水产养殖新技术模式。大量的试验示范结果表明，培育出一些适合不同地区的鱼塘专用水稻品种，在产量、质量等方面均有明显改善，制定出了相关技术规程，获得了水质改良、鱼和水稻增产增收方面的有效数据。2015年9月，全国"池塘种稻技术研讨会"在南京召开，各省市的有关农业、渔业部门负责人和技术专家等就存在问题、实施进展和今后发展方向等进行了研讨，为今后发展鱼塘种稻这种循环农业生产方式指明了方向。

目前，池塘种稻所利用的水稻品种有芦苇稻、"渔稻1号"、"渔稻4号"等高秆、壮秆型品种，种植场地扩展到青虾塘、黑鱼塘、小龙虾塘、鳖塘、黄颡鱼塘和螃蟹塘。开展的技术模式有"青虾+水稻"、"南美白对虾+水稻"、"小龙虾+水稻"、"黑鱼+水稻"、"罗非鱼+水稻"、"鳖+水稻"、"黄颡鱼+水稻"、"沙塘鳢+水稻"、"河蟹+水稻"等，推广的省区由浙江扩展到江苏、安徽、湖北、湖南、广东、广西等地。

（二）鱼塘种稻的优势和特点

（1）促进池塘养殖的可持续发展。池塘养殖过程中普遍出现严重的富营养化，通过鱼塘种稻，鱼塘中沉积的氨、氮、磷等被水稻吸收，促进渔业可持续发展。

（2）促进养殖鱼塘及其周边环境的生态修复。鱼塘养殖的面源污染严重，通过鱼塘种稻，可吸收污染物、净化水质。种稻鱼塘与普通鱼塘相比，总氮降低70%以上，总磷降低85%以上，化学需氧量降低60%以上。

（3）增加粮食产量。全国有鱼塘面积超过200万hm^2，按种植水稻10%计算，每年可增加种稻面积20万hm^2以上，增收的粮食产量巨大。

（4）提高养殖户的综合效益。改善水质带动了水产品质量的提高，同时增加"不打药、不施肥"的原生态稻米的产量，显著提高了经济效益。

（5）被选用水稻品种具有特异性。一是株型高大，株高1.2m以上，适合在0.5～1.5m的养殖鱼塘种植。二是茎秆粗壮，比普通水稻品种的茎秆粗1～2倍，茎皮壁厚且坚硬，不易倒伏。三是根系发达，叶片大而长，生物产量大，根系发达，每个节间上长有水生根，高效吸收底泥和水体氮和磷，净化水体能力强。

（三）鱼塘种稻的技术要点

（1）塘体准备。建设成"回"字形，三面开沟，中间略高，鱼塘面积以4亩左右为宜，为保证芦苇稻健康生长，需对塘底进行改造。塘底三面开环沟（留一面不开沟便于工人通行），形成一个平台，如图4-19。用于芦苇稻种植，塘底平台至塘面高度为0.6m。其中两面为浅沟，宽度3m，至池底平台高度0.8m，一面为深沟，宽度3m，至池底平台高度1.2m，这样的构造便于后期青虾集中起捕。有些深水稻为了防倒，还要添置固定设施（图4-20）。同时，动物养殖要建好防逃设施，混养中华鳖等易逃逸鱼类品种时，需在鱼塘四周用高度为70～80cm的石棉瓦、塑料板等做好防逃设施。

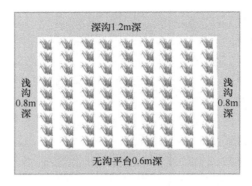

图 4-19　鱼塘种稻池底示意图

图 4-20　池塘种稻实物图片

（2）选择稻品种及种植时间。种植时间视季节、稻品种而异，如芦苇稻每年种植一季，一般在 5 月中旬种植、9 月左右收获。

（3）水产混养品种。在水产养殖方面采用混养模式较好，如以南美白对虾为主，同时混养中华鳖、白鲢及青虾的模式。

（4）稻的种植方法。可在晒塘后，采用稻种催芽直播或育秧移栽种植。也可控制在一定水位塘体中采用营养钵育苗抛秧种植。种稻面积控制在占鱼塘面积的 40%～60%为宜，密度按株行距 0.5m×0.6m，芦苇稻每穴 1 本，植株和穗型较小的稻品种可每穴 2～3 本。

（5）鱼品种及其放养量。南美对虾苗 7 万尾/亩、中华鳖 50 只（规格为 300～500g 的大规格鳖）/亩。青虾苗 2.5kg（规格为 1 万尾/kg）/亩。

（6）鱼苗和稻种养程序及水位控制。4 月底、5 月初开始放养南美白对虾苗，初始水位最深处为 1m，池底平台露出水面。虾苗放养后，每天提高水位 2～3cm，至虾苗放养约 20 天时，水位高出平台 20～30cm，此时可将芦苇稻插秧于池底平台上。6 月中下旬开始放养中华鳖，中华鳖放养前经过消毒和雌雄分选，个体间更为均匀。8 月中旬放养青虾苗。

（7）适宜稻生长的水位控制。移栽期控制在 30cm 以下，利于扎根和返青；分蘖期控制在 30～40cm，利于分蘖成根；拔节孕穗期控制在 80～90cm，防控螟虫；成熟期控制在 100～120m，有效防控飞虱。

（8）水质调控及病害控制。通过多品种混养及种养结合，具有显著的生态防病作用。鱼塘深水制约稻的相关病原生物繁殖，一些稻害虫、虫卵被水生动物摄食，病虫害得到有效控制，鱼塘中生长的稻吸收水体中的残饵、排泄物及底泥中的丰富营养物质、净化了水质。鱼类病害方面以防为主，下暴雨前 1～2 天用生石灰泼洒全池，用量为 5kg/亩，暴雨后及时用解毒活水素，并每隔半个月定期使用 EM 菌制剂 1 次。

（9）鱼饲料投喂。从对虾苗放养开始，早晚各投喂一次对虾配合饲料，第 1 天日投喂量为 1kg/亩，一般从第 2 天开始，每日增加 0.5kg，一直至日投喂量 10kg 为止（10 万尾虾苗）。每次投饲料后随时观察虾类摄食情况，以 1h 内吃完的投放量为宜，故应根据摄食情况调节投喂饲料量。中华鳖、白鲢、青虾以南美白对虾残饵、天然饵料为食，不再额外投喂饵料。

（10）鱼塘增氧管理。芦苇稻具有"克藻效应"，减少了鱼塘藻类数量，在改善水质的同时也影响溶解氧，由于鱼塘内水生动物总量提高，鱼塘增氧尤其重要。建议用池底增氧法，将增氧管排布在鱼塘底部，每亩配备功率为 0.25kW。高温季节或者阴雨天气要确保增氧充分，特别是养殖后期，除了投放饲料和摄食期间不开增氧机外，一般时间都应开机增氧。

（11）水产品和芦苇稻的收获。从 7 月上中旬至 11 月，采用地笼起捕南美白对虾。10 月底左右，人工方式收割芦苇稻，直接割取稻穗，稻株留在鱼塘中，作为青虾的良好栖息地，至第二年清塘时再清除。11 月底开始陆续起捕青虾，配合鱼塘水位降低，诱导青虾集中到深沟内，便于起捕。不起捕的中华鳖可存留鱼塘自然过冬，青虾捕捞后提高水位至高出池底平台 30cm 左右。

五、稻菌模式

稻菌模式是在稻田上进行水稻和食用菌轮换种植或采用水稻套种食用菌的生产技术。利用中、低温型食用菌与水稻复种、套种或轮作可以充分利用土地资源和光温资源；水稻与蘑菇、黑木耳、香菇、羊肚菌等食用菌复种，在生产季节安排上、温度要求上和营养需求上都能满足各自要求，且能相辅相成；稻草是栽培蘑菇的主要原料，而食用菌栽培后的残料则可加工成优质有机肥，还田作水稻生长的肥料。菌糠的直接还田，可有效地促进农田土壤改良，增加土壤有机质，减少化肥用量，提升稻米品质，稻田环境栽培的食用菌其品质亦有提高，该模式的进一步发展，对于打造绿色食品品牌、进一步提升农业生产水平、实现粮食增产、农民增收、生态友好的全面发展具有深远的意义。

(一)稻菌模式的优势与特点

(1)发展稻田蘑菇可充分利用动、植物残体生产大量优质蛋白质资源。食用菌具有利用种、养殖业过程中所产生的作物秸秆和畜禽粪便为碳、氮源转化为优质菌体蛋白的能力。如双孢蘑菇子实体的干物质中粗蛋白含量高的接近40%,含有18种氨基酸,其中包括8种人体必需氨基酸,必需氨基酸含量占氨基酸总量达42%,可消化率达70%~90%,与牛奶相当。

(2)稻-菇轮作栽培模式实现了种植业和养殖业的废弃物循环利用。水稻秸秆通过种菇后还田,不仅给农民带来了显著的经济效益,而且避免了秸秆焚烧所产生的CO_2排放和空气污染,具有明显的生态效益。稻草通过堆制发酵及栽培双孢蘑菇后C/N值由原来的72降为20左右,比稻草直接还田效果更好。稻草在蘑菇生产及菇渣还田过程中,生物质得到了彻底循环利用,相当于我们对水稻作物的光、热资源的利用率提高了1倍,实现了由二元农业向三元农业的转变。

(3)良好的生态效益。香菇与水稻轮作,通过水旱交替应用,一方面改善土壤条件,增加水稻产量;另一方面由于淹水条件的水稻种植能有效降低食用菌的病虫害发生程度,减少杂菌的污染,同时栽培食用菌的废料就地还田能够改良土质,增加土壤的肥力,促进良好农田生态条件的形成。如栽培食用菌可加快秸秆腐熟还田,增加土壤有机质,改善土壤结构,对黄红壤"黏、酸、瘦"的改良效果特别显著。

(4)提高食用菌品质。如香菇与水稻轮作,在冬闲田进行香菇栽培,由于是野外环境,种植条件相对较好,较少发生病虫害,香菇品质好。另外,该栽培模式下,香菇菇盖表面含水量较高且稳定,烘干后成黑面菇,深受日本等地消费者欢迎。

(5)良好的社会、经济效益。如香菇-水稻轮作有效利用闲置的冬闲田,提高土地利用率,且香菇单产较高,生产周期短,同时节约菇棚成本约2/3,并减少浸水、注水等用工;稻田套种木耳,可提高土地复种指数,增加经济收入。另外,可节省水稻种植中的肥料投入,并增加水稻产量。稻田栽培食用菌具有投入成本低、操作简便、经济效益较高的特点。如稻田露天栽培双孢蘑菇可以说是一种回归自然的栽培方式。这种栽培方式虽然比较粗放,但它吸取了蘑菇培养料的堆制和纯种培养等技术优点,投入小,经济效益较高,比较适合于我国现阶段的农村经济和技术发展水平,易于推广。每亩稻田蘑菇产值一般可达9000元左右,纯利润达4000元左右。

(二)稻菌模式的种植要求

(1)掌握水稻和计划栽培食用菌种的季节茬口特性。不同水稻品种的生育期不同，其播种期和收获期亦存在差异，且各品种对高、低的抗耐性也可能存在差异；而不同食用菌品种生长所要求的适宜温度条件不同，对播种、生长和收获时间都具有一定的限定。因此在实施稻-菌轮作或套种模式时应综合考虑稻和菌的品种的茬口特性。做到不误农时、实现稻、菌双丰收。

（2）对稻田土壤条件的要求。水稻适宜土壤质地类型范围宽，从沙质到黏质土壤均可种植，不同质地土壤对产量和品质有一定的影响，较适宜于土壤偏酸性土壤。不同食用菌品种对土壤质地及其酸碱性的要求不尽相同。如羊肚菌较适宜于沙质潮土、壤质潮土、黏质潮土、沙质壤土、褐壤等腐殖质较多的土壤类型；含碳酸钙较高，镁、锰、铁、铜、锌、硼、铝含量丰富，pH 6.8～8.5。平菇的最适 pH 5.4～7.5；双孢菇的 pH 3.5～8.5 均能良好地生长，菌丝生长 pH 以 6.5～7最为适宜；黑木耳喜在微酸性条件下生长，以 pH 5.5～6.5 为宜。

（3）菌类生产的温度要求。黑木耳属中温型菌类，它的菌丝体在 15～36℃均能生长，但以 22～30℃最为适宜，在 14℃以下和 38℃以上受到抑制；黑木耳子实体在 15～28℃可以形成和生长，但以 20～24℃生长最好。平菇低温和中低温类品种的最适生长温度为 24～26℃，中高温类和广温类品种的最适生长温度为 28℃左右。凤尾菇的最适生长温度为 25～27℃。蘑菇、双孢菇的温度范围 5～33℃，适温范围 22～25℃，致死温度为 34～35℃。香菇孢子萌发的适宜温度在 22～26℃；菌丝生长的温度范围在 5～32℃，最适温度 24～27℃，10℃以下 32℃以上生长不良，35℃停止生长，38℃以上死亡。羊肚菌菌丝体最适生长温度为 17～22℃，高于 28℃菌丝日长速则直线下降。

（4）菌类生产的湿度要求。香菇在木屑培养基中，菌丝生长的最适含水量是55%～65%；在菇木中适宜的含水量是 35%～45%。养菌期间密闭容器内的菌丝对环境中的空气湿度不敏感。黑木耳菌丝生长要求段木含水量为 35%～40%，代料栽培的培养料含水量为 55%～60%，菌丝生长阶段空气相对湿度保持在 70%左右，子实体形成阶段需要较高的水分，空气相对湿度以 90%～95%为宜，低于 80%时生长迟缓。平菇菌丝体生长的基质含水量以 60%～65%为最适，出菇期以 70%～75%为最适，大气相对湿度在 85%～95%时子实体生长迅速、苗壮，低于 80%时菌盖易于干边或开裂，较长时间超过 95%则易出现烂菇。双孢菇菌丝体生长阶段，培养料水分含量在 62%～65%，菇棚空气相对湿度在 70%左右，覆土层含水量在18%～20%为宜。子实体生长阶段培养料水分在 62%～65%，菇棚空间相对湿度提高到 90%，但相对湿度超过 95%，易发生细菌性疾病，低于 70%，菇盖上易出现鳞片，甚至龟裂，影响商品价值。羊肚菌的菌丝体生长阶段，土壤含水量在 50%左右较好。形成原基和子实体发育阶段要求相对较高的湿度，以 80%～85%较好。

（5）菌类生产的光照要求。平菇菌丝体生长不需要光，光反而抑制菌丝的生长。子实体的发生或生长需要光，特别是子实体原基的形成。较强的光照条件下，子实体色泽较深，柄短，肉厚，品质好；光照不足时，子实体色泽较浅，柄长，肉薄，品质较差。双孢蘑菇是厌光性菌类，除原基形成时需要微弱光刺激外，在整个生长阶段均不需要光线。黑木耳菌丝生长阶段，一般不需要光线。子实体形成阶段，需要一定的散射光。在完全黑暗的条件下，不易形成子实体原基。如果散射光不足，子实体生长发育则不正常，光照强度为150lx时，子实体色泽趋淡，200～400lx时为淡黄色，125lx以上色趋深为正常。香菇在强光条件下不利于孢子的萌发，菌丝在黑暗条件下生长良好，波长为380～540nm的蓝光对菌丝生长有抑制作用，但对原基形成有利。完全黑暗条件下，子实体不分化，微弱的光线能促进子实体的形成，但子实体的菌盖和菌褶发育较差。适当的散射光对子实体原基的分化以及子实体的生长发育非常有利。

（6）菌类生产的空气质量要求。一般食用菌多为好氧性菌类。香菇需在足够的新鲜空气条件下才能保证其菌丝生长和子实体发育。双孢蘑菇的菌丝体和子实体生长阶段都需要充足的氧气；子实体原基形成和生长期间，二氧化碳浓度超过0.5%时，会抑制子实体分化。黑木耳生长期间需保持良好的通风条件，以避免耳片霉烂和减少杂菌的感染、提高产量。平菇的菌丝体在塑料薄膜覆盖或塑料薄膜封口的菌种瓶中也能够生长，但在氧气充足、二氧化碳浓度适中的范围生长更好。

（三）主要稻菌模式的应用

1. 稻-稻-菇模式

双孢蘑菇在双季稻田冬季防寒保温栽培。采取稻田地棚式栽培，菇床直接建在稻田上，容易受稻田地温和地下水位的影响，因此，做好排水和防寒保温工作至关重要。

（1）双孢蘑菇栽培

1）水稻秸秆收集和储备。水稻秸秆是"稻-稻-菇"生态循环农业生产模式的纽带。早稻秸秆和上一年度的晚稻秸秆是当年双孢蘑菇种植的主要秸秆原料来源。因此，早、晚稻收获时，要求能尽量低割稻桩，以获取更多的优质稻秆。水稻收割脱粒后要及时晒干稻秆并储备。晚稻收获的秸秆，因无法满足在10月下旬堆料的要求，应及时晒干储备，留作下一年度生产用料。

2）菇棚搭建。选择经事先规划，交通方便，水源条件良好，排水通畅，远离工矿企业等易于产生污染源场所的水稻田作建棚场地。菇房规格及要求：菇棚宜坐北朝南，棚长30m，宽3～3.2m，选用大小适中的条木或竹子以"人"字形方式搭建棚架，棚高1.8～2m，在棚两头分别设30cm×30cm的气窗和70cm×150cm的棚门。菇棚外披塑料薄膜再覆盖草帘以防寒保温；四周开好排水沟，防止菇床渍水。

3）常用培养料配方。种植双孢蘑菇的培养料主要有干稻草、干牛粪、饼粉、石灰粉等，常用的配方为干稻草：干牛粪：饼粉：石灰粉：过磷酸钙：石膏粉：尿素：钾肥=1000：650：40：35：15：25：15：15。

4）培养料堆制。培养料的堆制应重点掌握好 5 个方面的技术要领：一是稻草、牛粪要分别预堆 3～5 天。将稻草切成 30～50cm 长，用 1%石灰水浸泡，充分预湿后捞起随堆随踩成长方形；将牛粪打碎过筛，均匀混入饼粉，然后加水预湿堆成方形。预湿程度以用手抓料见指缝有水渗出但水不下滴为宜。经过预堆的稻草、牛粪即可混合建堆。二是堆制过程中要按程序加入辅料并翻堆 3～4 次。建堆时均匀加入尿素和钾肥；建堆后 5～6 天进行第一次翻堆并加入石膏粉和石灰；第一次翻堆后 4～5 天进行第二次翻堆并加入过磷酸钙；第二次翻堆后再翻堆 2 次，每次间隔 3～4 天。整个堆制过程历时 15～18 天。三是把握好翻堆质量。翻堆的目的是通过对料堆的翻动，改变料堆各部位的发酵条件，调节水分、散发废气、增加新鲜空气，促进微生物的生长繁殖，通过高温微生物的活动达到升高堆温、加深发酵，使培养料得到良好的转化和分解。因此，翻堆时要力求调换料堆的上下、里外及生料、熟料的相对位置，把稻草抖松，干湿拌和均匀。四是掌握堆制质量。要求堆制好的培养料颜色呈咖啡色，生熟度适中（稻草尚成条状、具弹性但轻拉即断）、疏松，含水量为 60%～65%，pH 为 8.0～8.5。五是进行简易二次发酵。即在菇棚中架设木架，把堆制好的培养料迅速搬进菇棚，堆放于木架上，厚度 35～40cm，堆放时要求疏松、厚薄均匀，草、粪混匀，然后关闭门窗，让其自热升温，并视料温上升情况启闭门窗，调节吐纳气量，促其自热达 48～52℃，升温培养 1～2 天，再进行蒸汽外热巴氏清毒，杀灭杂菌与害虫。

5）铺料与播种、覆土铺料。把堆制好的培养料均摊于棚内泥面两侧，做成栽培菇床，床宽 0.8m，料厚 20cm 左右。播种：每 1m² 栽培面积使用 1 袋（0.5kg）麦粒种，撒播并部分轻翻入料面内，播后压实打平。播种时要严格做到料温不降（须<28℃）不播种，料湿不播种（以手抓料时指缝间有水渗出，但不能有水滴形成为度），棚内氨气大不播种（进入菇棚时感觉不到氨气气味）。播种后 2～3 天内菇棚以保湿微通风为主，若此时空气干燥，可覆盖干净的地膜或报纸保湿。3 天后菌丝已生长，要加强通风换气。气温高时（>25℃），为避免白天棚外高温空气进入菇棚，应改在夜间气温较低的时段进行通风换气；气温低时（<15℃），应尽量在气温相对较高的中午时段进行通风换气。6～8 天后，菌丝几乎长满料面时加大通风，促使菌丝向料内生长，无风时全部开窗，有风时开背风窗；晴天温度高时，要通风降温，若气候干燥，料面偏干，可适量喷水保持料面湿润。覆土：播种后 12～15 天，当菌丝已深入料层 2/3 处时应及时覆土。覆土用的土粒一般就地取材，取周边稻田或菇棚内畦沟中耕作表层以下的泥土，去除杂质，将泥土打碎成 1～1.5cm 大小的土粒。覆土前，土粒要加入石灰粉混匀，使土粒 pH 在 7.5 左

右（一般每 1m³ 土粒加入石灰粉 4～5kg）。覆土要厚些，要求达到 5cm。覆土后即喷清水，使土壤含水量达 65%～70%。

6）覆土后至出菇前的管理。覆土后要加强水分管理，采取少量多次喷水、勤喷少喷水的办法，使覆土层的含水量保持在 65%～70%。用手捏土粒，土粒扁而不碎且不粘手，说明覆土层含水量合适；若一捏即碎，土粒中间有白心，说明含水量偏低，应喷水；若土粒粘手，说明含水量偏高，应开门窗通风，降低含水量。同时，要控制菇棚内的空气相对湿度在 90% 左右，以利于菌丝爬土。覆土后 12～14 天，土缝中可见到菌丝时，应及时喷结菇水，喷水量为 1000～1250ml/（m²·d），连喷 2～3 天。然后停止喷水 2～3 天，并加大菇棚通风以促进菌丝扭结成菇。若此时遇气温高于 22℃，适当减少喷水量，增加通风，并推迟喷结菇水。当土缝中出现黄豆大小的菇蕾后，及时喷出菇水。

7）出菇期的管理。出菇期管理的关键技术是通过喷水和通风正确处理好调温、保温、保湿与换气的关系。通常情况下，喷结菇水后 5 天会出现黄豆大小的菇蕾，此时喷水量和通风量都要逐渐加大，喷水量以水不漏到培养料为度，通风时要注意通过调节窗扇角度，尽量避免冷风直接吹向菇床。采菇期间，喷水量应根据出菇量和气候具体掌握，以间歇喷水为主，以轻喷勤喷为辅；菇多多喷，菇少少喷；晴天多喷，阴雨天少喷；忌喷关门水，忌在高温时和收菇前喷水。每潮菇前期通风量适当加大，但需保持菇棚内相对湿度在 90% 左右，后期菇少和床面无菇时应减少喷水量，保持菇棚内的相对湿度在 80%～85% 即可，直到下一批小菇蕾出现再加大喷水量。气温高于 20℃时，应于早晚或夜间通风喷水，气温低于 15℃时则在中午通风和喷水。

（2）早、晚稻或一季晚稻栽培

应严格掌握品种选择和播种期要求。由于有菌糠还田，需严格控制化肥投入量，同时要做到按测土配方施肥。在病虫害防治方面，为确保水稻秸秆质量，要特别加强对稻纹枯病及稻飞虱的防治工作。为避免稻草存在农药残留，要禁用高毒、高残留农药。

2. "稻-菇-畜" 结合模式

"稻-菇-畜" 结合模式即以水稻种植为基础，以稻草为原料，通过食用菌栽培与水稻种植、畜牧养殖有机结合，在时间、空间上相互补充，有机物质循环利用，从而达到高效利用农业资源，实现农业产业链的延伸及农业生态环境的良性循环和可持续发展。其关键技术主要是物料的合理制作及利用。

（1）合理安排生产季节和菌种。为充分利用土地资源，做到粮菇双丰收，应合理安排早、晚稻和食用菌品种。双季水稻区，利用冬闲田栽培食用菌，生产季节为晚稻收割后，可进行双孢菇、大球盖菇、平菇等栽培，食用菌收获后进行早稻插秧。福建漳州冬闲田栽培双孢菇可分为冬菇、春菇二季栽培，冬菇在 10 月中旬播种，11 月下旬开始采收；春菇在 12 月中旬播种，翌年元月中旬采收，4 月中旬结束，进行早稻正常插秧。"稻菇畜"结合模式进行食用菌栽培，选择以稻草为原料的中温或中低温菌种，如双孢菇、大球盖菇、鸡腿蘑、姬松茸、平菇、凤尾菇等，不同地区可根据当地冬闲季节的气候特征和市场需要选择不同的食用菌菌种。其他一季稻区，可选择在菇播种可选择在 10 中旬至 11 月初进行。

（2）培育健壮、纯度高的菌种。在进行生产前应培育好健壮的菌种，完成好从一级菌种到三级菌种的生产，确保三级生产用菌种的质量。

（3）准备好发酵栽培原料。以双孢蘑菇栽培为例，栽培料以稻草、牛粪加其他辅助材料堆制发酵，常用的配方有：①干稻草 1500kg，干牛粪 1000kg，石膏粉 12kg，碳酸钙 25kg，壳灰 25kg，过磷酸钙 40kg；②干草 1000kg，干粪 400kg，菜籽饼 60kg，石膏粉 20kg，过磷酸钙 10kg，石灰 4kg；③稻草或秸秆 100kg，干牛粪 100kg，尿素 12kg，石膏 12kg。发酵栽培原料建堆时间于水稻收割前 10~15 天进行。建堆前，将稻草和牛粪预湿；建堆时，堆底铺一层厚 20cm 的稻草，宽 1.5m，长度视场地而定，上盖一层厚 3cm 的牛粪，然后再一层稻草一层牛粪堆至 1.5m 高左右，表面覆盖草帘或薄膜。培养料发酵过程中需翻堆 4~5 次，发酵后优质培养料的标准应是，含水量适宜（62%~65%），草茎较柔软，富有弹性，粪草颜色呈咖啡色或栗褐色，具有堆肥特有的料香，无刺鼻的氨味和粪臭味。

（4）简易菇房搭建。选择地势较高，离水源较近，排灌方便，土质疏松肥沃的冬闲田间建造菇房。菇房应从北朝南，长 15m、宽 4.2m、高 1.8m 左右。棚架选用 5~6cm 直径的竹木棍搭建，搭完后，盖上塑料薄膜，薄膜上及四周覆盖草帘、芦苇、甘蔗叶等遮阳材料。菇房四周要挖排水沟，雨天排水，晴天灌水。

（5）适时播种。将发酵好的培养料放进菇房的畦面上，喷施高效低毒、低残留农药，覆盖 24h 杀虫。当料温降到 28℃即可播种。播种量约 2 瓶/m² 菌种。播种时间，福建、湖南在 9 月下旬，上海、浙江一带在 9 月上旬，四川在 10 月中上旬，播种方法一般采用撒播法。

（6）食用菌生长期管理。播种后应做好发菌期间的管理，温度控制在 20~25℃，并注意通风换气。15~18 天菌丝侵入培养料 80%即可覆土。覆土材料可就地挖取。覆土后 15~18 天，菌丝即可布满覆土层，并扭结成米粒大小的小白点，此后可喷水出菇，喷水量依覆土层的干湿度确定。

（7）菌糠饲料的制作及菌渣利用。栽培食用菌后的菌渣，经过处理，并加入适量的麸皮、豆饼等配比而成的饲料，猪日用量在日粮中比例 8%~20%，牛 20%~35%，鸡鸭等 5%~10%。不同种类的菌渣用量有所差别，用量应注意从少到多，使禽畜动物有一个适应过程。剩余残渣、菌渣作为水稻有机肥，在食用菌栽培收获后将菌渣施入稻田，施 45~60m³/hm² 作基肥。

3. 水稻-羊肚菌模式

羊肚菌又称美味羊肚菌，别名羊肚菜、羊肚蘑、羊肚子、阳雀菌、蜂窝蘑等，是世界公认的一种珍稀食、药用菌，在欧洲被公认为是仅次于块菌的美味食用菌，少数种近几年才开展规模化的商品化人工栽培，属尚为驯化中的食、药用菌。水稻-羊肚菌连作模式是确保粮食生产、提高稻米品质、增加稻区种植户收入的好途径。水稻-羊肚菌高效互利模式如图 4-21。

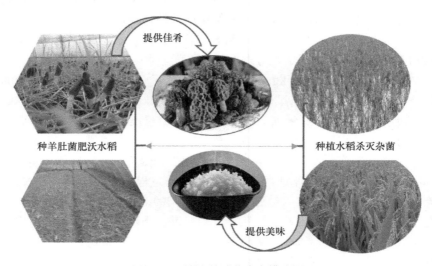

图 4-21　水稻-羊肚菌生产模式图

（1）茬口安排。合理安排好茬口是确保稻菌双丰收的基础，根据当地气候条件特点，选择生育期适宜的水稻品种，在适期播种和移栽的条件下，确保水稻有较长生长季节获得高产、能按时收获，又不耽误羊肚菌的种植季节。如湖北大多数稻区的羊肚菌播种时间以安排在 10 月下旬至 12 月上旬为佳。羊肚菌母种生产时间为每年的 9 月，原种生产 10 月，栽培种生产 10～11 月，播种期 10 月底至 12 月初，田间管理 11 月至翌年 3 月，出菇时间每年 3～4 月；采收期 3～4 周。

（2）水稻种植模式与品种的选择。为充分挖掘该模式的生产潜力、实现效益最大化，一般按绿色农产品生产模式生产，最低也是无公害模式，有条件的地区最好采用有机生产模式，以期所生产的稻米和羊肚菌具有更高的市场价值。选择水稻品种要充分体现优质、高产、较强抗性、生育期适中等四大指标。

（3）水稻生产。①搞好种子处理、适时播种、培育壮秧。按绿色或有机稻米生产要求选择符合要求的种子处理剂，防病灭菌、杀灭害虫，合理播种密度、加强肥力管理、适龄移栽。②培肥地力、合理密植、提高移栽质量。根据绿色或有机标准，增施有机肥（底肥占总施肥量的 50%～60%）、改良土壤结构以确保稻菌良好的生长环境和充足的营养供应；水稻种植密度根据品种特性、秧龄和土壤肥力水平确定，一般以宽行窄株 [30cm×（13～16）cm]、亩栽插基本苗 4 万～8 万较好，要求整地质量高，栽插深浅、穴之间基本苗数均衡一致，田间水深适宜。③科学水肥管理。追肥种类符合所选模式要求，分配比例按分蘖肥 30%、穗肥 20%～30% 执行；水分管理按适宜水深返青、浅水分蘖、适时适度搁田、水层与自然落干长穗、深水孕穗与抽穗、干湿交替灌浆的要求执行。④病虫草害防治。按所选模式执行，以防为主、综合防治，必须使用农药防治时应选择符合标准的剂型，合理用量，做到科学高效。⑤适时收获。籼稻成熟稻谷达 90%～95%、粳稻 95% 以上时，选择晴好天气及时收获，确保产量和品质。

（4）羊肚菌生产流程。①整畦搭荫棚：翻耕→耙细→开畦→搭荫棚，畦宽 80～100cm，棚高 1.8～2m；②播种：500～800 袋菌种/亩，覆土厚 3～5cm；③土壤菌丝定植：根据气温及土壤的含水量，覆盖草帘或黑膜；④补营养袋：播种后 15～20 天，将灭菌后的营养袋（1800～2000 袋/亩）划口后平扣在长满菌丝并开始形成菌霜（无性孢子层）的菌床上；⑤水分管理：冬季、春季；⑥出菇管理：平原地区 3～4 月，山区 4～5 月。

（5）羊肚菌生产技术关键。①菌种及配方：目前人工栽培的羊肚菌主要为梯棱羊肚菌或六妹羊肚菌，其中麦粒种>木屑种；②用种量：500～800 瓶/亩；③播种：开沟条播；④保温：小拱棚覆膜或大棚栽培；⑤补营养袋；⑥水分管理：微湿环境；⑦采收：采大留小；⑧后期补充营养是羊肚菌大田栽培稳产的保障。方法是将灭菌的营养袋划口（打孔）后平扣于布满菌丝的菌床上，菌丝上行生长进入营养袋，吸收营养袋中的养分并回供给菌床菌丝，显著提高子实体产量。

（6）常见问题及原因。①形态异常：尖菇、圆头菇，干热风引起；②烂菇：水分过多、湿度过大；③死菇：大于 23℃ 高温；④不出菇：土壤水分过湿或过干；⑤倒伏、霉烂，环境通风不良、湿度过大；⑥杂菌：盘菌（地碗菌），接种污染、环境污染。

（7）提高产量的措施。稻田羊肚菌正常产量为 100～400kg/亩，50～400 个/m²。为保证产量，应注意以下方面：①栽培区域选择：选择适合子实体生长发育温度（10～20℃）较长的地区栽培；②栽培地块的选择：选择富含腐殖质，既保湿又透气的田块；③冬季保温、提前出菇；④提前播种、控温出菇；⑤防止出菇后期的高温，采取遮阴、降温等措施。

（四）稻-菌模式发展中应注意的问题

（1）保障稻田蘑菇的品质及安全性对于发展稻-轮作栽培模式至关重要，包括稻-菇轮作条件下土壤环境对蘑菇品质及安全性方面的影响研究，防止土壤重金属和农残对蘑菇品质的影响，确保稻田蘑菇产品的食用安全性。加强蘑菇病虫害防治。

（2）制定和完善稻-菇轮作标准化栽培技术是保证稻田蘑菇高产的关键。稻田露天栽培蘑菇的产量受自然气候的影响较大，因此，应根据当地的气候特点和菇农的种菇实践选择最佳栽培季节。为了避免田间杂菌的污染，一般选择在相对较低的气温下接种和发菌比较安全，若栽培季节过迟，当年不能出菇，应确保菌菇菌丝体在经过长时间的越冬后不会导致产量显著降低。栽培菌菇后菌料制作堆肥应做到一次发酵尽量彻底，确保培养料无病虫害。

（3）做好市场调研工作，建立菌菇销售网络和加工企业是实现蘑菇产业可持续发展的重要保证。

（4）做好产后加工，提高产品附加值、增加效益。

第五章　稻田种养绿色生产技术

第一节　稻田种养绿色生产环境要求

一、绿色稻米生产的土壤要求

（一）水稻生产的土壤环境质量要求

稻田种养模式是以水田为基础、生产优质水稻为中心，种养结合，稻鱼共生、稻鱼互补的生态农业种养模式。其生产的重要特征是实行无公害绿色生产，通过对稻田改造，加固加高田埂，提高水位，改善稻田种养生态条件，改水稻密植为适当稀植，扩大水产品和禽类活动空间，并改善水稻通风条件，减少水稻病害发生，建立稻田良性循环的生态体系，通过以禽、水生生物控虫、控草，实现少施化肥农药，提高产品品质，实现一水两用、一田多收，生产流程标准，产品绿色生态，生产效益高效。因此，要求生产环境优良、土壤无污染。

首先必须确认是无污染农田，稻作生态环境质量评价符合《绿色食品　产地环境质量》（NY/T 391—2013），没有污染源和潜在污染源，相关产品基地必须通过国家认定后方可组织生产；其次要有集中连片的稻田，土壤肥沃，旱涝保收，保证周边环境无污染源。

根据 NY/T 391—2013 规定，绿色稻米生产对土壤的要求如表 5-1。根据土壤 pH 的高低分为 pH<6.5、pH=6.5～7.5 和 pH>7.5 三种情况。

表 5-1　NY/T 391—2013 绿色食品土壤质量要求

项目	旱田			水田			检测方法
	pH<6.5	6.5≤pH≤7.5	pH>7.5	pH<6.5	6.5≤pH≤7.5	pH>7.5	NY/T 1377
总镉，mg/kg	≤0.3	≤0.30	≤0.40	≤0.30	≤0.30	≤0.40	GB/T 17141
总汞，mg/kg	≤0.25	≤0.30	≤0.35	≤0.30	≤0.40	≤0.40	GB/T 22105.1
总砷，mg/kg	≤25	≤20	≤20	≤20	≤20	≤15	GB/T 22105.2
总铅，mg/kg	≤50	≤50	≤50	≤50	≤50	≤50	GB/T 17141
总铬，mg/kg	≤120	≤120	≤120	≤120	≤120	≤120	HJ 491
总铜，mg/kg	≤50	≤60	≤60	≤50	≤60	≤60	GB/T 17138

注：1. 果园土壤中铜限量值为旱地中铜限量值的 2 倍；2. 水旱轮作的限量值取严不取宽；3. 底泥按照水田标准执行

（二）生产绿色农产品的土壤肥力要求

为了实现绿色生产，保证绿色农产品的质量，要求生产者增施有机肥，提高土壤肥力。根据《绿色食品 产地环境质量》（NY/T 391—2013）规定，生产 AA 级绿色食品时，转化后的耕地土壤肥力要达到土壤肥力分级 1～2 级指标（表 5-2）；生产 A 级绿色食品时，应达到土壤肥力 3 级标准。

表 5-2　土壤肥力分级标准

项目	级别	旱地	水田	菜地	园地	牧地	检测方法
有机质	1	>15	>25	>30	>20	>20	
	2	10～15	20～25	20～30	15～20	15～20	NY/T 1126.1
	3	<10	<20	<20	<15	<15	
全氮	1	>1.0	>1.2	>1.2	>1.0	—	
	2	0.8～1.0	0.8～1.0	0.8～1.0	1.0～1.2	—	NY/T 53
	3	<0.8	<1.0	<1.0	<0.8	—	
有效磷	1	>10	>15	>40	>10	>10	
	2	5～10	10～15	20～40	5～10	5～10	LY/T 1233
	3	<5	<10	<20	<5	<5	
有效钾	1	>120	>100	>150	>100	—	
	2	80～120	50～100	100～150	50～100	—	LY/T 1236
	3	<80	<50	<100	<50	—	
阳离子交换量 cmol（+）/kg	1	>20	>20	>20	>20	—	
	2	15～20	15～20	15～20	15～20	—	LY/T 1243
	3	<15	<15	<15	<15	—	

注：底泥、食用菌基质不做土壤肥力测定

（三）绿色稻米和食用菌生产对培养基质的要求

稻菌模式中，食用菌培养基是水稻生产和食用菌栽培的重要环境条件，土培食用菌栽培基质要求按《绿色食品 产地环境质量》（NY/T 391—2013）执行，其他栽培基质应符合表 5-3 的要求。

表 5-3　食用菌栽培基质要求

项目	指标	检测方法
总汞，mg/kg	≤0.1	GB/T 22105.1
总砷，mg/kg	≤0.8	GB/T 22105.2
总镉，mg/kg	≤0.3	GB/T 17141
总铅，mg/kg	≤35	GB/T 17141

二、健康养殖的水质要求及调控

（一）稻田种养用水水质要求

水质对于稻田种养绿色食品生产至关重要，一方面要求水体无污染，符合水稻、水产等绿色食品生产的水质标准；另一方面要求水体生物群落结构合理、多样性好，能有效控制有害病原菌，促进水产动物健康生长。

首先，必须符合《无公害食品　淡水养殖用水水质标准》（NY 5051—2001），表 5-4 是可参照的无公害淡水养殖用水水质要求，其常用的检测及测定方法见表 5-5。

表 5-4　淡水养殖用水水质要求

序号	项目	标准值
1	色、臭、味	不得使养殖水体带有异色、异臭、异味
2	总大肠菌群，个/L	≤5000
3	汞，mg/L	≤0.0005
4	镉，mg/L	≤0.005
5	铬，mg/L	≤0.05
6	铅，mg/L	≤0.1
7	铜，mg/L	≤0.01
8	锌，mg/L	≤0.1
9	砷，mg/L	≤0.01
10	氟化物，mg/L	≤0.05
11	石油类，mg/L	≤1
12	挥发性酚，mg/L	≤0.05
13	甲基对硫磷，mg/L	≤0.005
14	马拉硫磷，mg/L	≤0.0005
15	乐果，mg/L	≤0.005
16	六六六（丙体），mg/L	≤0.002
17	DDT，mg/L	0.001

（二）稻田灌溉用水水质要求

稻田种养的灌溉用水必须符合《绿色食品　产地环境质量》（NY/T 391—2013）中关于农田灌溉用水水质的要求，相关水质指标见表 5-6。

表 5-5　淡水养殖用水水质测定方法

序号	项目	测定方法	测试方法标准编号	检测下限（mg/L）
1	色、臭、味	感官法	GB/5750	不得使养殖水体带有异色、异臭、异味
2	总大肠菌群，个/L	（1）多管发酵法 （2）滤膜法	GB/5750	
3	汞	（1）原子荧光度法 （2）冷原子吸收分光光度法 （3）高锰酸钾-过硫酸钾消解双硫腙分光光度法	GB/8538 GB/7468 GB/7649	0.00005 0.00005 0.002
4	镉	（1）原子吸收分光光度法 （2）双硫腙分光光度法	GB/7475 GB/7471	0.001 0.001
5	铅	（1）原子吸收分光光度法 A 　　原子吸收分光光度法 B （2）双硫腙分光光度法	 GB/7475 	0.01 0.2
6	铬	二苯碳酰二舒肼分光光度法（高锰酸盐氧化法）	GB/7466	0.01
7	砷	（1）原子荧光光度法 （2）二乙基二硫氨基甲酸银分光光度法	GB/8538 GB/7485	0.00004 0.007
8	铜	（1）原子吸收分光光度法 A 　　原子吸收分光光度法 B （2）二乙基二硫代氨基甲酸钠分光光度法 （3）2,9-二甲基-1,10-菲啰啉分光光度法	GB/7475 GB/7470 GB/7473	0.001 0.05 0.01 0.06
9	锌	（1）原子吸收分光光度法 （2）双硫腙分光光度法	GB/7475 GB/7472	0.005 0.05
10	氟化物	（1）茜素磺酸钠目视比色法 （2）氟试剂分光光度法 （3）离子选择电极法	GB/7482 GB/7483 GB/7484	0.5 0.05 0.05
11	石油类	（1）红外分光光度法 （2）非分散红外分光光度法 （3）紫外分光光度法	GB/16488 水和废水监视分析方法	0.01 0.02 0.05
12	挥发性酚	（1）蒸馏后4-氨基安替比林分光光度法 （2）蒸馏后溴化容量法	GB/7490 GB/7491	0.002 —
13	甲基对硫磷	气相色谱法	GB/13192	0.00042
14	马拉硫磷	气相色谱法	GB/13192	0.00064
15	乐果	气相色谱法	GB/13192	0.00057
16	六六六	气相色谱法	GB/13192	0.000004
17	DDT	气相色谱法	GB/13192	0.002

（三）稻田养殖的渔业水质要求

　　稻田种养的水产动物生产目标是绿色无公害食品或有机食品，因此，必须符合绿色食品产地渔业水质的要求，绿色食品产地渔业用水中各项污染物含量不应超过表 5-7 所列的浓度值。

表 5-6　农田灌溉用水水质要求

项目	指标	检测方法
pH 值	5.5～8.5	GB/T 6920
总汞，mg/L	≤0.001	HJ 597
总镉，mg/L	≤0.005	GB/T 7475
总砷，mg/L	≤0.05	GB/T 7485
总铅，mg/L	≤0.1	GB/T 7475
六价铬，mg/L	≤0.1	GB/T 7467
氟化物，mg/L	≤2.0	GB/T 7484
化学需氧量（COD_{Cr}），mg/L	≤60	GB 11914
石油类，mg/L	≤1.0	HJ 637
粪大肠菌群*，个/L	≤1000	SL 355

* 灌溉蔬菜、瓜类和草本水果的地表水需测粪大肠菌群，其他情况不测粪大肠菌群

表 5-7　渔业用水中各项污染物的浓度限值

项目	指标		检测方法
	淡水	海水	
色、臭、味	不应具有异色、异臭、异味		GB/T 5750.4
pH	6.5～9.0		GB/T 6920
溶氧量，mg/L	≥5		GB/T 7489
生化需氧量（COD_{Cr}），mg/L	≤5	≤3	HJ 505
总大肠菌群，MPN/100mL	≤500（贝类 50）		GB/T 5750.12
总汞，mg/L	≤0.0005	≤0.0002	HJ 597
总镉，mg/L	≤0.005		GB/T 7475
总铅，mg/L	≤0.05	≤0.005	GB/T 7475
总铜，mg/L	≤0.01		GB/T 7475
总砷，mg/L	≤0.05	≤0.03	GB/T 7485
六价铬，mg/L	≤0.1	≤0.01	GB/T 7467
挥发酚	≤0.005		HJ 503
石油类	≤0.05		HJ 637
活性磷酸盐（以 P 计）	—	≤0.03	GB/T 12763.4

注：水中漂浮物质需要满足水面不应出现浮沫要求

（四）稻田水质的调控

稻田综合种养模式的成功与否，受多方面条件的影响，其中，种养稻田的水质条件优劣起到至关重要的作用，而水质的好坏一方面与水源直接相关，另一方面则是以田间配套工程的改造和建设为基础，种养过程中水肥运筹和动物饲喂方

法为手段，合理规划，科学操作，协调水稻生长与水产动物生长之间的关系，以达到水稻和鱼类产品的产量提高、品质提升，最终达到社会效益、生态效益和经济效益多赢的目的。

在水质调控上主要依据水质颜色深浅和透明度、水体溶解氧含量、水体 pH 大小、碱度值高低变化，采用相应方法调节到适宜范围。

1. 根据水体透明度进行调节

稻田里鱼凼或鱼沟中水体的透明度为 25～30cm 时，不用施肥。透明度小于 25cm 时则应通过加水，稀释过浓的水质，让其透明度回到 25～30cm 的正常范围。若水质变黑、白、灰色时采用换水的方法改良水质，换水后再施肥，培肥水质、促进水稻生长。水的颜色过淡、透明度达 40cm 及以上时，说明稻田水中的肥力不足，应追肥，施肥方法为少量多次，以稀肥为主，重施肥不仅污染水体，对鱼、对稻生长也不利。

2. pH 的调控

水稻适合在偏酸性条件下生长，稻田养殖的水产动物的适宜 pH 大多在 6.5～8.5，水体处于过低 pH 环境对水产动物生长不利，过高 pH 环境对水稻和水产动物均不利。在高产养殖田块，一般易产生水体 pH 偏低现象，这种过酸的养殖稻田常采用施生石灰的方法调节水质，且兼有减少病虫害的作用。水体 pH 过低与缺氧、有机物过多、水质过肥有关，因此，可根据水体中以上三方面的实际状况进行调节。种植一定数量的水生植物既可增加水体的氧含量，还可以减少水体的二氧化碳含量，这些都可以增加水体的 pH、改善水质。

3. 水体溶解氧调节

水体溶解氧过高对水产动物不利，溶解氧过低则对水稻和水产动物也有不利的影响，水产动物最适的溶解氧范围为 2.5～4.5mg/L。水体溶解氧过低可以通过有计划地种植一定数量的水生植物如萍等解决，应急性增氧则可通过立即注水、换水的方法解决。

4. 保持水体适宜的碱度

水体适宜碱度是保持 pH 稳定的关键性因子，适宜的碱度还可降低水体中的重金属污染的毒害作用，养殖用水的正常碱度值为 1～3mmol/L。过低的碱度虽然对鱼类无毒害作用，但不利于鱼类生长，不能高产，撒施石灰是增加水体碱度的简单有效措施；过高的碱度对鱼类具有毒害作用，降低水体碱度的方法可用种植水生藻类，通过其光合作用不断被消耗水体中的钙磷镁碳等营养盐类来实现。

5. 撒施消毒剂

消毒剂是杀灭水体病原菌的有效方法，具有防止养殖水产动物病害的作用。

6. 施用水质改良剂

一些水质改良剂含有多种复合生物酶、益生菌类、维生素、微量元素、矿质增效剂及盐类，通过生物和化学方法，联合作用于养殖水体后，显著改善因高温炎热而引发的残饵与粪便等有机体导致的恶劣水质和底质。如，佛石粉可快速降解水中残饵、鱼虾排泄物等有机污物，吸附消除有毒重金属离子，降低氨态氮、硫化氢，调节水体酸碱度。养殖中增施佛石粉，还要施入一些活菌，用来分解虾吃剩的食物，配合撒些消毒药，如二氧化氯等。

第二节　稻田种养水稻绿色生产技术

水稻绿色生产无污染、安全、优质、营养的稻米，其生产除了保证产地及环境条件达到标准和要求外，其各个生产环节都必须符合相关标准和要求，如选择优质稻品种、合理使用农药和肥料等生产资料都是生产绿色稻米的重要环节。

一、优质稻品种选择

（一）品种的生育期要求

要求生育期适宜，在满足稻田综合种养茬口需求的条件下，符合高产优质的标准。同时还兼顾考虑种植方式对水稻生育期的影响，如直播、移栽（机插、人工栽插或抛栽等）。

（二）品种的抗性要求

稻田综合种养模式定位为绿色生态，其农产品至少要求符合无公害生产标准；为了获得较高的效益，提高产品的商品价值，故生产上一般要求按绿色食品生产标准执行，有条件最好按有机食品标准生产；因此，使用防治病虫害农药要求达到绿色生产标准，使用的农药品种及其使用时间具有特定要求；这就对水稻品种的抗性具有更高的要求；所选择品种最好对当地一至几种主要病害具有较强的抗性，一般环境条件下发病较轻，进行适当预防能有效控制病害的发生；由于种养模式的特殊环境条件要求，通常条件下难以实施晒田操作，甚至有可能长时间的深水灌溉，倒伏发生的可能性大增，所以茎秆粗壮和强的抗倒特性尤为重要；对于实施地点在低湖区的，由于易遭遇因暴雨和排水不畅引起的涝害，这就要求品种的耐涝优势明显。

（三）对稻米品质的要求

生产高附加值产品是稻田综合种养模式的必然选项，稻米的高附加值源于按绿色食品标准生产的产品安全性，但仅有安全性还不足以有效提高稻米的市场价格，那么，在稻米具有安全性的基础上，其内在的品质，包括加工、外观、蒸煮等，特别是食味品质更为重要，要求品种品质总体上达到国标 2 级及以上标准。不仅要求以上各品质指标好，还要求各项品质指标稳定性高。

（四）选择方法

水稻品种的特性，特别是产量、品质、抗性等，其最终表现，是品种本身遗传特性与气候、土壤及栽培方法等多方面相结合的综合体现。选择品种时最好按以下原则进行。

（1）依据专业机构发布品种审定或认定公告决定。在未独立实地获取有效数据的条件下，这是一种相对科学客观的手段。但在参考公告资料时，一定要从专业角度审视分析和借鉴，不能盲目偏颇于某一性状，而应从总体上系统考量。

（2）在上一条的工作基础上，引进若干个符合种植要求、具有鲜明特点的品种进行试种，多年、多点、多季节考察产量、品质、抗性三大指标，最终分析决断。抗性考察应具有一定专业性，并要求结合实际状况分析才能确定；稻米品质除粗略观察、蒸煮食用外，部分与商品价值相关的主要指标应送往专业检测机构检测后方可得出结论。

（3）种子质量应符合 GB 4404.1 的规定。

二、绿色生产施肥方法

施肥是水稻生产中的关键性环节之一。在无公害水稻生产中，使用肥料的种类、肥料的标准及施肥技术的综合运用是最终获得高产、优质、高效的保障。

（一）肥料标准及使用准则

肥料质量及来源对于水稻绿色生产至关重要，使用时必须购置符合相关标准和要求的肥料。无公害水稻生产的肥料标准和使用按《无公害食品 水稻生产技术规程》（NY 5117—2002）执行；绿色稻米生产的肥料标准和使用按中华人民共和国农业行业标准《绿色食品 肥料使用准则》（NYT 394—2013）执行；有机稻米生产不可使用化学肥料，生产按《有机水稻生产质量控制技术规范》（NYT 2410—2013）执行。具体使用过程中还应关注相关肥料的营养成分及杂质含量，表 5-8 是三种肥料的杂质指标控制要求。

表 5-8　三种主要无机肥料杂质控制指标

肥料	营养成分	杂质控制指标
煅烧磷酸盐碱	有效 $P_2O_5 \geqslant 12\%$	每含 1% P_2O_5, As≤0.004%、Pd≤0.01%、Pb≤0.002%
硫酸钾	含 K_2O 50%	每含 1% K_2O, As≤0.004%、Cl≤3%、H_2SO_4≤0.5%
腐殖酸叶面肥	腐殖酸 8% 微量元素≥6.0%（Fe、Mn、Cu、Zn、Mo、B）	Pd≤0.01%、As≤0.002%、Pb≤0.02%

（二）农家肥使用要求及卫生标准

农家肥是有机肥料，包括生物物质、动植物残体、排泄物、生物废物等积制而成的，如堆肥、沤肥、厩肥、沼气肥、绿肥、作物秸秆肥、泥肥、饼肥等。农家肥的使用在无公害，特别是绿色稻米生产中是必不可少的，其使用按中华人民共和国农业行业标准《绿色食品　肥料使用准则》（NYT 394—2013）执行。不同农家肥在积制过程中，还应注意控制相关的卫生标注，如高温堆肥要保证有害生物能被杀死。表 5-9、表 5-10 分别是高温堆肥和沼气发酵肥的卫生标准。

表 5-9　高温堆肥卫生标准

编号	项目	卫生标准及要求
1	堆肥温度	堆肥温度达 50~55℃，持续 5~7 天
2	蛔虫卵死亡率	95%~100%
3	粪大肠菌值	$10^{-2} \sim 10^{-1}$
4	苍蝇	有效地控制苍蝇滋生，堆肥周围没有活的蛆、蛹或新羽化的成蝇

表 5-10　沼气发酵肥卫生标准

编号	项目	卫生标准及要求
1	密封贮存期	30 天以上
2	高温沼气发酵温度	53±2℃持续 2 天
3	寄生虫卵沉降率	95%以上
4	血吸虫卵和钩虫卵	在使用粪液中不得检出活的血吸虫卵和钩虫卵
5	粪大肠菌值	普通沼气发酵 $10^{-4} \sim 10^{-2}$
6	蚊子、苍蝇	有效地控制蚊蝇滋生，粪液中无，池的周围无活的蛆蛹或新羽化的成蝇
7	沼气池残渣	经无害化处理后方可用作农肥

（三）绿色施肥技术及方法

在稻田综合种养技术体系中，由于水稻与水产动物为共作或连作关系，水稻施肥除满足高产、优质的基本要求外，还应考虑施肥过程对水产动物的影响，它包括直接影响和施肥影响水质后对水产动物产生的间接影响。故在施肥使用方面应采用以有机肥施用为中心、基肥为主肥料的运筹技术。施肥量应从田间土壤肥力状况、养殖过程投放饲料可能的残留量、动物排泄的粪便量及计划稻谷产量的需肥量综合考虑、计算确定。

1. 平衡施肥

有机肥与化学合成肥料及氮、磷、钾及微量元素配合施用，提倡测土配方施肥，一般有机肥占总施肥量的 50%以上，氮：磷：钾（N：P_2O_5：K_2O）=1：0.5：1。有机生产则要求全部使用有机肥。

2. 施肥方法

水稻生长发育中后期有养殖鱼类的饲料残留物和动物排泄物等作为营养来源，所以生育中后期常不需要追肥；肥力水平较低的田块可考虑适时追施腐熟的有机肥料，但在品牌选择上一定要根据绿色稻米生产对肥料的要求选择达标品牌。

（1）施肥种类。一般田块以施用腐熟发酵的有机基施为主，辅助少量化学合成肥料。禁止使用硝态氮肥（如硝酸铵等）和以硝态氮肥作基肥生产的复（混）合肥作追肥。推广叶面喷施微肥、生物钾肥、有机液肥。

（2）施肥量。根据计划产量计算总需求量，再根据种养过程中水产动物养殖可能投入的饲料残留量估算，中等肥力田每生产 100kg 稻谷约需施纯氮 0.5～0.8kg，在核查拟使用的有机肥或化学合成肥料的实际含量后分期施用。

（3）肥料的分配施用比例。施足基肥，适时适量施分蘖肥和穗肥。一般氮肥中 70%以上以基肥形式施用，20%作分蘖肥，10%作穗肥；磷、钾肥全部以基肥形式施用。追肥应做到分蘖肥早追施、中稻不疯长；适当施用穗肥，不施粒肥。

（4）施肥安全间隔期 15 天以上。

三、病虫草害绿色防控

病虫害防治是水稻生产的关键性环节之一，其技术执行好坏不仅对产量影响大，有时甚至可能绝收；防控病虫草害的药物使用不当，一方面会影响防治效果，另一方面可能产生农药残留，甚至可能威胁到人的健康，绿色防控是绿色稻米生产的依托技术。

（一）病虫草防控原则及农药使用标准

水稻病虫草害的绿色防控依据中华人民共和国农业行业标准《绿色食品　农药使用准则》（NY/T 393—2013）执行。

（1）NY/T 393—2013 引用的农药使用标准。《农药安全使用标准》（GB 4285—84）、《农药合理使用准则（一）》（GB 8321.1—87）、《农药合理使用准则（二）》

（GB 8321.2—87）、《农药合理使用准则（三）》（GB 8321.3—89）、《农药合理使用准则（四）》（GB 8321.4—93）、《农药合理使用准则（五）》（GB 8321.5—1997）、《农药合理使用准则（六）》（GB 8321.6—1999）、《绿色食品产地环境技术条件》（NY/T 391—2013）。

（2）标准中使用的药物种类和主要品种。生物源农药、微生物源农药、矿物源农药、有机合成农药、农用抗生素（灭瘟素、春雷霉素、多抗霉素、井冈霉素、农抗 120、中生菌素、浏阳霉素、华光霉素）、活体微生物农药真菌剂（蜡蚧轮枝菌、苏云金杆菌、蜡质芽孢杆菌、昆虫病原线虫、微孢子、核多角体病毒）、动物源农药（昆虫信息素）、捕食性的天敌动物、植物源农药（除虫菊素、烟碱、植物油乳剂、大蒜素、印楝素、苦楝、川楝素、芝麻素）、矿物源农药（硫悬浮剂、可湿性硫、石硫合剂等、硫酸铜、氢氧化铜、波尔多液）、矿物油乳剂、符合绿色标准的有机合成农药及其使用上限量。

（3）优先采用农业防控。通过选用抗病抗虫品种，非化学药剂种子处理，培育壮苗，加强栽培管理，中耕除草，秋季深翻晒土，清洁田园，轮作倒茬、间作套种等一系列措施起到防治病虫草害的作用。

（4）其他防控手段。灯光、色彩诱杀害虫，机械捕捉害虫，机械和人工除草等措施。

（二）水稻病害绿色防控

1. 选用抗病品种

由于绿色防控中少用或不用化学农药，生产实践中在品种选择上除关注产量和品质外，还必须重点考虑选择抗（耐）稻瘟病、稻曲病的品种，及时换去种植年限较长的品种，以防病害的严重发生。

2. 落实好种子处理

做好晒种、选种和符合绿色标准的药物浸种，灭杀种子携带的病菌。

3. 培育壮秧

根据播种期和移栽期确定好秧龄及其播种量，培育稀播壮秧，做好苗期病虫害的预防，施好送嫁药。如使用枯草芽孢杆菌防治稻瘟病；用石硫合剂防控其他苗期病虫害。

4. 合理密植

根据品种特性和土壤肥力水平，合理安排移栽密度、株行配置和栽插基本苗，坚持宽行窄株种植，一般行距为 30cm、株距 13～16cm，根据常规稻、杂交稻及其分蘖能力按每穴 2～5 苗的标准栽插。

5. 大田病害防治

根据水稻生长发育状况，对生长旺盛的秧苗或遇病害易发的气候条件时，及时施用枯草芽孢杆菌防治稻瘟病；井冈霉素防治纹枯病和稻曲病；农用链霉素防治白叶枯病；病毒病通过防治传染病毒的害虫实现有效防控。所有防病药物也可从《绿色食品 农药使用准则》（NY/T 393—2013）附录 A 中选择。

（三）水稻虫害绿色防治

水稻的主要虫害有稻蓟马、三大螟虫、稻飞虱等。苗期主要以防治稻蓟马为主，A 级标准药物可选择吡虫啉，AA 级标准可选择石硫合剂等。大田害虫的防控主要注意以下几个方面。

（1）性引诱剂诱杀螟虫。用螟虫性引诱剂诱杀螟虫雄蛾，使雌蛾不能正常交配繁殖，减少下代基数，减轻为害发生。5～8 月，每亩放诱捕器及诱芯 3 个。

（2）灯光诱杀害虫。每 30 亩稻田安装杀虫灯一盏，诱杀二化螟、三化螟、稻纵卷叶螟、稻飞虱等多种害虫。

（3）保护并利用天敌治虫。保护并利用稻田天敌，发挥天敌对害虫的控制作用。常用措施有田埂种豆保护并利用蜘蛛和青蛙等天敌，保护青蛙等。还可人工饲养螟蝗赤眼蜂，投放大田以灭杀螟虫虫卵。

（4）其他防控技术。当稻田飞虱达到防治指标时，使用吡蚜酮防治。苏云金杆菌和阿维菌素防治螟虫；或采用《绿色食品 农药使用准则》（NY/T 393—2013）附录 A 中其他符合的药物防治。

（四）稻田杂草绿色防控

1. 直播稻田杂草防除

对于直播稻田杂草可采取"封杀"相结合的防治策略，即在使用土壤封闭型除草剂的基础上，辅助施用茎叶处理剂，杀灭杂草。

（1）土壤封闭。一般在播种后，田面明水自然落干后进行。品种可选用丙草胺等。或采用《绿色食品 农药使用准则》（NY/T 393—2013）附录 A 中其他符合的药物防控。

（2）茎叶处理。土壤封闭处理不佳时，二次用药。用药适期要掌握在杂草 3～4 叶期，常用药剂二氯喹啉酸等。或采用《绿色食品 农药使用准则》（NY/T 393—2013）附录 A 中其他符合的药物防控。

（3）注意事项。直播稻田药后苗前田间切忌积水；播后如遇干旱，须及时上跑马水，做到"沟满水、畦湿润"。

2. 机插稻田杂草防除

机插秧采取"两封一杀"的化除方案。

（1）第一次封闭。整田后插秧前进行，防除药剂可选丙草胺或《绿色食品 农药使用准则》（NY/T 393—2013）附录 A 中其他符合的药物。

（2）第二次封闭。插秧后 7～10 天，防除药剂有乙草胺、异丙草胺或采用《绿色食品 农药使用准则》（NY/T 393—2013）附录 A 中其他符合的药物防控。

（3）"一杀"。茎叶处理剂杀灭，栽插后 20 天左右，杂草 3～4 叶期是防除最佳适期。防除药剂有 6%稻喜，如杂草偏大，可适当加用稻杰或采用《绿色食品 农药使用准则》（NY/T 393—2013）附录 A 中其他符合的药物防控。

（4）注意事项。机插秧田面要平整、保水，栽插后要做到薄水活株、浅水化除，二次封闭后仍要保水 5～7 天，以发挥"以水控草"的作用。平田后不能及时栽插的田块，要先用药封闭，且应保水增效。用药后遇大雨天气，应及时开好平水缺，降低水位，切忌水层淹没秧心。要严格把握最佳用药期，确保最佳效果。

第三节 稻田健康养殖技术

随着稻田综合种养集约化生产的快速发展，鱼类疾病防控难度将越来越大。在生产实践中，为省事、图速效，大量使用、滥用或超量使用化学合成类、重金属类以及抗生素类西药，引起病原菌产生抗（耐）药性、鱼体内药物残留、水体污染、重金属离子积聚超标，甚至发生产品不能食用的问题，这将直接或间接地危害人体健康。因此，健康养殖、无公害生产成为稻田种养生态农业模式的关键技术。

一、稻田动物健康养殖

水产健康养殖理念已被人们全面接受。由于养殖规模扩展、养殖容量扩大、养殖效益下降、病害频发、养殖水质下降、外来生物入侵、生物多样性降低、对产品质量安全的重视程度提高、水域环境保护等多方面因素，人们更积极主动地研究各类水产健康养殖技术。近年来，我国稻田综合种养蓬勃发展，稻田养殖产量已占我国淡水养殖总产量的 5%以上，虽然稻田水体显著不同于其他淡水水体，但稻田种养充分利用稻鱼的互惠互利关系，模拟自然生态循环，是一种典型的生态农业模式，其动物的健康养殖具有良好的生态学基础，因此稻田动物健康养殖更是顺理成章。

水产健康养殖以生态学理论为指导，要求从养殖环境、品种、投入品种、疫病防控、生产管理等方面保证动物安全、食品安全。比较有代表性的定义为：水产健康养殖应该是根据养殖品种的生态和生活习性建造适宜养殖的场所；选择和投放品质健壮、生长快、抗病力强的优质苗种，并采用合理的养殖模式、养殖密度，通过科学管水、科学投喂优质饲料、科学用药防治疾病和科学管理，促进养殖品种健康、快速生长的一种养殖模式。稻田动物健康养殖同其他淡水水产健康养殖一样，主要体现在水、种、饵、模、药、管六个关键点。

（1）水：适宜水质。适合养殖品种生长的水质是关键，稻田种养通过保护稻田生物多样性，利用生物的相生相克、互惠互利，抑制鱼病的发生。

（2）种：健康苗种。优良品种、苗种不带致病菌（生物）、无药物残留。

（3）饵：优良饲料。营养全价、无不良添加成分的配合饲料和符合健康养殖要求的鲜活生物饲料，稻田种养要充分挖掘稻田天然饵料，减少配合饵料投放。

（4）模：合理模式。适合养殖品种生长的养殖模式、合理的养殖密度，以及混养、套养、轮养等养殖方式，发挥水稻的庇护作用。

（5）药：标准药物。科学的预防疾病措施、符合国家标准的渔用药物和科学的用药方法，按照无公害、绿色、有机等产品生产要求用药。

（6）管：科学管理。用科学的方法对养殖的全程进行质量控制和管理。建立田间巡查管理日志，掌控养殖动物生长动态，避免寒暑、病虫、天敌、灾害等对养殖动物的伤害。

二、稻田种养中草药应用

稻田种养实行绿色生产，尽量避免使用西药、添加剂、无机化学试剂，健康养殖中中草药的应用具有重要意义。①残留少，致病菌不易产生耐药性；②能对病原微生物产生直接抑制、杀灭效果，能对水产动物的免疫系统进行调整，提高其抗应激能力及免疫机能；③适用于当前集约化、规模化生产的需要，便于水产动物病害的群体防治；④中草药能起到与激素类似的作用，且能减轻或消除外源激素的毒副作用；⑤中草药作为天然的动植物产品，对水产动物还具有营养作用，能够促进其生长并改善水产品的品质；⑥中草药的使用符合发展无公害水产业、生产绿色水产品的市场需求，利于提高我国水产品的国际竞争力。

（一）中草药的鱼病预防作用

1. 抗微生物

由于中草药本身具有清除和抑制自由基的生成，以及提高自由基酶类活性的作用，同时还具有非特异抗病原微生物的作用，所以能直接杀菌、抑菌、抗病毒、抗原虫。常用的600多种中草药中有200多种有杀菌、抑菌作用；有130多种能抗菌，有50多种对病毒有灭活或抑制作用；有10多种能抗真菌；有20多种对原虫有杀灭、驱除作用。

2. 增强机体免疫力

许多中草药如枸杞、甘草等含有多种多糖，具有促进胸腺反应、增强肝脏网状内皮系统的吞噬功能，能提高动物机体特异性抗原免疫反应。如苦豆草含有生物碱，能增强体液与细胞免疫功能，刺激巨噬细胞的吞噬功能，且无西药类免疫预防剂对动物机体组织有交叉反应等副作用的弊病。用海藻多糖、大黄、黄芪、连翘等配制成的复方中草药药饵投喂河蟹后，通过检测河蟹的血细胞吞噬活性、血清凝集效价及血清杀菌活力等免疫学指标，证实了中草药能显著提高河蟹机体的免疫功能。

3. 中草药促进鱼类生长

近年来运用我国传统医学理论和现代生物工程技术从绿色植物中提取的天然活性物质，应用于多家鳗鱼养殖场，应用结果表明促生长效应显著，特别对幼体为佳。广东等一些养鳗场应用含中草药提取物添加剂饲料投喂，结果表明，对游动缓慢或初成"僵鳗"的鳗鱼有明显的开食作用。

4. 完善饲料的营养，提高饲料转化率

中草药本身一般含有蛋白质、糖类、脂肪、淀粉、维生素、矿物质、微量元素等营养成分。虽然有的含量较低甚至只是微量，但能起到一定的营养作用。如在1龄和2龄鲤饲料中添加0.4%的中草药添加剂，生长速度提高18%，在鲫饲料中添加1%的中草药煎液，结果增重提高21.5%。而且某些中草药还有诱食、消食健胃的作用。

5. 中草药对水产动物的调节作用

香附、甘草、蛇床子、人参、虫草、附子、细辛、五味子、酸枣仁等，这些中草药虽然本身不是激素，但可达到与激素相似的作用，并能减轻或防止、消除激素的毒副作用。有些中草药能增强动物机体对外界各种（包括物理的、化学的、生物的）有害刺激的防御能力，使紊乱的机能得以恢复，如柴胡、黄芩等具有抗热应激原的作用；刺五加、人参、黄芪等能使机体在恶劣环境中调节自身的生理功能，增强适应能力。在鱼、虾饲料中添加适量的黄芪多糖，能增强抗低氧、抗疲劳和抗应激能力。

（二）中草药的鱼病防治作用

中草药对细菌、病毒及代谢性疾病都有广泛的疗效，所以受到人们的重视。中草药之所以能够提高机体对病毒、细菌、真菌、寄生虫等的抵抗性，主要是其

增强了水生生物机体自身的免疫力，尤其是非特异性免疫力。根据中草药对鱼类病虫害的作用种类可分为以下 4 种类型。

1. 病毒性鱼病

中草药具有独特的抗病毒作用，常用的这类药物有大黄、黄连、黄芩、大青叶、板蓝根、贯众、仙鹤草、紫珠草、黄柏、马鞭草、金银花、穿心莲、马齿苋等。这类药物对防治草鱼出血病、鲢鳙暴发性病毒病等很有效。"三黄粉"（大黄50%、黄柏 30%、黄芩 20%）对治疗草鱼出血病有效；1%的大蒜素、0.5% 的食盐和 5%的鲜韭菜（捣烂），能有效防治青鱼、草鱼出血病。中草药在防治鱼类病毒性疾病中，除使用板蓝根、大青叶等常用的抗病毒的中药外，还要配伍一些热性的或微凉性的中草药，如肉桂、桂枝、月见草、紫苏、连翘等。这些中草药，一般都含有挥发性成分和生物碱，对病毒都有独特疗效。

2. 细菌性鱼病

防治细菌性鱼病的中草药，常用的有苦参、五倍子、地锦草、生姜、大蒜、鱼腥草、老鹳草、艾叶、金樱子、蛇床子、紫花地丁、地榆、桉叶、乌桕等。主要防治由细菌引起的赤皮、肠炎、白皮、竖鳞、打印、烂鳃、白头白嘴等疾病。如草鱼肠炎病：用韭菜捣烂加大蒜素和食盐拌饵投喂；草鱼烂鳃病：用生姜切碎熬汁加菜油兑水全池泼洒；草鱼赤皮病：用五倍子捣碎用开水浸泡 12h 后全池泼洒；草鱼"三病"（肠炎、烂鳃、赤皮并发症）：用樟脑精溶于水全池泼洒。

3. 真菌病和其他疾病

防治真菌类鱼病的中草药，常用的有桑树叶、土槿皮、苦参、石榴皮、丁子、射干、枫叶、菖蒲等。此外，中草药在治疗龟、鳖等动物疾病中也有较多应用，如板蓝根、连翘、苍耳子、金银花、大黄叶混合可以治疗鳖鳃腺炎；黄连、黄精、车前草、马齿苋、蒲公英等可以治疗龟、鳖肠炎病。如水霉病：用五倍子捣碎用开水浸泡 12h 后加食盐全池泼洒；鳃霉病：用艾叶切碎后加盐全池泼洒。

4. 寄生虫性鱼病

常用于防治寄生虫性鱼病的中草药有苦楝、辣蓼、大叶黄药、南瓜子、槟榔、生姜、贯众、百部、五加皮、松针等。寄生于鱼鳃、鳍、皮肤等部位的寄生虫一般用中草药煎汁泼洒外用。体内寄生虫一般采用煎汁或粉碎后拌入饲料中投喂的方法来防治。如锚头鳋：用马尾松叶和苦楝树叶（果）切碎熬汁全池泼洒；车轮虫：用桉树叶熬汁兑水全池泼洒；指环虫：用苦楝树叶（果）、辣蓼切碎熬汁，加入食盐搅匀后全池泼洒。

（三）防治鱼类病虫害常用中草药

不同中草药品种其有效成分各异，防治病虫害的药理作用及功效亦有差别，有些中药可单独使用获得较满意的效果，有些则必须通过混合配伍才能发挥较好的作用。在生产应用实践中，必须有计划地采集和收集，根据各个品种的特性进行单独或混合配伍后使用，以达到最佳效果。

（1）大黄：大黄的根茎含蒽醌衍生物，抗菌作用强，抗菌谱广，对细菌有抑制作用，有收敛、泻下、增加血小板、促进血液凝固等作用，用根茎可防治烂鳃病和白头白嘴病。

（2）乌桕：乌桕叶含生物碱、黄酮类、鞣质、酚类等成分，主要抑菌成分为酚酸类物质，在酸性条件下能溶于水，在生石灰作用下生成沉淀，有提效作用，乌桕果、叶具有拔毒消肿和杀菌的能力。可防治鱼类细菌性烂鳃病和白头白嘴病。

（3）大蒜：大蒜为多年生草本，为百合科葱属植物，具有强烈的蒜臭气，其有效成分为大蒜素，大蒜素为无色油状液体，有强烈的蒜臭，是一种植物杀菌素。遇热不稳定，置室温中 2 天失效，遇碱也易失效，但不受稀酸影响。大蒜含有的蒜素，具有很强的抗菌力，对草兰氏阴性细菌的作用较强，全国各地农家都有栽培，主要用于防治肠炎病。大蒜有效成分为大蒜素，具有广谱抑菌止痢、驱虫及健胃作用，常用于防治鱼类烂鳃病、肠炎病和竖鳞病等。

（4）地锦草：一年生草本，生于田野、路边及庭院间，全国各地都有分布。地锦草含有黄酮类化合物及没食子酸，有强烈抑菌作用，抗菌谱很广，并有止血与中和毒素的作用。药用全草，可单用，也可与铁苋菜等合用，主要用于防治鱼类肠炎病及烂鳃病。

（5）穿心莲：一年生草本植物，在华南各省均有栽培。其有效成分为穿心莲内酯、新穿心莲内酯、脱氧穿心莲内酯等，有解毒、消肿止痛、抑菌止泻及促进白细胞吞噬细菌等功能。可防治肠炎病。

（6）乌蔹莓：有抑菌、解毒、消肿、活血、止血作用，可防治白头白嘴病。

（7）五倍子：为倍蚜科昆虫角倍蚜或倍蛋蚜寄生在盐肤木树上的干燥虫瘿。不同类型的蚜虫，在不同植物的部位上，产结不同形状的倍子。产于河北、山东、四川、贵州、广西、安徽、浙江、湖南等省（自治区）。五倍子含有鞣酸，鞣酸对蛋白质有沉淀作用，可使皮肤、黏膜、溃疡的蛋白质凝固，造成一层被膜而呈收敛作用，并有抑菌或杀菌作用。可治疗肠炎病、烂鳃病、白皮病、赤皮病和疖疮病。

（8）辣蓼：一年生草木，喜生于湿地、路旁、沟边。夏秋采集。全国各地均有分布。全草含有辛辣挥发油、黄酮类、甲氧基蒽醌、蓼酸、糖苷、氧䓛类等化合物，具有杀虫、杀菌作用。可用于防治鱼类肠炎病、烂鳃病、赤皮病。

（9）楝树：落叶乔木，喜生于旷野、村边、路旁。分布于河北以南地区，东至台湾，南至广东，西南至四川、云南、西藏，西北至甘肃等，多为栽培。楝树含川楝素，具有杀虫作用，药用根、茎叶。防治车轮虫病、隐鞭虫病、锚头鳋病。

（10）南瓜子：含南瓜子氨酸，其为驱虫的有效成分。南瓜子氨酸对虫体有先兴奋后麻痹的作用，由于兴奋作用可使虫体缩短，活动显著增加，甚至引起痉挛性收缩。防治头槽绦虫病。

（11）贯众：主含绵马素、绵马酸等，所含绵马素对绦虫有强烈毒性，有驱虫作用。可防治鱼类毛细线虫病、许氏绦虫病。

（12）槟榔：含生物碱，以槟榔碱为主，为驱虫的有效成分。对绦虫有较强的麻痹作用，使虫体瘫痪，失去其吸附于肠黏膜的能力，能增强胃肠蠕动，有利于虫体排出。治疗头槽绦虫病。

（13）黄芩：含五种黄酮类成分，具有利胆、保肝作用。防治草鱼出血病。

（14）板蓝根：具有清热解毒凉血的疗效，还具有保护肝脏、利胆、消炎等作用。可用来防治草鱼出血病。

（15）马尾松：马尾松枝叶中含有松节油、二戊烯等成分，具有杀虫、杀菌等作用，可用于防治鱼烂鳃病、肠炎病。

（16）铁苋菜：一年生草本，生于山坡、草地、旷野、路旁较湿润的地方，分布遍及全国各地。全草含铁苋菜碱，有止血、抗菌、止痢、解毒等功能。单用或混用治疗肠炎病和烂鳃病。

（17）乌蔹莓：多年生蔓生草本，生于山坡、路边的灌木丛中或疏林中。分布于山东和长江流域至福建、广东等地。乌蔹莓素有抑菌、解毒、消肿、活血、止血作用。治疗白头白嘴病。

（18）菖蒲：多年生草本植物，全草有香气。喜生于沼泽、沟边、湖边。多产于长江以南各省。根、茎和叶中均含细辛醚、石菖醚，对细菌有抑制作用。全草可用于防鱼类肠炎、烂鳃、赤皮病。

（四）中草药防治水产动物病虫害配方

1. 防治鳖的腐皮病、白斑病、白点病、疖疮病，加快生长

板蓝根 15g、大青叶 15g、金银花 12g、野菊花 15g、茵陈 10g、柴胡 10g、连翘 10g、大黄 10g。将上述药放锅中，加入适量水煎取汁，按 50g 以下稚鳖体重的 2%、50～150g 幼鳖体重的 1.5%、150g 以上成鳖体重的 1% 拌入饲料中投喂，连用 5～6 天。

2. 防治草鱼出血病

（1）生石膏 2000g、知母 750g、黄连 750g、黄芩 750g、赤芍 750g、板蓝根 2000g、大青叶 1500g、生地 500g、牡丹皮 750g、玄参 7500g、重楼 750g。所有药干燥后粉碎、过筛，按体重的 0.3% 拌入饲料中投喂，连用 3～5 天。

（2）每 50kg 鱼每天用鲜菖蒲 3～4kg、马齿苋 2.5kg、大蒜头 1.5kg，切碎捣汁并加入食盐 500g，制成药饵投喂，每日 1 次，连用 3 次。

3. 防治草鱼病毒病

大黄 500g、穿心莲 500g、板蓝根 500g、黄芩 500g、食盐 500g。将以上药物用适量沸水浸泡 15h 后取汁，后将食盐溶混其中备用。按每 100kg 鱼用以上药汁拌饲投喂，连用 6～7 天。

4. 防治黄鳝肠炎病

每千克黄鳝用大蒜头 20g、食盐 10g。大蒜头捣烂成泥，与食盐和饲料拌饲投喂，连用 3～5 天。

5. 防治肠内毛细线虫

贯众 16 份、苦楝树根皮 5 份、荆芥 5 份、苏梗 5 份。按每千克黄鳝 5～8g 的用药量，加水 18ml，煎煮成 9ml 药汁，倒出药汁，再按上述方法水煎一次，将二次药汁合并，拌入饲料中投喂，连用 6 天。

6. 防治鱼原生虫、蠕虫和水霉病

每 50kg 鱼，用石榴皮 50g、槟榔 30g。将药研成末，拌入 5kg 饲料中，连喂 3～5 天。

7. 防治鱼烂鳃病

烟草：每亩水深 1m 塘用烟秆 2.5kg 或烟草 0.75kg，加水 5～10kg，浸泡后煎熬 1～2h，待凉后，全池泼洒。

三、鱼病预防及绿色治疗方法

鱼病防治应坚持"以防为主、以治为辅、综合防治"的原则，遵循绿色生态养殖规范，做好环境选择、养殖种类选择、菌种选择、水质调节、饲料应用、生态法防治水产品疾病等工作。从绿色水产标准化、产业化示范基地建设开始，注重生态系统中能量的自然转换，重视资源的合理利用和保护，有效维持良好的水域生态环境。建立严格质量监控体系，保证养殖所用的饲料、添加剂和渔药的安全、高效，同时，要严控有毒、有害物质流入水体，保证水体不污染。

（一）鱼病的预防

1. 选择适合的养殖田，确保土壤质量与灌溉水质量符合绿色养殖要求

2. 做好清塘、消毒处理

①适时清塘。每季捕鱼后，将鱼凼、鱼沟中的水放干，挑去一层淤泥，然后让沟底经冰冻、暴晒，达到消除病虫害的目的。②生石灰清塘。池（沟）底只剩 6～10cm 水深时，每平方米投放石灰 75g。水深 1m 时，按每平方米投放石灰 190g 的用量来计算，7 天后可放鱼。③茶饼清塘。水深 1m 时，每平方米按 75g 左右用量，先捣碎，再浸泡 1～2 天，然后连渣带汁均匀泼洒全池，7 天后放鱼。

3. 确保种苗质量、科学饲养管理

选择放养体质健壮、活动力强、规格整齐的苗种，按要求做好鱼种消毒，鱼种放养密度要适中。饲养中做到：①"四定"投饵。定时：分早、晚定时投喂，每次以鱼吃八成饱以上游走为度。定点：固定位置投饵，养成鱼类在固定地点吃食的习惯。食台应设在投饵方便向阳的塘边为好。定质：饲料新鲜、清洁，腐烂变质的不能投喂；饲料添加预防病虫害、符合绿色水产品标准的药物，如中草药预防药剂。定量：根据不同季节和气候变化、水的肥瘦、鱼体大小和吃食情况，适量投饵。②改善水体环境。水体环境的好坏，直接影响到鱼类生长和疾病的发生。在饲养管理的过程中，必须认真观察水质变化，及时采取培肥、加水、换水和增氧等措施。使用水质改良剂、光合细菌、玉垒菌、麦饭石、沸石等改善水体环境。③加强日常管理。每天早晨要巡查 1 次，鱼病流行季节，阴闷恶劣天气和暴雨后要勤巡查，并观察鱼类有无浮头等情况。如发现死鱼要及时捞出，找出原因并采取积极的治疗措施。

4. 做好药物预防

在鱼病流行季节，进行适当的药物预防，是防止鱼病发生的重要措施之一。预防药物必须按《绿色食品 渔药使用准则》（NY/T 755-2013）执行。

（二）绿色治疗

在鱼病防治中，用药不仔细、不科学，不但起不到治病的效果，反而会造成鱼苗的死亡。使用治疗药物时，达不到标准，不仅使水产品质量下降，甚至会危害人体健康。因此，绿色治疗是提高稻田综合种养经济效益、实现可持续发展的必然要求，应当严格遵守执行；绿色治疗还必须以绿色预防为基础，做到防、治紧密结合。

（1）准确诊断、对症下药。盲目投药是防治鱼病的大忌，既达不到治病害的目的，又增加成本费用，甚至还会有副作用。科学选用渔药的前提是准确诊断鱼病，全面了解药物的性质和防病机理，才能做到对症下药。

（2）掌握正确的用药方法和用药时间。鱼病防治方法有全池泼洒消毒法、药浴法、口服法和涂抹法，要根据鱼病选择其中最有效的方法。有时药物只能喷洒在池塘四周，有时用在池塘一边、一角或饲料台附近。在选择用药时间上要适当：早晨鱼浮头不能用药；阴雨天不能用药；夜晚水体溶氧低、操作不方便、不易观察、容易发生鱼类缺氧不宜用药；刚投喂饲料后不要马上用药。

（3）充分溶解药液，精准计算药量。泼洒的药物不能有颗粒或块状、团状，以防药物未充分溶解，部分水体达不到规定浓度，或药物颗粒被鱼误食而致死。在防治鱼病时，施药量太小难以达到治疗目的，太大会导致鱼类中毒甚至死亡。应根据水体体积和养殖鱼的体重精确计算、科学实施。

（4）注意药物的相互作用，保证用混合药物的科学性。同时使用两种以上药物或先后使用药物时，应充分考虑药物之间的相互作用，以免影响药效，甚至可能产生毒副作用，必须慎重。如酸性药物和碱性药物就不能混合使用。药物配合饲料混用时，应在鱼空腹期使用，让鱼抢食，以减少药饵在水中的滞留时间，保证药效。

（5）注意用药质量，避免使用过期失效的药物。防治鱼病的药物要按规定妥善保管，并在保质期内使用。如生石灰要用块灰。平时注意目测鉴别药物质量，首先必须是外包装完好，内包装：①粉剂产品干燥疏松、颗粒均匀、色泽一致、无异味、潮解、霉变、结块、发黏等现象。②溶液应澄清无异物、色泽一致、无沉淀或混浊现象。③片剂产品色泽均匀、表面光滑、无斑点、无麻面、有适宜的硬度，并且经过测试在水中的溶解时间达到产品要求。④针剂透明度符合规定、无变色、无异样物；容器无裂纹、瓶塞无松动，混悬注射液振摇后无凝块。冻干制品不失真空或瓶内无疏松团块与瓶粘连的现象。

（6）认真考察鱼情，发现异常立即处理，避免误时后疗效不佳。用药后应在现场观察2~4h，注意是否有异常情况，一旦发现异常，应及时采取措施。

（7）用药的种类和品种要求。在鱼病治疗中，使用药物品种必须符合《绿色食品 渔药使用准则》（NY/T 755—2013），严禁使用违禁药物。

（8）食用鱼上市前应有一定休药期。一般休药5~6周，以确保上市水产品的药物残留符合有关要求。

四、常见鱼病绿色防治

水产动物病害绿色防治是以鱼类病害的生态防治为基础，结合使用符合《绿色食品　渔药使用准则》（NY/T 755—2013）中规定药物的防治方法。绿色防治结合鱼类的生态习性和养殖水体的生态环境特点，根据鱼病产生和发展的规律，科学使用药物防治，最终达到防止鱼病的产生、控制鱼病的发展、直到消灭鱼病的目的。

（一）鱼病绿色防治

危害家鱼的主要病害有细菌性肠炎、细菌性烂鳃病、指环虫、赤皮病、车轮虫、水霉病、中华鳋病、打印病、病毒性出血症等 9 种疾病，根据其发病特点可分为两大类型。一是传染性鱼病，主要由病原细菌、真菌、病毒等侵入鱼体引起，如细烂鳃病、细菌性肠炎病、赤皮病、白皮病、鳃霉病等。传染病具有流行季节长的特点，对养殖鱼类危害极大，若不及时治疗会迅速蔓延，导致鱼类大量死亡。二是侵袭性鱼病，主要是由寄生虫侵入鱼体皮肤、器官、组织引发的一类病害，主要病原体为原虫、软体动物、甲壳动物等，其中以甲壳动物、原生动物、吸虫及绦虫对鱼苗、鱼种危害最大，特别是原虫在鱼体上寄生较广，对幼鱼危害更大。

稻田综合种养的水体是一个三维立体、动态的微型生态系统，水稻、鱼类、浮游动植物、水质等化学因子、光照温度等物理因子、病原等微生物等共同处在一个互相作用的动态平衡系统中，一旦管理上稍有疏忽，极易发生鱼病。发病的主要原因有：①养殖时间长，淤泥积累较多，从而造成有害气体及致病生物的增多。②长期大量使用药物，水体环境污染严重，直接杀灭鱼类喜食的浮游生物、底栖生物等，抑制了鱼类的正常生长。③长期用药，导致病原对常用药物产生抗药性，药物防治鱼病的效果越来越差。

1. 细菌性烂鳃病

预防措施：①鱼塘应定期用生石灰清塘消毒。②发病季节，每月应全池浸洗鱼体 5～10min，发病季节，每月应全池泼洒生石灰 1～2 次。③鱼种分养时，可用 10%乌桕叶煎液浸洗鱼体 5～10min，发病季节，可用乌桕叶扎成数小捆，放入池中沤水，隔天翻动一次，可有效预防该病。

治疗方法：①细菌及真菌性烂鳃病可用五倍子磨碎，开水浸泡后全池泼洒，用量为 2～4g/m³。或用干乌桕叶 20kg，2%生石灰浸泡 12h 后煮沸 10min，以 2.5～3.5g/m³ 浓度全池泼洒；每万尾鱼种或 100kg 鱼种，用乌桕叶干粉 0.25kg 或鲜叶 0.5kg，煮汁拌饵喂鱼，每天 2 次，3～5 天为一疗程。②寄生虫引起的烂鳃病可用泼洒生石灰柱状屈桡杆菌。

2. 烂鳍病

其病因是水质不良导致鱼类细菌侵染。病鱼各鳍腐烂，皮肤干涩无光泽。有时也可能是鱼体相互撕咬，鱼鳍破损又遭细菌感染所致。防治方法：可选用 0.02g 呋喃西林粉，溶于 10kg 水中，浸洗病鱼 10min。也可选用呋喃唑酮 3～5 片，溶于 100kg 水中，浸洗病鱼 20～30min。或选用土霉素 5～8 片，溶于 100kg 水中，浸洗病鱼 30min。

3. 细菌性肠炎病

治疗方法：①每 100kg 成鱼或 1 万尾鱼种可用地锦干草或铁苋菜干草或辣蓼干草 500g（如用鲜草，应为干重的 4～5 倍），加水 8～10 倍煮沸 2h，取汁拌饵投喂。连喂 3 天为一疗程。②每亩水面（水深 1m）可用鲜丁香 50kg、苦楝树叶 35kg，扎成数捆投入塘内，隔日后注入新水，使浸出的药汁遍及全池。③每 100kg 成鱼或 1 万尾鱼种用铁苋菜 500～800g、水辣蓼 400g、马齿苋 200g、炒米粉 50g，加水 7kg 煎成药液 3kg，拌饵投喂，连喂 2～3 天。或用大蒜头 500g 加食盐 250g 捣烂，拌饵投喂，连喂 3～6 天。

4. 细菌性出血病

治疗方法：①每 50kg 鱼或每万尾鱼种，用"三黄粉"（大黄 50%、黄柏 30%、黄芩 20%碾粉）250g、食盐 250g，与 1.5kg 菜饼、5kg 麦麸制成药饵投喂，每天 1 次，7 天为一疗程。②每公顷水面，水深 1m，用 600g 大黄加水 3～5kg 煎煮半小时，同时将 1.75kg 菜油煮沸，待冷却后将两者混合兑水，全池泼洒，视病情轻重连用 2～3 次。③每 50kg 鱼或每万尾鱼种，将鲜地榆根 500g 洗净，与 3～5kg 稻谷加水煮至稻谷裂口，冷却后每天投喂 1 次，5 天一疗程。

5. 赤皮病

每 50kg 鱼用金樱子根 150g、金银花 100g、青木香 50g 和天葵子 50g，碾粉拌饲料投喂，连喂 3～5 天。或每 50kg 鱼用地锦草、乌桕、青蒿各 0.5kg，水辣蓼 1kg，菖蒲 1.5kg，煎汁拌饲料投喂，连喂 3～5 天。

6. 水霉病

可用 0.4～0.5g/m³ 食盐与小苏打合剂全池泼洒。或每亩用菖蒲 2.5～5kg 和食盐 0.5～1kg 捣烂洗汁，加人尿 5～20kg，全池泼洒。也可每亩水面（水深 1m）用胡麻秆 10kg，扎成数捆，放池塘向阳浅水处沤水。

7. 白嘴病与车轮虫病

将五倍子用水浸泡，在浸泡 0.5h 后将其泼洒于鱼塘当中；或者可将大黄融入浓度为 0.3% 的氨水当中，之后将溶液全部洒到鱼塘中。

8. 出血病

每 100kg 鱼用三黄粉 500g（大黄 50%、黄柏 30%、黄芩 20%）研成粉与食盐 500g、菜饼 3kg、麦麸或米糠 10kg 制成药饵投喂，连喂 7 天。

9. 肝胆综合征

饲料量添加 0.5% 的三黄粉（大黄 50%、黄柏 30%、黄芩 20%）、0.05% 的多种维生素和 0.2% 的鱼肝宝散，充分混合后投喂，连喂 5～7 天。

10. 打印病

方案 1：每 50kg 饲料添加氟苯尼考或大蒜素 100g 投喂，每天投喂一两次，连喂 3～5 天。

方案 2：按饲料量添加 1% 的百菌消投喂，饲料投喂量为鱼体重的 3%～5%，日喂 2 次，连喂 3 天。

方案 3：每 100kg 鱼用三黄散 50g 拌饲料投喂，连喂 3～5 天。

方案 4：每 100kg 鱼用鲜地锦草、鱼腥草各 400g，加雄黄 60g，捣烂拌饲料投喂，连喂 3～5 天。

11. 中华鳋病

方案 1：每亩用松树叶 20～25kg，捣碎浸汁兑水全池泼洒。

方案 2：每亩用苦楝叶 30～50kg，捣碎浸入 50kg 人尿 24h，后兑水全池泼洒。

方案 3：每亩用菖蒲 20kg 捣碎全池泼洒。

方案 4：每亩用磨碎的辣椒粉 250～500g 兑水全池泼洒。

12. 车轮虫病

方案 1：石榴皮 50g，苦参 50g，川楝子 38g，桂枝 25g，青蒿 25g，地榆 25g，黄芩 38g。

方案 2：川楝皮 25g，百部 50g，使君子 100g，银杏外种皮 100g。

13. 指环虫病

黄柏、百部、苦参、茯苓、苦楝、贯众、槟榔、青蒿等中草药单独粉碎成末，并以 20∶12∶15∶20∶5∶8∶8∶12 的比例配成复方，8mg/L 复方中草药合剂杀灭指环虫效果最好。

（二）虾、蟹、鳝、鳖、鳅主要病害绿色防治

1. 虾、蟹、鳅病害

以上适合鱼病防治的配方，一般能适合虾、蟹、鳅同类病害防治使用。

2. 鳝水霉病

用菖蒲治疗效果较好，用药量是每亩12～14kg，捣烂后加入1kg食盐，用40kg人尿浸泡24h，后浇泼于全池，每天1次，连用3～4天。

3. 鳝赤皮病

五倍子防治，用药量为每立方米水体4～5g，先将药捣烂并用适量60～70℃水浸泡20～24h，后泼洒全池，每天1次，连用3～4天，有很好的防效。

4. 鳝肠炎病

每千克鱼体重用辣蓼、地锦草或菖蒲各50g防治，用药时先将这几种药一同加入适量水煎汁，滤取汁拌入饵料内，每天1次，连用3～4天。

5. 鳝腐皮病

大黄，用药量是每立方米水体3～4g，配制方法是每千克大黄用0.3%氨水20kg浸泡24h，后药液和药渣一同兑适量水全池泼洒，每天1次，连用3～4天。

6. 鳖水霉病

把五倍子捣碎成粉末，加10倍左右的水，煮沸后再煮2～3min，再加水稀释后全池泼洒，使池水浓度约为4g/t水。若伴有腐皮病，另加上盐1500g/t水+小苏打1500g/t水。

7. 鳖白点病

全池泼洒大黄2～2.5g/t水+硫酸铜0.5g/t水，大黄先用氨水浸泡提效。

8. 鳖腐皮病、疖疮病

外消毒：①大黄4g/t水+五倍子5g/t水，煎开药浴48h以上；②黄连5g/t水+五倍子5g/t水熬水药浴；③黄芩2g/t水+黄柏2g/t水+黄连5g/t水熬水药浴。

内服：100kg鳖体用皂角刺10g+金银花60g+紫花地丁20g+甘草10g+天花粉15g+黄芪60g+当归15g+穿山甲5g，连用5天。

9. 鳖鳃腺炎病

板蓝根、连翘、穿心莲、苍耳各 1.5kg，金银花 500g、大青叶 2000g，切碎加 5.5kg 水煎 2h，去渣后药液 3.5kg，每天用 600g 加适量淀粉及捣碎的动物内脏一起拌和投放饵台，每天分 3 次投放，4～7 天为 1 个疗程。

参 考 文 献

安辉, 刘鸣达, 王厚鑫, 郝旭东, 王耀晶. 2012. 不同稻蟹生产模式对稻蟹产量和稻米品质的影响. 核农学报, 26(3): 581-586.

曹凌贵, 江洋, 汪金平, 袁鹏丽, 陈松文. 2017. 稻虾共作模式的"双刃性"及可持续发展策略. 中国生态农业学报, 25(9): 1245-1253.

曹凌贵, 李成芳, 等. 2014. 低碳稻作理论与实践. 北京: 科学出版社.

曹凌贵, 汪金平, 邓环. 2005. 稻鸭共生对稻田水生动物群落的影响. 生态学报, 25(10): 2644-2649.

曹凌贵, 汪金平, 金晖, 袁伟玲, 刘丰颐. 2007. 稻鸭共育对稻田水体藻类群落的影响. 水生生物学报, 31(1): 146-148.

曹志强, 梁知洁, 赵艺欣, 董玉慧. 2001. 北方稻田养鱼的共生效应研究. 应用生态学报, 12(3): 405-408.

陈灿, 郑华斌, 黄璜. 2016. 新时期传统稻鱼生态农业文明发展的再思考. 作物研究, 30(6): 619-624.

陈德富, 计连泉. 2000. 稻田泥鳅养殖技术. 杭州: 浙江科学技术出版社.

陈飞星, 张增杰. 2002. 稻田养蟹模式的生态经济分析. 应用生态学报, 13(3): 323-326.

成敬生, 卞瑞祥. 1989. 江苏里下河洼地高效稻田生态系统研究. 扬州大学学报, (3): 7-10.

丁瑞华. 1978. 稻田养鱼试验及促使稻谷增产原理的初步探讨. 淡水渔业, (5): 6-14.

丁伟华. 2014. 中国稻田水产养殖的潜力和经济效益分析. 浙江大学硕士学位论文.

丁伟华, 李娜娜, 任伟征, 胡亮亮, 陈欣, 唐建军. 2013. 传统稻鱼系统生产力提升对稻田水体环境的影响. 中国生态农业学报, 21(3): 308-314.

杜洪作, 朱自均, 杨安贵, 王和蔼, 魏清和. 1987. 稻田生态系统潜在生产力的探讨. 西南大学学报(自然科学版), (1): 21-31.

甘德欣, 黄璜, 黄梅. 2003. 稻鸭共栖高产高效的原因与配套技术. 湖南农业科学, (5): 31-32.

高洪生. 2006. 北方寒地稻田养鱼对农田生态环境的影响初报. 中国农学通报, 22(7): 470-472.

何中央, 何慧琴, 陆利. 2000. 稻田养蟹新技术. 杭州: 浙江科学技术出版社.

侯光炯, 谢德体. 1987. 水田自然免耕技术规范. 西南农业大学学报, (S2): 162-165.

胡亮亮, 唐建军, 张剑, 任伟征, 郭梁. 2015. 稻-鱼系统的发展与未来思考. 中国生态农业学报, 23(3): 268-275.

黄国勤. 2009. 稻田养鱼的价值与效益. 耕作与栽培, (4): 49-51.

黄璜, 刘小燕, 戴振炎. 2016. 湖南省稻田养鱼生产与农业供给侧改革. 作物研究, 30(6): 656-660.

黄晓梅. 2005. 江苏稻田养殖发展现状与对策的研究. 南京农业大学硕士学位论文.

黄兴国. 2008. 稻鸭生态种养对稻、鸭生长与营养品质及生态环境的影响研究. 湖南农业大学博士学位论文.

黄毅斌, 翁伯奇. 2001. 稻—萍—鱼体系对稻田土壤环境的影响. 中国生态农业学报, 9(1):

74-76.

蒋艳萍, 章家恩, 朱可峰. 2007. 稻田养鱼的生态效应研究进展. 仲恺农业工程学院学报, 20(4): 71-75.

金晖. 2009. 稻、鸭、鱼共育稻田浮游植物群落的研究. 华中农业大学硕士学位论文.

邝雪梅, 刘小燕, 余建波, 刘大志, 黄璜. 2005. 稻-金鱼共栖生态系统土壤理化性状研究. 淡水渔业, 35(3): 33-35.

李成芳, 曹凑贵, 汪金平, 展茗, 潘圣刚. 2009. 稻鸭、稻鱼共作生态系统土壤可溶性有机 N 的动态和损失. 生态学报, 29(5): 2541-2550.

李成芳, 曹凑贵, 展茗. 2008. 稻鸭共作对稻田氮素变化及土壤微生物的影响. 生态学报, 28(5): 2115-2122.

李成芳. 2008. 稻田生态种养模式氮素转化规律的研究. 华中农业大学博士学位论文.

李娜娜. 2013. 中国主要稻田种养模式生态分析. 浙江大学硕士学位论文.

李学军, 乔志刚, 聂国兴. 2001. 稻-鱼-蛙立体农业生态效益的研究. 生态学杂志, 20(2): 37-40.

李岩, 王武, 马旭洲. 2013. 稻蟹共作对稻田水体底栖动物多样性的影响.中国生态农业学报, 21(7): 838-843.

李岩. 2013. 稻蟹共生对稻田水体浮游生物和底栖动物影响的研究. 上海海洋大学硕士学位论文.

李应森. 1998. 名特水产品稻田养殖技术. 北京: 中国农业出版社.

廖庆民. 2001. 稻田养鱼的经济与生态价值. 黑龙江水产, (2): 17.

林孝丽, 周应恒. 2012. 稻田种养结合循环农业模式生态环境效应实证分析——以南方稻区稻-鱼模式为例. 中国人口·资源与环境, 22(3): 37-42.

刘乃壮, 周宁. 1995. 稻田养鱼的水温特性. 水产养殖, (1) : 22-24.

刘小燕, 杨治平, 黄璜, 胡立冬, 刘大志, 谭泗桥, 苏伟. 2004. 湿地稻-鸭复合系统中水稻纹枯病的变化规律. 生态学报, 24(11): 2579-2583.

刘月敏, 吴丽萍, 钟远. 2006. 城郊稻田生态系统高效生产模式的研究与评价. 生态与农村环境学报, 22(3): 15-18.

刘振家. 2003. 水稻田利用鱼苗除草杀虫新技术与稻田养鱼技术的联系与区别浅议. 黑龙江水产, (6): 1-2.

卢宝荣. 2003. 利用生物多样性合理布局探索茭白的可持续生产模式. 浙江农业学报, 15(3): 118-123.

吕东锋, 王武, 马旭洲. 2010. 稻田生态养蟹的水质变化与水稻生长关系的研究. 江苏农业科学, (4): 233-235.

马国强, 庄雅津. 2002. 稻鸭共作无公害水稻生产技术初探. 农业装备技术, (2): 20-21.

倪达书, 汪建国. 1990. 稻田养鱼的理论与实践. 北京: 中国农业出版社.

宁理功. 2003. 稻—鸭—泥鳅复合生态系统土壤理化性状及效益研究. 湖南农业大学硕士学位论文.

强润, 洪猛, 王家彬. 2016. 几种种养模式对水稻主要病虫草害的影响. 农业灾害研究, 6(5): 7-9.

秦钟, 章家恩, 张锦, 骆世明. 2011. 稻鸭共作系统中主要捕食性天敌的结构及多样性. 生态学杂志, 30(7): 1354-1360.

施颂发. 2001. 稻田养殖特种水产动物.北京: 中国农业出版社.

童泽霞. 2002. 稻田养鸭与稻田生物种群的关系初探. 中国稻米, 8(1): 33-34.

汪宏伟, 白文贤. 2014. 养蟹对稻田水生动物种类与生物量的影响. 科学养鱼, (11): 50-52.

汪清. 2011. 稻蟹共作对土壤理化性质和土壤有效养分影响的初步研究. 上海海洋大学硕士学位论文.

王昂, 王武, 马旭洲. 2011. 养蟹稻田水环境部分因子变化研究. 湖北农业科学, 50(17): 3514-3519.

王昌付, 汪金平, 曹凑贵. 2008. 稻鸭共作对稻田水体底栖动物生物多样性的影响. 中国生态农业学报, 16(4): 933-937.

王昌付. 2007. 稻鸭共作对稻田水体底栖动物生物多样性的影响. 华中农业大学硕士学位论文.

王成豹, 马成武, 陈海星. 2003. 稻鸭共作生产有机稻的效果. 浙江农业科学, 1(4): 194-196.

王国富. 2005. 曲靖市稻田生态种养模式研究. 中国农业大学硕士学位论文.

王寒, 唐建军, 谢坚. 2007. 稻田生态系统多个物种共存对病虫草害的控制. 应用生态学报, (5): 1134-1138.

王寒. 2006. 农田系统中物种间相互作用的生态学效应. 浙江大学硕士学位论文.

王华, 黄璜. 2002. 湿地稻田养鱼、鸭复合生态系统生态经济效益分析. 中国农学通报, 18(1): 71-75.

王慧芳. 2014. 湖州市"水稻—水产"种养耦合技术的发展分析. 浙江大学硕士学位论文.

王井士, 桑海旭, 李运动, 张振杰. 2005. 用完善的生态系统防治稻田病虫害. 北方水稻, (2): 31-33.

王烈华. 2001. 稻田网箱养鳝方法. 江西农业经济, (3): 37.

王强盛, 黄丕生, 甄若宏, 荆留明, 唐和宝, 张春阳. 2004. 稻鸭共作对稻田营养生态及稻米品质的影响. 应用生态学报, 15(4): 639-645.

王武, 王成辉, 马旭洲. 2013. 河蟹生态养殖. 第2版. 北京: 中国农业出版社.

王武. 2011. 我国稻田种养技术的现状与发展对策研究. 中国水产, (11): 48-53.

王缨, 雷慰慈. 2000. 稻田种养模式生态效益研究. 生态学报, 20(2): 311-316.

翁伯琦, 唐建阳. 1991. 稻—萍—鱼系统中红萍氮素叶收利用及有效性研究. 生态学报, 11(1): 25-31.

吴瑜虎, 罗远忠, 李金忠, 陈英鸿, 汪建国. 1986. 湖北省稻田养鱼技术推广试验及效果. 淡水渔业, (6): 27-28.

吴楠, 沈竑, 陈金民. 2013. 稻—虾—鳖共生模式虫害防治效果研究及经济效益分析. 水产科技情报, 40(06): 285-288.

奚业文, 周洵. 2016. 稻虾连作共作稻田生态系统中物质循环和效益初步研究. 中国水产, (3): 78-82.

向继恩, 陈灿, 黄璜. 2016. 稻田养鱼农业文化遗产综合效益评价. 遗产与保护研究, 1(5): 111-117.

肖求清. 2017. 稻虾共作对稻田生物多样性的影响. 华中农业大学硕士学位论文.

肖筱成, 谌学珑, 刘永华, 邹正华. 2001. 稻田主养彭泽鲫防治水稻病虫草害的效果观测. 江西农业科技, (4): 45-46.

谢坚. 2011. 农田物种间相互作用的生态系统功能. 浙江大学博士学位论文.

徐敏. 2013. 水稻栽培密度对稻田土壤肥力和稻蟹生长影响的初步研究. 上海海洋大学硕士学位论文.

徐琪. 1989. 湿地农田生态系统的特点及其调节. 生态学杂志. (3): 8-13.

徐元. 2005. 稻田生态系统服务功能的强化研究——稻田养鱼. 湖南农业大学硕士学位论文.

闫志利, 林瑞敏, 牛俊义. 2008. 我国稻蟹共作技术研究的现状与前景展望. 北方水稻, 38(2): 5-8.

杨富亿, 李秀军, 王志春, 赵春生, 朱世成. 2004. 鱼-稻-苇-蒲模式对苏打盐碱土的改良. 农业现代化研究, 25(4): 306-309.

杨星星, 陈坚. 2012. 单季水稻高效生态养殖技术. 北京: 科学出版社.

杨治平, 刘小燕, 黄璜, 刘大志, 胡立冬, 苏伟. 2004. 稻田养鸭对稻鸭复合系统中病、虫、草害及蜘蛛的影响. 生态学报, 24(12): 2756-2760.

杨治平. 2004. 稻鸭复合生态系统中水稻主要伴生种种群动态研究. 湖南农业大学博士学位论文.

叶乃好, 庄志猛, 王清印. 2016. 水产健康养殖理念与发展对策. 中国工程科学, 18(3): 101-104

叶重光, 叶朝阳, 周忠英. 2003. 无公害稻田养鱼综合技术图说. 北京: 中国农业出版社.

尹孟杰. 1982. 鱼类与农田生态系统的生态学关系. 湖南水产科技, (4): 28-30.

游修龄. 2006. 稻田养鱼——传统农业可持续发展的典型之一. 农业考古, (4): 222-224.

余国良. 2006. "稻-萍-鱼" 立体种养增产增收机理及 "五改" 配套技术. 中国稻米, 12(5): 51-52.

禹盛苗, 欧阳由男, 张秋英, 彭钢, 许德海, 金千瑜. 2005. 稻鸭共育复合系统对水稻生长与产量的影响. 应用生态学报, 16(7): 1252-1256.

禹盛苗, 朱练峰, 欧阳由男. 2014. 稻鸭种养模式对稻田土壤理化性状、肥力因素及水稻产量的影响. 土壤通报, 45(1): 151-156.

曾和期. 1979. 浅论 "稻田养鱼、稻鱼双丰收" 的生态学原理. 淡水渔业, (6): 20-24.

张承元, 单志芬, 赵连胜. 2001. 略论稻田养鱼与农田生态. 生态学杂志, 20(3): 24-26.

张建宁. 2005. 稻鸭共育对水稻生长发育及环境影响的研究. 华中农业大学硕士学位论文.

张云杰, 王昂, 马旭洲. 2013. 稻蟹共作模式稻田水质水平变化初步研究. 广东农业科学, 40(14): 16-19.

章家恩, 陆敬雄, 张光辉. 2002. 鸭稻共作生态农业模式的功能与效益分析. 生态科学, 21(1): 6-10.

章家恩, 赵美玉, 陈进, 黄兆祥. 2005. 鸭稻共作方式对水稻生长的影响. 生态科学, 24(2): 117-119.

赵九红. 2010. 稻—鸭—油种养模式下农田生态系统的养分平衡状况. 江苏农业科学, (1): 293-295.

赵连胜. 1996. 稻田养鱼效益的生物学分析和评价. 渔业研究, (1): 65-69.

甄若宏, 王强盛, 张卫建. 2007. 稻鸭共作对稻田主要病、虫、草的生态控制效应. 南京农业大学学报, 30(2): 60-64.

郑华斌, 贺慧, 姚林. 2015. 稻田饲养动物的生态经济效应及其应用前景. 湿地科学, 13(04): 510-517.

郑钦玉, 王光明, 朱自均. 1994. 稻鸭鱼种养模式的生态效应研究. 西南大学学报, (4): 373-375.

中国农业部渔业局. 2011. 中国渔业统计年鉴. 北京: 中国农业出版社.

中国农业网. 2017. http://www.agronet.com.cn. 2017-8-23.

中国农业网-农业企业商务信息服务平台. 2017. http://www.zgny.com.cn. 2017-8-23.

中国养猪网. 2017. http://www.35838.com. 2017-8-22.

朱炳全. 2000. 稻田养蛙防治害虫的研究初报. 中国生物防治学报, 16(4): 186-187.

朱凤姑, 金连登, 蔡洪法, 李小菊. 2004. 稻米无公害化生产的稻鸭共育技术应用推广效果研究. 中国稻米, 10(3): 21-22.

朱清海. 1997. 稻—泥鳅田生态系统能流、物流和效益分析. 中国稻米, 3(1): 26-28.

朱有勇, 孙雁, 王云月, 李炎, 何月秋, 何霞红. 2004. 水稻品种多样性遗传分析与稻瘟病控制.

遗传学报, (07): 707-716.

朱自均, 郑钦玉, 王光明. 1996. 稻田生态系统的良性循环与稻田高产养鱼. 生态学杂志, (4): 59-62.

Ahmed N, Allison E H. 2010. Rice fields to prawn farms: a blue revolution in southwest Bangladesh. Aquaculture International, 18(4): 555-574.

Datta A, Nayak D, Sinhababu D, Adhya T. 2009. Methane and nitrous oxide emissions from an rice-fish system of Eastern India. Agriculture, Ecosystems and Environment, 129: 228-237.

Frei M, Becker K. 2005. A greenhouse experiment on growth and yield effects in integrated rice-fish culture. Aquaculture, 244(4): 119-128.

Guo L J, Zhang Z S, Wang D D, Li C F, Cao C G. 2015. Effects of short-term conservation management practices on soil organic carbon fractions and microbial community composition under a rice-wheat rotation system. Biology and Fertility of Soils, 51: 65-75.

Koohafkan P, Furtado J. 2004. Traditional rice fish systems and globally indigenous agricultural heritage systems. In FAO Rice Conference, 4.

Li C F, Cao C G, Wang J P. 2009. Nitrous oxide emissions from wetland rice–duck cultivation systems in southern China. Archives of Environmental Contamination and Toxicology, 56(1): 21-29.

Li C F, Cao C G. 2008. Nitrogen losses from integrated rice–duck and rice–fish ecosystems in southern China. Plant and Soil, 307: 207-217.

Lu J B, Li X. 2006. Review of rice–fish-farming systems in China—one of the globally important ingenious agricultural heritage systems(GIAHS). Aquaculture. 260: 106-113

Panda M M, Ghosh, B C, Sinhababu D P. 1987. Uptake of nutrients by rice under rice-cum-fish culture in intermediate deep water situation (upto 50-cm water depth). Plant and Soil, 102(1): 131-132.

Rochette R, Dill L M. 2000. Mortality, behavior and the effects of predators on the intertidal distribution of littorinid gastropods. Journal of Experimental Marine Biology & Ecology, 253(2): 165.

Rothuis A J, Duong L T, Richter C J J, Ollevier F. 1998. Polyculture of silver barb, *Puntius gonionotus* (Bleeker), *Nile tilapia, Oreochromis niloticus* (L.), and common carp, *Cyprinus carpio* L., in Vietnamese ricefields: fish production parameters. Aquaculture Research, 29(9): 661-668.

Vromant N, Nam C Q. 2015. Growth performance and use of natural food by *Oreochromis niloticus* (L.) in polyculture systems with *Barbodes gonionotus* (Bleeker) and *Cyprinus carpio* (L.) in intensively cultivated rice fields. Aquaculture Research, 33(12): 969-978.

Wahab M A, Kunda M, Azim M E, Dewan S. 2008. Evaluation of freshwater prawn-small fish culture concurrently with rice in Bangladesh. Aquaculture Research, 39(14): 1524-1532.

Xie J, Hu L L, Tang J J. 2011a. Ecological mechanisms underlying the sustainability of the agricultural heritage rice–fish coculture system. PNAS, 108 (50): 1381-1387.

Xie J, Wu X, Tang J J, Zhang J E. 2010. Chemical fertilize maintenance in rice-fish co-culture system. Frontiers of Agriculture in China, 4: 422-429.

Xie J, Wu X, Tang J J. 2011b. Conservation of traditional rice varieties in a globally important agricultural heritage system (GIAHS): rice-fish co-culture. Agriculture Science in China, 10(5): 754-761.

Yang Y, Zhang H C, Hu X J. 2006. Characteristics of growth and yield formation of rice in rice-fish farming system. Journal of Integrative Agriculture, 5(2): 103-110.

Yuan W L, Cao C G. 2009. Methane and nitrous oxide emissions from rice-duck and rice-fish complex ecosystems and the evaluation of their economic significance. Agricultural Sciences in

China. 8(10): 1245-1255.

Zhang J E, Zhao B L, Chen X, Luo S M. 2009. Insect damage reduction and rice yield stable in duck-rice farming compared with mono rice farming. The Journal of Sustainable Agriculture, 33(8): 801-809.